中华家训经典全书

（增订本）

上

陈明——主编
张舒　丛伟——注

中国文史出版社

图书在版编目（CIP）数据

中华家训经典全书 / 陈明主编 . -- 北京 : 中国文史出版社 , 2023.3
ISBN 978-7-5205-4023-0

Ⅰ . ①中… Ⅱ . ①陈… Ⅲ . ①家庭道德 – 中国 Ⅳ . ① B823.1

中国国家版本馆 CIP 数据核字 (2023) 第 021415 号

责任编辑：方云虎

出版发行：中国文史出版社
社　　址：北京市海淀区西八里庄路 69 号院　邮编：100142
电　　话：010-81136606　81136602　81136603（发行部）
传　　真：010-81136655
印　　装：廊坊市海涛印刷有限公司
经　　销：全国新华书店
开　　本：16 开
印　　张：50.5
字　　数：676 千字
版　　次：2023 年 5 月北京第 1 版
印　　次：2023 年 5 月第 1 次印刷
定　　价：138.00 元

序 言

陈 明

在中国的传统社会中，“家”一直都是个很重要的概念。

不过古人所谓的“家”，和今天不大一样。家字的古文，就是一间房子里养着一头猪——当然今天的文字依然这样。在古籍中，大夫以上方可称家——指的是卿大夫的封地。孔子说“丘也闻有国有家者”，指的就是诸侯与卿大夫们。在这个意义上,“家”与“国”的意思很接近，所不同者在于，国是四方执戈守御之城，而家只是一块土地，卿大夫们在那里建立起自己的宅第。

这个古老含义的背后，就是中国最古老的国家政治形态——封建制或曰分封制。这里所说的“封建制”，与我们现在所说的“封建制度”并不相同。古人所谓“封建”，指的是封邦建国。“封”，本意是在地上种树：古人在边境上种树以确定边界。“建”，许慎在《说文解字》中解为“立朝律也”，即确立法度之意，这与今天是基本一致的，只不过一为动词一为名词而已。既然这样，把“封”“建”二字放在一起，就表示在大地上以种树的方式圈定一块土地，然后在那里建立制度。

这种封建制的代表，就是周代的分封制。其最小的单位即是“井田”：八户人家合分一块田地，地分九块，边界纵横如“井”字；八户人家各分一块为私田，中间一块土地为公田，八家共耕，用为缴纳赋税——这恰是今天我们所说的“家”。井田再向上，就是诸卿大夫的“家”了，家之上是诸侯的“国”，最高的，就是周天子的“天下”。如果这样看的话，周天子、各级诸侯与卿大夫就都变成了大大小小的家长，只不过“家庭成员”构成比较复杂罢了：除了由血缘联系在一起的家族成员外，还有大量的“管家”“仆人”以及“佃户”；而这些“管家”“仆人”以及“佃户”的“家”中，又各自有“管家”“仆人”以及“佃户”，直至最小的一户——只以纯粹血缘为纽带的几口之家。

这是个自上而下，以“家”为单位，层层分封的政治结构；倘若把这个结构倒过来，则可以用来解释为什么会出现这样的制度。也许最初只是像神话中所说的那样，世上只有伏羲、女娲那么一对男女、一户人家；他们在一起繁衍生息，子孙多了，就形成部落；部落大了，就有人迁出去，寻找新的栖身之所，后来又变成新的子部落；如是不停，最后部落变成国家，国家又组成了“天下”。

这样一来，封建的另一重含义就开始变得重要起来了：要在土地上建立秩序。一如“家”这个概念一样，从血缘出发，最终形成超越血缘的公共空间；这个秩序和法度也是从血缘亲情出发，但最后落实却是超越血缘的公共层面，即由“亲亲”而至于“尊尊”。其实，在封建制的基本单位“井田”中，就可以窥见这一现象：八户人家同耕一地，八户人家各自因血缘而成立，但八户人间之间，却构成了一个小小的公共空间。在那个单纯以血缘维系的几口之家中，亲亲之爱可以是全部——一如今天的三口之家，但只要迈出家门一步，血缘的维系功能就面临着失效，因为失去血缘的联系，血缘的规则就难以展开，所以即便是与同属一块井田中的邻居，也要依照尊尊之义的规则来相处。

如果从井田再向上一步，到达卿大夫的“家”中，那么即使在血缘维系的家族中，亲亲之爱也是不能完全适用。在一个上有父祖，中有兄弟妻子，下有子侄的大家族中，如果只讲亲亲之爱，只会让这个家族陷入混乱：父母与子女都是一个人的至亲，但一个人难道能够像爱父母那样去爱子女吗？况且家中还有管理事务的官吏，如此复杂的大家庭意味着必须要依靠超越血缘，更为普遍的规则才能实现秩序。而在中国的传统社会中，多数时候所说的“家”，都是这种家族之家，既然叫“家”，那么这个秩序与法度就不妨称之为“家法”。

而这家法，就是今天所谓的家训，比如《尚书·无逸》。它本是周公教导自己侄子——武王之子成王的文字，内容也是讲述如何治理天下的——“无逸”就是不要放纵的意思。乍看之下治理天下似乎与家离得很远，但在上文所述的周代封建制下，所谓天下，就是天子之家，只不过在这个家中，血缘纽带几乎已经成为边缘性的，因为天下之中充斥的，是与周天子毫无血缘关系的陌生人，而那些原本血缘亲近的诸侯，几代之后，也差不多就是叔侄同岁、小儿作祖了，甚至可能天子家刚出生的婴儿，就是鲁国去世君主的堂弟。因此，《无逸》讲的虽然是治国之道，却不妨碍它被视为“治家格言”。一如上文所述，家训首先是规矩，是在规则层面，打通一个家族与整个社会的工具。

从另一方面讲，家又是传统中国最重要的教育场所。道理很简单，天玄地黄、一一得一这样的知识可以从外面的老师那里学到，而问候长辈、侍奉父母、招待客人这些立身处世的规矩，却是不能单单从老师那里学的。因为前者只需要知道即可，早学晚学问题不大，但后者却是一个人面对世界时所需要的基本素质——这是等不得的。假如一个古人在二十岁冠礼之后才开始学习如何侍奉双亲、招待宾客，那么等他学会这些，也许他早无亲可奉、无友可交了：他一定是要在家中，在与亲友、宾客的接触之中，一边学，一边做。这也正和上文提到的打通家与社会的说法相应，因此，家训还是一个人立身天地之间，最基本素质的学习教材。

既然如此，那么家训就必须得能传承下去，是家族代代相传的家法与家教，不能只是一是一代人的法与教。故此家训中最重要的内容一定要能够经受时间的考验，这些内容可能被溶解在那些琐碎的洒扫应对、养生送死之中，故而这些现实生活的细微内容，其中却蕴含着先贤们认为天地间最为宝贵的德行。颜之推作《颜氏家训》，只说不愿子孙靠学鲜卑语、弹琵琶，投北朝权贵所好而求官，言辞平平，而其六世孙颜真卿死不降叛，气节千秋尤盛。从这个角度说，家训更是一个家族的精神所系，立世之基。

以此观之，家训作为一家之法度、一家之学问与一家之精神，能于一家之私地，养成处世之公心，不可等闲视之。不过古今有别，不可不察：古人之家大而今人之家小，古人之家有公有私而今人之家有私无公，而最重要的则是，古人之家多有传承，而今人之家多无根基。所谓大小，古人聚族而居，几世同堂，而今人多为三口之家，三代同堂已属难得。所谓公私，如上文所述，古人家中有佣有仆，有族中公事有室中私务，而今人三口之家，即便雇用保姆，亦多为临时性的，自然谈不上家中有公事了。所谓传承，古人之家，代际相传，家中有学，今人之家，所有教育，均在学校完成，家中大多无学。

从这三方面来看，今人尤其是居住于城市中的，其家之形态，与古人已是天渊之别。然而古今之变中，自有其不变者。其实，文中开篇那些弯弯绕绕的文字，虽然是要说明，中国人的"家"并不仅仅今天所指的，那个小小的几口之家，而是拥有更广泛空间的"大家"，血缘、亲情只是其最基本组织形式，而非全部。但事实上，人们常常忘记，这古今之异中，却还隐藏着一个古今不易的现实：那就是无论是古人的百口之家，还是今人的三口之家，其起点处，都是一对彼此间毫无血缘关系的陌生男女——抛开洪荒时代的兄妹婚姻不论。所以，即便是最原子化的小家庭，其构成事实上也与那些五世同堂、一族成村的大家族一样，有公有私。其中关窍即在于，夫妻结百年之好，本质上就是在两个原本彼此毫无了解的陌生人之间，建立起如血缘般不可辩驳的牢固关系。既是陌生人，那么交往即属公事，然而最终的结果，却是二人之私情的成立——这当真是造化之奇事。

因此，今人之家虽小，却同样有公有私，只是家庭太小，私情常常会掩盖公心一面，况且，今人之家虽只三口，然而同样有父母，有亲戚，只是不居于一处而已，但这反而令彼此间的交往多了几分公共事务的意味。换言之，今人之家同样具备接受家训的基础，所不足者，只是在远离了传统的今天，人们已经快忘了还有家训这么个东西。今天种种所谓的中国人没有公德心，究其实质，无非是缺少了由私入公的过渡环节：其在小家之中，私情足以应付，以致公心不彰；及至广众之中，骤然难以自适，故而进退失据。况且公共空间，是人们践行自己公心的场所，不是培养人们公心的场所——现实社会不是教室，不会无偿的容忍试验，更不会等你去学。能够无条件地容忍我们，让我们培育自己公心的场所，反倒是以私情为重的家，而我们所需要的，也就是一本家训而已，换言之，家训在今天的主要功能，就是在以家庭为单位的私人空间内以培养人适度地表达自己情感的方式，学会基本的公共处世原则——这正是家训的基本功能。

可以说，家训在今天的作用，要比过去基础得多，也广泛地多。说基础，是因为古代的家训大多针对家族而言，规矩严整，负担着维持整个家族有条不紊运转的责任，而对今天的小家庭而言，维持一个家庭的运转，在规则层面的成本并不很高，故而在今天，家训只需承担为一个家庭确立基本规则的功能即可。说广泛，是因为古代由于整体社会风俗的关系，并不是所有的人家都需要一本家训，而今天的问题恰恰在于社会风俗本身仍有待培植，所以说得夸张一点，差不多所有人都需要先取法于家训。

当然，古今之变是不能忽略的现实。古代的许多规则、法度在今天并不适用，但是既然“家”的本质并无古今之别，那么以此为基石的家训，至少在基本精神上，是可以为今人提供借鉴的。况且人与人之间的关系，无非两种：一种是彼此持平的，如夫妻、朋友，一种是上下有差的，如父子、君臣（今天可能更多的是老板与雇员）。这两种关系，在家庭中都能找到，而家训说穿了，也不过是教人如何处理这两种关系，虽有亲疏之别，其根本处仍是一致的。如司马光在自己所著的《家范》之中，阐述所有的亲属关系时，核心观点就是一个“敬”字：夫妻之间要相敬如宾，父子兄弟也是同样。这种“敬”的精神，是可以应用于外的：与人交往、共事，莫不需敬，即便是对事，也需要有敬业的精神。如此一来，由私而公，自然打通，古今之别，于兹泯然矣。

基于上述的原因，加之一些因缘，于是便有了这本《中华家训经典全书》。这部合集，按照时间顺序，收录了从周至现代的历代家训名篇，第一篇即是上文提到的《尚书·无逸》，最后一篇为傅雷家书的辑录。其中包括被誉为“古今家训之祖”的《颜氏家训》，唐太宗李世民亲自撰写的《帝范》，北宋名臣司马光的《温公家范》，一代理学宗师朱熹的《朱子家礼》，还有东汉才女班昭的《女诫》、宋人袁采的《袁氏世范》与清初张英、张廷玉父子两代宰相写的《聪训斋语》《恒产琐言》和《澄怀园语》。

至于选编的基本原则，首先是尽量保证时代的完整性，即家训收录的范围应尽量囊括所有的朝代。由于宋代之前，家训的写作并不多见，因此只有《尚书·无逸》《女诫》《颜氏家训》《帝范》四篇家训入选，而从宋代起，宋元明清四朝，均有家训入选。好在《无逸》为周公所作，《女诫》出于东汉，《颜氏家训》成书于隋，《帝范》写在唐初，基本也涵盖了宋以前的重要朝代。

其次，是所选家训必须具备一定的篇幅，因为很多只有短短几百字的家训本身的历史影响很有限，能为今天的读者提供的内容也不多。除少数篇幅不大，但影响广泛的家训如《朱子治家格言》外，本书所选，均算得上是家训中的鸿篇巨著。

最后，是家训本身类别的完备性。《颜氏家训》言辞雅致，情意恳切，旁征博引，包罗万象，是一部百科全书式的家训。《帝范》作为帝王家训，着重于对治理能力的阐发。《袁氏世范》则简单明了，直接罗列治家条目，每条之下，附有简单说明。《曾国藩家书》则是从曾国藩一生所写家书中选辑的，言语很接近今天的口语，内容则包含了为人处世的各个方面。《女诫》作为专门写给女性的训诫作品，乍看之下，似乎略显严苛，但考虑到这是一部纠偏之作，读起来就不会那么排斥了。

除了编选家训之外，还有项更重要的工作，那就是家训的注释。有些家训如《无逸》《颜氏家训》等因为流传广泛——《无逸》本身就是儒家经典《尚书》的一篇，加以本身文字高古，故而历代多有注释。注解这样的家训，基本都是在参考已有注释的基础上，斟酌损益，并将那些古文的注释内容转化为现代汉语表达。至于那些缺少注释的家训，则主要参考通行的古汉语注释，加以个人的理解，进行注释，力求文字通顺。所有的注释，都尽量确保让读者在注释的帮助下，能够基本理解家训原文的含义。

絮絮叨叨地说了许久，相信读者已经对家训以及这本书有了个大致的了解。当然，作为一本以向读者介绍历代家训内容为主的通俗读物，并不期待此书能够对读者起到塑造精神、完善人格的作用。不过，假如读者对上面的琐碎言语有所认同，并从此书中有所心得，那么这本书的作用应该也就达到了。

此为序。

2015年4月初记

又

本书出版后，得到读者肯定，十分感谢！本次由中国文史出版社重版，增加了梁启超和傅雷的家书若干篇，改正了个别错误，同时把开本改为16开，分上下册，阅读更加方便。错误难免，请方家继续批评指正。

2023年2月又记

目　录

上　册

下　册

尚书·无逸

作为中国古代六经之一的《尚书》，记载了自上古尧舜时期到东周初年的政治状况以及中国先人的政治智慧、信仰状况和生活方式。《尚书·无逸》记录了西周初年周公旦对于刚刚即位的周成王的教诲和训导，是中国古代最早的家训。商周之际，周武王继承周文王的事业，讨伐商纣王，进而使周成为天下共主。但是，在伐纣后不久，武王离世，留下尚幼的周成王，周公旦为摄政大臣。周公旦是周文王的第四子，周武王的弟弟，周公对于周成王的训诫，既是大臣对于周王的规谏，更是作为叔父对于侄子的谆谆教诲。“无逸”的意思是不可以骄奢放纵。在本篇中，周公旦告诫周成王如何成为一名合格的国君，教导周成王要体察民众农事的艰辛和生活的疾苦。又通过比对商朝的兴盛与衰亡，以及周代先王太王、王季和文王，使周由一个诸侯之国最终得以取代商朝的历史，告诫周成王要牢记历史教训，继承周家优良政治传统，禁戒骄奢放纵，勤政爱民，以成为一名合格的天子。《尚书·无逸》作为中国古代的名篇，历代为后人所传颂。本文以通行《十三经注疏》中的《尚书》为底本。

周公曰：呜呼！君子所其无逸[1]。先知稼穑[2]之艰难，乃逸，则知小人之依[3]。相[4]小人，厥[5]父母勤劳稼穑，厥子乃不知稼穑之艰难，乃逸乃谚，既诞[6]。否则[7]侮厥父母曰：“昔之人，无闻知。”[8]

【注释】

[1] 所其无逸：不要骄奢放纵。 [2] 稼穑（jià sè）：农事的总称。春耕为稼，秋收为穑，即播种与收获，泛指农业劳动。 [3] 乃逸，则知小人之依：小人，此并非指德行平庸之人，而仅仅是指普通人。即要先知道普通人稼穑之事的艰难，知道他们所依靠的事物，这样才会知道如何做才是一种无逸的状态。 [4] 相：视。 [5] 厥：其。 [6] 本句指普通人家中的不成器的孩子往往不知道父母辛勤劳作的艰难，于是放纵不羁，欺骗父母。[7] 否则：于是。 [8] 本句指如果不欺骗父母，则会轻蔑地对其父母说："你们落伍了，没有见识。"

周公曰："呜呼！我闻曰：昔在殷王中宗[1]，严恭寅畏，天命自度[2]。治民祗惧[3]，不敢荒宁。肆中宗之享国，七十有五年。

其在高宗[4]，时旧劳于外，爰暨小人[5]。作其即位，乃或亮阴[6]，三年不言。其惟不言，言乃雍[7]，不敢荒宁。嘉靖[8]殷邦，至于小大[9]，无时或怨。肆高宗之享国，五十有九年。

其在祖甲[10]，不义惟王，旧为小人[11]。作其即位，爰知小人之依，能保惠于庶民，不敢侮鳏寡[12]。肆祖甲之享国三十有三年。自时厥后立王，生则逸[13]。生则逸，不知稼穑之艰难，不闻小人之劳，惟耽乐之从。自时厥后，亦罔或克寿[14]。或十年，或七八年，或五六年，或四三年。"

【注释】

[1] 殷王中宗：殷王祖乙。 [2] 这句话指祖乙严肃恭敬，敬畏天命，谨慎地使用法度。 [3] 治民祗（zhī）惧：勤政谨慎。祗，恭敬。 [4] 高宗：指武丁，商朝君主。后世称作高宗。传说名昭，为盘庚弟小乙之子。[5] 武丁曾在外行役，与普通人一起劳作，因而较了解农事的艰辛。他即王位后，提拔傅说执政。 [6] 亮阴：信默；指高宗即位，在其父王发丧期间，

信守父道，不轻易言说。 [7] 言乃雍：直到丧期满，高宗开始治理国家，天下大和。 [8] 嘉靖：善谋。 [9] 至于小大：大小政事。 [10] 祖甲：指商朝国王太甲。公元前1541年，商老臣伊尹立太丁之子，成汤嫡长孙太甲继位。太甲即位后，"不明、暴虐、不遵汤法、乱德"，伊尹屡谏不止。太甲三年，伊尹将太甲囚禁在王都郊外的桐地（今河南偃师），自己则摄政当国。[11] 旧为小人：指太甲在桐地过普通人的生活。 [12] 鳏寡：老而无妻或无夫的人，引申指老弱孤苦者。 [13] 厥后立王，生则逸：自此之后商朝被立的国王，生性骄奢放纵。 [14] 罔或克寿：不能长寿。

周公曰："呜呼！厥亦惟我周太王、王季[1]，克自抑畏。文王卑服[2]，即康功、田功[3]。徽柔懿恭[4]，怀保小民，惠鲜鳏寡[5]。自朝至于日中昃，不遑暇食，用咸和万民。文王不敢盘于游田[6]，以庶邦惟正之供[7]。文王受命惟中身[8]，厥享国五十年。"

【注释】

[1] 太王、王季：太王、周文王之祖古公亶父的尊号；周人本居豳，自古公始迁居岐山之下，定国号曰周，自此兴盛。王季，名季历，古公亶父之子。文王姬昌之父。 [2] 文王卑服：文王，指周文王；卑服，指穿着俭朴。[3] 康功、田功：指使人从事农事。 [4] 徽柔懿恭：柔和，善良，恭敬。[5] 惠鲜鳏寡：播其恩惠于老弱孤苦者。 [6] 盘于游田：指从事游猎之事。[7] 以庶邦惟正之供：正身兴己，为众国万邦之示范。 [8] 受命惟中身：指周文王在中年之时依天之命，接受君位。

周公曰："呜呼！继自今嗣王[1]，则其无淫于观、于逸、于游、于田[2]，以万民惟正之供[3]。无皇曰：'今日耽乐。'[4]乃非民攸训，非天攸若[5]，时人丕则有愆[6]。无若殷王受之迷乱，酗于酒德哉[7]！"

【注释】

[1] 继自今嗣王：指自此继承王位的周王。 [2] 无淫于观、于逸、于游、于田：不可以沉溺于台榭之乐、放纵、游荡、狩猎之事。 [3] 以万民惟正之供：正己身、勤于政事，以此来教化万民。 [4] 无皇：无闲暇；今日耽乐，就放松游乐这一天（明天不这样做）。 [5] 攸训、攸若：顺天、教民。 [6] 时人丕则有愆：这样的人乃是有大过错的人。 [7] 指商纣王骄奢淫逸、暴乱无常，最终导致商朝灭亡。

周公曰："呜呼！我闻曰：'古之人，犹胥训告，胥保惠，胥教诲[1]，民无或胥诪张为幻[2]。' 此厥不听[3]，人乃训之，乃变乱先王之正刑[4]，至于小大。民否则厥心违怨，否则厥口诅祝[5]。"

【注释】

[1] 胥教诲：指古代的君臣以道相互匡正。胥：相互。 [2] 民无或胥诪（zhōu）张为幻：这样才能使民众不会有相互欺骗、迷乱的状态。诪，迷乱。 [3] 此厥不听：指不听顺劝教的君主。 [4] 变乱先王之正刑：变动先王留下的法度和规则。 [5] 指民众心生怨恨和诅咒。

周公曰："呜呼！自殷王中宗，及高宗，及祖甲，及我周文王，兹四人迪哲[1]。厥或告之曰：'小人怨汝詈汝[2]。' 则皇自敬德[3]。厥愆，曰：'朕之愆[4]。' 允若时，不啻不敢含怒[5]。此厥不听，人乃或诪张为幻，曰'小人怨汝詈汝'，则信之[6]。则若时，不永念厥辟[7]，不宽绰厥心[8]，乱罚无罪，杀无辜[9]。怨有同[10]，是丛于厥身[11]。"

周公曰："呜呼！嗣王其监于兹[12]。"

【注释】

[1] 迪哲：聪明睿智。 [2] 小人怨汝詈汝：民众抱怨、诅咒君王。 [3] 皇

自敬德：大自敬其德行。　　[4] 朕之愆：我的罪过。　　[5] 不啻不敢含怒：不迁怒于民众，指气度宽宏。　　[6] 此句指不听劝诫的君主，将民众对自己的谴责时时记在心里，并进而迁怒于民众。　　[7] 不永念厥辟：不常常信守为君之道。[8] 不宽绰厥心：不宽容大量，容民众之言。　　[9] 乱罚无罪，杀无辜：罚无罪之人、杀无辜之人。　　[10] 怨有同：指这样做会导致天下诸侯和民众都将君主视为仇雠。　[11] 是丛于厥身：集天下诸侯和民众的怨恨、咒骂于自己身上。[12] 嗣王其监于兹：后世继承王位的君主要以此为戒。

周易·家人

《周易》是儒家五经之一，同时也是五经之中最为重要的一部经典。旧说其经历了伏羲画卦、文王演卦、孔子释卦三个阶段才有今天的规模，其说以乾、坤、震、巽、坎、离、艮、兑八卦代表天、地、雷、风、水、火、山、泽八种自然事物，八卦彼此交叠，形成六十四卦，用以模拟自然与人事。《家人》为《周易》三十七卦，借自然事物说明家庭中的相处之道。本文参照了北京大学出版社《十三经注疏·周易正义》。

☲☴ 离下巽上。

家人：利女贞[1]。

彖曰：家人，女正位[2]乎内，男正位乎外。男女正，天地之大义也。家人有严君焉，父母之谓也。父父[3]，子子，兄兄，弟弟，夫夫，妇妇，而家道正。正家而天下定矣。

象曰：风自火出[4]，家人。君子以言有物而行有恒[5]。

初九：闲有家[6]，悔亡[7]。象曰："闲有家。"志未变也。

六二：无攸遂，在中馈，贞吉[8]。象曰：六二之"吉"，顺以巽也。

九三：家人嗃嗃[9]，悔厉，吉[10]。妇子嘻嘻[11]，终吝[12]。象曰："家人嗃嗃"，未失[13]也。"妇子嘻嘻"，失家节也。

六四：富家，大吉。象曰："富家，大吉。"顺在位也。

九五：王假有家[14]，勿恤[15]，吉。象曰："王假有家。"交相爱也。

上九：有孚，威如[16]，终吉。象曰："威如"之吉，反身[17]之谓也。

【注释】

[1] 利女贞：贞，正。以女子坚守正道为利。 [2] 女正位：女子居正当之位。 [3] 父父：父亲表现出父亲应有的样子。后面的子子、兄兄、弟弟、夫夫、妻妻均同。 [4] 风自火出：巽卦在离卦上，即风在火上，所以说象征风从火出。 [5] 言有物而行有恒：言之有物，指不空谈；行为有恒定的规则。 [6] 闲有家：闲，防范。严防邪辟方可保有其家。 [7] 悔亡：悔，悔恨；亡，通无。没有悔恨。 [8] 无攸遂，在中馈，贞吉：攸，所；遂，成；中馈，指妇女在家中主持日常事务，没有什么用来当作成就的，只要坚守正道，尽自己的本分，就会吉利。 [9] 嗃嗃（hè）：嗃嗃，愁怨之声，因治家严厉而导致。 [10] 悔厉，吉：因（治家）过于严厉而悔恨，但最终会吉利。意思是说虽然过严而致有悔有过，但也能使家庭井然有序，和谐共处。 [11] 妇子嘻嘻：指家中的女人孩子嬉笑玩闹。 [12] 终吝：最终会因招致羞辱。吝，《周易》中专指有所不得、不圆满的状态。 [13] 未失：指家庭没有失去应有的规矩。 [14] 王假有家：假，通假，到。指王居于尊位，有治家之道。 [15] 恤：担忧。 [16] 有孚，威如：孚，信。获得信任，确立威严。 [17] 反身：返回自身，指通过治理家庭最终成就自身。

孔鲤过庭

孔鲤是孔子的儿子，字伯鱼。《论语·季氏》中记载，孔子的弟子陈亢曾问孔鲤孔子如何教导他，孔鲤的回答即是著名的“孔鲤过庭”的典故。这段简短的文字亦可视为孔子的家训。

陈亢问于伯鱼曰：“子亦有异闻[1]乎？”对曰：“未也。尝独立，鲤趋[2]而过庭。曰：‘学《诗》[3]乎？’对曰：‘未也。’‘不学《诗》，无以言。’鲤退而学《诗》。他日又独立，鲤趋而过庭。曰：‘学《礼》[4]乎？’对曰：‘未也。’‘不学《礼》，无以立。’鲤退而学《礼》。”

【注释】

[1] 异闻：指听到特别的教导。 [2] 趋：小步快走，是古代晚辈或下级在长辈或上司面前走路的礼节。孔鲤因为孔子站在庭院，因而要趋步过庭。[3]《诗》：指《诗经》。 [4]《礼》：指《礼经》。

敬姜教子

敬姜，春秋时鲁国大夫公父穆伯的妻子，文伯之母，与孔子为同时人。本文选自《国语·鲁语下》，讲述了身在高位仍需勤劳持家、不耽于逸乐的道理。

公父文伯退朝，朝其母，其母方绩。[1]文伯曰："以歜[2]之家而主犹绩，惧忓[3]季孙之怒也，其以歜为不能事之乎？"其母叹曰："鲁其亡乎！使僮子备官而未之闻耶？居，吾语女。

"昔圣王之处民[4]也，择瘠土而居之，劳其民而用之，故长王天下[5]。夫民劳则思，思则善心生；逸则淫，淫则忘善，忘善则恶心生。沃土之民不材，逸也；瘠土之民向义，劳也。是故天子大采朝日[6]，与三公、九卿祖识[7]地德；日中考政，与百官之政事，使师尹惟旅牧相，宣序民事；少采夕月，与太史司载，纠虔天刑；日入，监九御[8]，使洁奉禘郊之粢盛[9]，而后即安。诸侯朝修天子之业命，昼考其国职，夕省其典刑，夜儆百工，使无慆淫，而后即安。卿大夫朝考其职，昼讲其庶政，夕序其业，夜庀[10]其家事，而后即安。士朝受业，昼而讲贯，夕而习复，夜而计过，无憾而后即安。自庶人以下，明而动，晦而休，无日以怠。王后亲织玄紞[11]，公侯之夫人，加之以纮綖[12]，卿之内子[13]为大带，命妇[14]成祭服，列士之妻加之以朝服，自庶士以下，皆衣其夫。社而赋事，烝而献功[15]，男女效绩，愆则有辟，古之制也。君子劳心，小人劳力，先王之训也。自上以下，谁敢淫心舍力？

“今我寡也，尔又在下，朝夕处事，犹恐忘先人之业。况有怠惰，其何以避辟？吾冀而朝夕修我，曰：‘必无废先人。’尔今曰：‘胡不自安？’以是承君之官，余惧穆伯[16]之绝祀也。”

仲尼闻之曰：“弟子志之，季氏之妇不淫矣！”

【注释】

[1] 绩：纺织。 [2] 歜（chù）：公父文伯名歜。 [3] 忓（gān）：触犯。 [4] 处民：安置百姓。 [5] 长王天下：长久地保有天下称王。 [6] 大采朝日：大采，五采；朝日，天子以春分朝日。指天子带领卿大夫在春分时盛服祭祀。 [7] 祖识：熟习知悉。 [8] 九御：指天子的嫔妃。 [9] 使洁奉禘郊之粢盛：让（嫔妃）清洁并准备好禘祭、郊祭的各种谷物及器皿。 [10] 庀（pǐ）：治理。 [11] 紞（dǎn）：古时冠冕上用来系瑱的带子。 [12] 纮綖（hóng yán）：纮，系于颌下的帽带；綖，古代覆盖在帽子上的一种装饰物。 [13] 内子：妻子。 [14] 命妇：受封号的妇人，指卿大夫的母亲或妻子。 [15] 社而赋事，烝而献功：指在社中祭祀后开始工作，年终进献自己的劳动成果。烝：冬天的祭祀。 [16] 穆伯：即敬姜的丈夫公父穆伯。

楚子发母

子发，战国时楚国的将领，名舍，字子发，楚宣王时人。其母教导他作为将领，应与士卒同甘共苦，以得人心为上。本文选自《列女传》。

楚子发母，楚将子发之母也。子发攻秦，绝粮，使人请于王，因归问其母。母问使者曰："士卒得无恙乎？"对曰："士卒并分菽粒[1]而食之。"又问："将军得无恙乎？"对曰："将军朝夕刍豢黍粱[2]。"子发破秦而归，其母闭门而不内[3]，使人数[4]之曰："子不闻越王勾践之伐吴耶？客有献醇酒一器者，王使人注江之上流，使士卒饮其下流，味不及加美，而士卒战自五[5]也。异日，有献一囊糗糒[6]者，王又以赐军士，分而食之，甘不逾嗌[7]，而战自十也。今子为将，士卒并分菽粒而食之，子独朝夕刍豢黍粱，何也？"子发于是谢其母，然后内之。

【注释】

[1] 菽粒：豆粒。 [2] 刍豢黍粱：刍，牛羊；豢，猪狗；黍，黄米；粱，高粱。这里代指精美的食物。 [3] 内：通"纳"，接纳。 [4] 数：数落，教训。 [5] 五：指战斗力增加五倍，下文的"十"与之同义。 [6] 糗糒（bèi）：干粮。 [7] 嗌（yì）：咽喉。

邹孟轲母

孟轲，即孟子。孟子（约前372—约前289），名轲，字子舆，鲁国邹（今山东省邹城）人，是孔子之孙孔伋的再传弟子。孟子作为先秦儒家的代表人物之一，提倡“仁政”与“民贵君轻”的思想，有《孟子》一书传世，记录了他与诸侯、弟子以及其他同时代思想家的对话。相传他是鲁国姬姓贵族公子庆父的后裔，父名激，母仉（zhǎng）氏。孟母三迁与断机教子的故事流传甚广，本文选自刘向《列女传》。

邹孟轲之母也，号孟母。其舍近墓。孟子之少也，嬉游为墓间之事，踊跃筑埋[1]。孟母曰：“此非吾所以居处子也。”乃去，舍市傍[2]。其嬉戏为贾人炫卖之事。孟母又曰：“此非吾所以居处子也。”复徙，舍学宫之傍。其嬉游乃设俎豆，揖让进退[3]。孟母曰：“真可以居吾子矣。”遂居之。及孟子长，学六艺，卒成大儒之名。君子谓孟母善以渐化。诗云：“彼姝者子，何以予之？”此之谓也。

孟子之少也，既学而归，孟母方绩，问曰：“学何所至矣？”孟子曰：“自若也[4]。”孟母以刀断其织。孟子惧而问其故，孟母曰：“子之废学，若吾断斯织也。夫君子学以立名，问则广知，是以居则安宁，动则远害。今而废之，是不免于厮役，而无以离于祸患也。何以异于织绩而食，中道废而不为，宁能衣其夫子，而长不乏粮食哉！女则废其所食，男则堕于修德，不为窃盗，则为虏役矣。”孟子惧，旦夕勤学不息，师事子思，遂成天下之名儒。君子谓孟母知为人母之道矣。诗云：“彼姝者子，何以告之？”此之谓也。

孟子既娶，将入私室[5]，其妇袒而在内，孟子不悦，遂去不入。妇辞孟母而求去，曰：“妾闻夫妇之道，私室不与[6]焉。今者妾窃堕在室，而夫子见妾，勃然不悦，是客妾[7]也。妇人之义，盖不客宿[8]。请归父母。”于是孟母召孟子而谓之曰：“夫礼，将入门，问孰存，所以致敬也。将上堂，声必扬，所以戒人也。将入户，视必下，恐见人过也。今子不察于礼，而责礼于人，不亦远乎！”孟子谢，遂留其妇。君子谓孟母知礼，而明于姑母[9]之道。

孟子处齐，而有忧色。孟母见之曰：“子若有忧色，何也？”孟子曰：“不敏[10]。”异日闲居，拥楹[11]而叹。孟母见之曰：“乡见子有忧色，曰不也，今拥楹而叹，何也？”孟子对曰：“轲闻之：君子称身而就位，不为苟得而受赏，不贪荣禄；诸侯不听，则不达其上；听而不用，则不践其朝。今道不用于齐，愿行而母老[12]，是以忧也。”孟母曰：“夫妇人之礼，精五饭，羃[13]酒浆，养舅姑[14]，缝衣裳而已矣。故有闺内之修，而无境外之志。《易》曰：‘在中馈，无攸遂。’《诗》曰：‘无非无仪，惟酒食是议。’以言妇人无擅制之义，而有三从之道也。故年少则从乎父母，出嫁则从乎夫，夫死则从乎子，礼也。今子成人也，而我老矣。子行乎子义，吾行乎吾礼。”君子谓孟母知妇道。

【注释】

[1] 踊跃筑埋：指孟子热衷于挖掘填埋之事，即造坟墓。　[2] 乃去，舍市傍：于是就离开，在集市旁安家。　[3] 设俎豆，揖让进退：指准备祭器，模仿礼仪。　[4] 自若也：还像那样，指没什么进步。　[5] 私室：即卧室。[6] 私室不与：指夫妻在私人卧室中不讲究礼仪。　[7] 客妾：妾，女子的自称。以我为客。　[8] 不客宿：指女子在人家作客，不能留宿。[9] 姑母：指作婆婆。　[10] 不敏：不才，不够勤勉。　[11] 拥楹：楹，房前廊下的柱子。以手扶廊柱。　[12] 愿行而母老：指（我）想离开但母亲已经老了。

指想要离开，但担心母亲年老，自己离开后，失去俸禄，没有办法奉养。[13] 羃（mì）：同“幂”，覆盖。这里指准备。 [14] 舅姑：公婆。

刘邦：手敕太子

《手敕太子》一文为汉高祖刘邦所作。刘邦（前256—前195），字季。西汉王朝的建立者。此文为刘邦病重弥留对太子刘盈（汉惠帝）的训诫和嘱托。在本文中，刘邦告诫太子要勤奋读书为政，尊敬年长的大臣和公卿，并嘱咐太子照顾好赵隐王、刘如意母子。刘邦生长于秦末乱世，戎马倥偬，故其在晚年对于读书更加珍视。本文以上海古籍出版社出版的《续修四库全书》中的《全上古三代秦汉三国六朝文》（清·严可均辑）作为选文底本。

吾遭乱世，当秦禁学[1]，自喜，谓读书无益。洎践阼以来[2]，时方省书，乃使人知作者之意。追思昔所行，多不是。

尧舜不以天下与子而与他人[3]，此非为不惜天下，但子不中立[4]耳。人有好牛马尚惜，况天下耶。吾以尔是元子[5]，早有立意，群臣咸称汝友四皓[6]，吾所不能致，而为汝来，为可任大事也。今定汝为嗣[7]。

吾生不学书[8]，但读书问字而遂知耳。以此故不大工，然亦足自辞解。今视汝书，犹不如吾。汝可勤学习，每上疏宜自书[9]，勿使人也。汝见萧、曹、张、陈诸公侯[10]，吾同时人，倍年于汝者，皆拜。并语于汝诸弟。吾得疾遂困，以如意母子[11]相累，其余诸儿，皆自足立[12]，哀此儿犹小也。

【注释】

[1] 当秦禁学：指秦始皇焚书坑儒，禁止民间阅读《诗》《书》，荡尽古学。 [2] 洎践阼以来：自即位以来。 [3]“尧舜”句：指上古时代，尧、舜实行禅让制，不将天子位传给自己的儿子，而传给其他贤人。 [4] 不中立：德行和才能不足以被立为王。 [5] 元子：嫡长子。 [6] 四皓：指秦末隐居商山的东园公、甪里先生、绮里季、夏黄公。四人须眉皆白，故称商山四皓。高祖召，不应。后高祖欲废太子，吕后用张良计，迎四皓，使辅太子，高祖以太子羽翼已成，乃消除改立太子之意。 [7] 嗣：接续，继承；此指储君。 [8] 书：书法，书写。 [9] 每上疏宜自书：指每次上疏都要自己亲手书写。 [10] 萧、曹、张、陈诸公侯：指萧何、曹参、张良、陈平诸位公卿大臣。 [11] 如意母子：指刘邦宠妾戚姬和赵隐王刘如意，刘邦去世后，母子二人被吕后所害。 [12] 自足立：自己长大独立。

司马谈：命子迁

司马谈（？—前110），西汉时史学家，左冯翊夏阳(今陕西韩城市芝川镇附近)人，司马迁之父。他博学多识，曾对先秦的思想发展史做过广泛的涉猎和研究，将研究成果整理撰成《论六家要旨》一文，至今仍是史学界研究先秦思想史、哲学史的珍贵文献。

司马谈任太史令时，立志撰写一部通史。他接触到大量的图书文献，广泛地涉猎了各种资料。武帝元封元年(前110)，他随同汉武帝赴泰山封禅，途中身染重病，留在洛阳，不久即卒。在弥留之际，嘱咐儿子司马迁一定要完成这部史书的写作，后来司马迁历尽艰难完成了父亲的嘱托和自己的学术志愿，写成《史记》。这篇叮嘱司马迁的文字被收在《史记·太史公自序》中，亦可视为司马谈对太史公的教训文字。

余先[1]周室之太史也。自上世尝显功名于虞夏[2]，典天官[3]事。后世中衰，绝于予乎？汝复为太史，则续吾祖矣。今天子接千岁之统，封[4]泰山，而余不得从行，是命也夫，命也夫！余死，汝必为太史；为太史，无忘吾所欲论著矣。且夫孝始于事亲，中于事君，终于立身。扬名于后世，以显父母，此孝之大者。夫天下称诵周公，言其能论歌文武[5]之德，宣周召[6]之风，达太王、王季[7]之思虑，爰及公刘[8]，以尊后稷[9]也。幽厉[10]之后，王道缺，礼乐衰，孔子修旧起废，论《诗》《书》，作《春秋》，则学者至今则[11]之。自获麟[12]以来四百有余岁，而诸侯相兼[13]，史记放绝[14]。今汉兴，海内一统，明主贤君忠臣死义[15]之士，余为太史而弗论载，废天下之史文，余甚惧焉，汝其念哉！

【注释】

[1] 先：祖先。 [2] 虞夏：有虞氏之世和夏代。 [3] 典天官：指掌管天文历法。 [4] 封：指封禅。 [5] 文武：指周文王、周武王。 [6] 周召：指周公、召公，周初的贤臣。 [7] 太王、王季：指周文王的父亲王季和祖父太王。 [8] 公刘：周人的祖先，为了躲避戎狄的骚扰，带领族人迁居于豳，即今中国陕西省彬县、旬邑县西南一带。 [9] 后稷：周人的始祖。 [10] 幽厉：指周幽王、周厉王。 [11] 则：效法、学习。 [12] 获麟：指春秋鲁哀公十四年猎获麒麟之事，相传孔子作《春秋》至此而辍笔。 [13] 诸侯相兼：指诸侯相互兼并。 [14] 史记放绝：指历史记载荒废断绝。 [15] 死义：为义而死。

东方朔：诫子书

东方朔，生卒年不详，字曼倩，西汉平原郡厌次县（今山东省德州市陵县）人，西汉时期著名的文学家。汉武帝即位，征四方士人。东方朔上书自荐，诏拜为郎官，后任常侍郎、太中大夫等职。他性格诙谐，言词敏捷，滑稽多智，常在武帝前谈笑取乐，借以建言，但当时的皇帝始终把他当作优人看待，未能重用。相传《诫子书》是其教训其子的文章，《艺文类聚》《太平御览》收有此篇，本文选自清人严可均编的《全上古三代秦汉三国六朝文》。

明者[1]处事，莫尚于中[2]，优哉游哉[3]，与道相从。首阳[4]为拙，柳惠[5]为工。饱食安步，以仕代农[6]。依隐玩世[7]，诡时不逢[8]。是故才尽者身危，好名者得华；有群者累生[9]，孤贵者失和；遗余者不匮，自尽者无多。圣人之道，一龙一蛇[10]，形见神藏，与物变化，随时之宜，无有常家。

【注释】

[1] 明者：明智的人。　[2] 中：中道。　[3] 优哉游哉：形容悠闲自得、游刃有余的样子。　[4] 首阳：代指耻食周粟，饿死首阳山的贤人伯夷、叔齐。　[5] 柳惠：即柳下惠，春秋时期鲁国柳下邑人，鲁孝公的儿子公子展的后裔。名展禽，“惠”是他的谥号。　[6] 以仕代农：用出仕代替农耕，即东方朔所谓“大隐隐于朝”。　[7] 依隐玩世：指依照隐者的生活态

度游戏世间。　[8]诡时不逢：指不会遇到险恶的局面。　[9]有群者累生：意思是被人所依附的人，自己的生命会被拖累。　[10]一龙一蛇：指一显一隐之道，龙比喻显著，蛇比喻隐遁。

刘向：诫子刘歆

刘向（前77—前6），原名更生，字子政，后改名向，西汉楚国彭城（今江苏徐州）人，汉朝宗室，是西汉著名的经学家、目录学家与文学家，官至中垒校尉，故后世称其为“刘中垒”。他曾广泛校注诸子百家的著作，所著《别录》是我国最早的图书目录学著作，其著作大多散佚，仅有《新序》《说苑》《列女传》等书仍有留传。

其子刘歆（前50—公元23），字子骏，曾继承父职，任中垒校尉，后受王莽提携，官至骑都尉奉车光禄大夫，后因谋划诛杀王莽，事情败露，遂自杀。他是古文经学的真正开创者，而且长于校勘、历算、历史，曾编制《三统历谱》。刘歆自青年时代起，就协助父亲刘向整理、校勘群书，更在其父死后接续其未竟的事业，在其父《别录》的基础上，著成《七略》一书，成为后世版本目录学著作的典范。

本文为刘向教导刘歆谦逊恭敬之道的文章，选自清人严可均所编的《全上古三代秦汉三国六朝文》。

告歆无忽[1]：若未有异德[2]，蒙恩甚厚，将何以报？董生[3]有云：“吊者在门，贺者在闾[4]。”言有忧则恐惧敬事，敬事则必有善功而福至也。又曰：“贺者在门，吊者在闾。”言受福则骄奢，骄奢则祸至，故吊随而来。齐顷公[5]之始，藉霸者之余威，轻侮诸侯，亏跂蹇之容[6]，故被鞌[7]之祸，遁服而亡[8]，所谓“贺者在门，吊者在闾”也。兵败师破，人皆吊之，恐惧自新，百姓爱之，诸侯皆归其所夺邑，所谓“吊者在门，贺者在闾”也。今若年少，得黄门侍郎，要显处也。新拜皆谢，贵人叩头，谨战战栗栗，乃可必免。

【注释】

[1] 忽：轻忽。 [2] 若未有异德：若，你；异德：特异出众的德行。 [3] 董生：董仲舒。 [4] 吊者在门，贺者在闾：吊丧的人在门口，贺喜的人在街口。 [5] 齐顷公：齐顷公（？—前572），姜姓，吕氏，名无野，齐桓公之孙，齐惠公之子，春秋时期齐国国君，公元前598年至公元前572年在位。 [6] 亏跂（qí）蹇之容：这里指齐顷公戏弄四国使者的典故。齐顷公六年（前593）春，晋国大夫郤克、鲁国大夫季孙行父、卫国大夫孙良夫和曹国公子首四人一同出使齐国。其中，郤克眇目，季孙行父秃头，孙良夫跛足，公子曹驼背，齐顷公见到之后，觉得很好笑，就安排了四个有同样残疾的仆人给他们御马。结果四位使者大怒，回国之后请求国君出兵攻齐。跂蹇，跛足。 [7] 鞌：鞌，同鞍。即齐晋鞌之战。公元前589年，郤子为报齐国羞辱之仇，借鲁、卫求援之机，发兵攻齐。主战场为鞌，故史称“鞌之战”，齐国大败。 [8] 遁服而亡：换衣逃亡。指齐顷公在鞍之战大败后，为求脱身，不得已与大夫逄丑父交换衣服，而得以脱身。

马援：诫兄子马严马敦书

马援（前14—公元49），字文渊，扶风茂陵（今陕西省兴平市窦马村）人，东汉开国功臣之一，官至伏波将军，爵封新息侯。马援初为陇右隗嚣的属下，其后归顺光武帝刘秀，在刘秀统一天下的过程中立下了赫赫战功，晚年仍率军平定西南，并死于征讨“五溪蛮”的过程中，“马革裹尸”的成语即出自马援。

马严、马敦均为马援兄子，马援于军中听说二人喜好评论人物之短长、是非，对此深感不安，因此写了本文进行劝诫，并以龙伯高与杜季良二人为例，希望二人能够效法前者，做一个敦厚严谨之人。本文选自《后汉书·马援列传》。

吾欲汝曹闻人过失，如闻父母之名，耳可得闻，而口不可得言也。好论议人长短，妄是非正法[1]，此吾所大恶也，宁死不愿闻子孙有此行也。汝曹知吾恶之甚矣，所以复言者，施衿结缡，申父母之戒[2]，欲使汝曹不忘之耳。

龙伯高[3]敦厚周慎[4]，口无择言[5]，谦约节俭，廉公有威，吾爱之重之，愿汝曹效之。杜季良[6]豪侠好义，忧人之忧，乐人之乐，清浊无所失，父丧致客，数郡毕至，吾爱之重之，不愿汝曹效也。效伯高不得，犹为谨敕之士，所谓刻鹄不成尚类鹜者也[7]。效季良不得，陷为天下轻薄子，所谓画虎不成反类狗者也。讫今季良尚未可知，郡将下车[8]辄切齿[9]，州郡以为言[10]，吾常为寒心，是以不愿子孙效也。

【注释】

[1] 妄是非正法：轻易评论正确的法度。　[2] 施衿结缡，申父母之戒：古时礼俗，女子出嫁，母亲把佩巾、带子结在女儿身上，为其整衣，然后对其训诫。　[3] 龙伯高：龙伯高（前1—公元88），名述，京兆（今西安市）人。东汉光武帝二十五年受封为零陵太守，"在郡四年，甚有治效"，史称其"孝悌于家，忠贞于国，公明莅临，威廉赫赫"。　[4] 敦厚周慎：敦厚谨慎。[5] 口无择言："择"与"殬"通，败坏之义。　[6] 杜季良：杜季良，东汉时期人，官至越骑司马。　[7] 刻鹄不成尚类鹜者也：雕刻鸿鹄不成可以像一只鹜。鹄，天鹅；鹜，野鸭。　[8] 下车：指官员初到任。[9] 切齿：指咬牙痛恨。　[10] 以为言：以此为话柄。

班昭：女诫

班昭（约45—约117），一名姬，字惠班，扶风安陵（今陕西咸阳东北）人。东汉名臣、史学家班彪之女、班固之妹，曾奉旨入东汉皇家藏书阁“东观”，续写其兄未竟之《汉书》。汉和帝对其十分敬重，让皇后和贵人们以之为师，尊称其为“大家（gū）”，又因她十四岁嫁同郡曹世叔为妻，故被后世尊称为“曹大家”。

班昭在《女诫》序中提到，自己因为担心家族中到了出嫁年龄的女子出嫁后不能很好地尽到一个妻子、儿媳的责任，故而作此文以为训诫。其文内容主要以教导女性要柔顺、恭敬，主内持家为业，强调男女之别；认为在家庭内部，女性承担着协调整个家族和睦相处的责任，故而对忍让恭顺等德行较为看重，以今时观之，或有失严苛，但仍不失为借鉴之资。本文选自《汉书·列女传》。

鄙人愚暗，受性不敏[1]，蒙先君[2]之余宠，赖母师之典训。年十有四，执箕帚于曹氏[3]，于今四十余载矣。战战兢兢，常惧黜辱，以增父母之羞，以益中外之累。夙夜劬心[4]，勤不告劳，而今而后，乃知免耳。吾性疏顽[5]，教道无素[6]，恒恐子穀[7]负辱清朝。圣恩横加，猥赐金紫[8]，实非鄙人庶几所望也。男能自谋矣，吾不复以为忧也。但伤诸女方当适[9]人，而不渐训诲，不闻妇礼，惧失容它门，取耻宗族。吾今疾在沈滞[10]，性命无常，念汝曹如此，每用惆怅。闲作《女诫》七章，愿诸女各写一通，庶有补益，裨助汝身。去矣，其勖[11]勉之！

【注释】

[1] 受性不敏：指天赋不聪敏。 [2] 先君：先夫。 [3] 执箕帚于曹氏：指嫁到曹家。 [4] 劬（qú）心：劳心。 [5] 疏顽：粗心顽劣。 [6] 教道无素：道，通导。教导没有章法。 [7] 子穀：班昭的儿子曹成，字子穀。清朝：清明的朝廷。 [8] 金紫：即金印紫绶，黄金印章与紫色绶带，借指高官厚禄。[9] 适：出嫁。 [10] 沈滞：即沉滞。 [11] 勖（xù）：勉励。

卑弱第一

古者生女三日，卧之床下，弄之瓦砖[1]，而斋告焉。卧之床下，明其卑弱，主下人[2]也。弄之瓦砖，明其习劳，主执勤也。斋告先君，明当主继祭祀也。三者盖女人之常道，礼法之典教矣。谦让恭敬，先人后己，有善莫名[3]，有恶莫辞，忍辱含垢，常若畏惧，是谓卑弱下人也。晚寝早作，勿惮夙夜，执务私事，不辞剧易[4]，所作必成，手迹整理，是谓执勤也。正色端操，以事夫主，清静自守，无好戏笑，洁齐酒食，以供祖宗，是谓继祭祀也。三者苟[5]备，而患名称之不闻[6]，黜辱之在身，未之见也。三者苟失之，何名称之可闻，黜辱之可远哉！

【注释】

[1] 瓦砖：纺砖。 [2] 下人：下于人，指地位在下。 [3] 名：宣扬。 [4] 剧易：繁重、简易。 [5] 苟：假如。 [6] 名称之不闻：好的名声不被听闻。

夫妇第二

夫妇之道，参配阴阳[1]，通达神明，信[2]天地之弘义，人伦之大节也。是以《礼》贵男女之际,《诗》著《关雎》之义。由斯言之，不可不重也。

夫不贤，则无以御[3]妇；妇不贤，则无以事夫。夫不御妇，则威仪[4]废缺；妇不事夫，则义理堕阙。方[5]斯二事，其用一也。察今之君子，徒知妻妇之不可不御，威仪之不可不整，故训其男，检以书传。殊不知夫主之不可不事，礼义之不可不存也。但教男而不教女，不亦蔽于彼此之数乎！《礼》，八岁始教之书，十五而至于学矣。独不可依此以为则哉！

【注释】

[1] 参配阴阳：与阴阳调配的道理相对应。　[2] 信：确实是。　[3] 御：主导。　[4] 威仪：威严。　[5] 方：考察。

敬慎第三

阴阳殊性，男女异行[1]。阳以刚为德，阴以柔为用，男以强为贵，女以弱为美。故鄙谚[2]有云："生男如狼，犹恐其尫[3]；生女如鼠，犹恐其虎。"然则修身莫若敬，避强莫若顺。故曰敬顺之道，妇人之大礼也。夫敬非它，持久之谓也；夫顺非它，宽裕之谓也。持久者，知止足也；宽裕者，尚恭下也。夫妇之好，终身不离。房室周旋[4]，遂生媟黩[5]。媟黩既生，语言过矣。语言既过，纵恣必作。纵恣既作，则侮夫之心生矣。此由于不知止足者也。夫事有曲直，言有是非。直者不能不争，曲者不能不讼。讼争既施，则有忿怒之事矣。此由于不尚恭下者也。侮夫不节[6]，谴呵[7]从之；忿怒不止，楚挞[8]从之。夫为夫妇者，义以和亲，恩以好合，楚挞既行，何义之存？谴呵既宣，何恩之有？恩义俱废，夫妇离矣。

【注释】

[1] 男女异行：男女的天性行为不同。　[2] 鄙谚：俗谚。　[3] 尫（wāng）：瘦弱，怯懦。　[4] 周旋：进退应对。　[5] 媟（xiè）黩：媟，轻慢；黩，

随便，不敬。　[6] 不节：不知节制。　[7] 谴呵：呼呵指责。　[8] 楚挞：杖打。

妇行第四

女有四行，一曰妇德，二曰妇言，三曰妇容，四曰妇功。夫云妇德，不必才明绝异[1]也；妇言，不必辩口利辞也；妇容，不必颜色美丽也；妇功，不必工巧过人也。清闲贞静，守节整齐，行己有耻[2]，动静有法，是谓妇德。择辞而说，不道恶语，时然后言[3]，不厌于人，是谓妇言。盥浣尘秽，服饰鲜洁，沐浴以时，身不垢辱，是谓妇容。专心纺绩，不好戏笑，洁齐酒食，以奉宾客，是谓妇功。此四者，女人之大德，而不可乏之者也。然为之甚易，唯在存心耳。古人有言："仁远乎哉？我欲仁，而仁斯至矣。"此之谓也。

【注释】

[1] 才明绝异：指聪明绝顶，异于常人。　[2] 行己有耻：自己的行为有操守，知羞耻。　[3] 时然后言：时人都这么说后自己再说，指说话要看时机。

专心第五

《礼》，夫有再娶之义，妇无二适之文，故曰夫者天也。天固不可逃，夫固不可离也。行违神祇，天则罚之；礼义有愆，夫则薄之。故《女宪》曰："得意一人[1]，是谓永毕[2]；失意一人，是谓永讫[3]。"由斯言之，夫不可不求其心。然所求者，亦非谓佞媚苟亲也，固莫若专心正色。礼义居洁，耳无涂听[4]，目无邪视，出无冶容[5]，入无废饰[6]，无聚会群辈，无看视门户[7]，此则谓专心正色矣。若夫动静轻脱，视听陕输[8]，入则乱发坏形，出则窈窕作态，说所不当道，观所不当视，此谓不能专心正色矣。

【注释】

[1]得意一人：得到一个人的心意。 [2]毕：完满。 [3]讫：完结。 [4]涂听：即途听，道听途说，闲言闲语。 [5]冶容：妖冶的打扮。 [6]废饰：放弃装饰，指打扮随意。 [7]看视门户：在门口张望。 [8]陕输：游移不定，轻佻。陕，通“闪”。

曲从第六

夫“得意一人，是谓永毕；失意一人，是谓永讫”，欲人定志专心之言也。舅姑[1]之心，岂当可失哉？物[2]有以恩自离者，亦有以义自破者也。夫虽云爱[3]，舅姑云非，此所谓以义自破者也。然则舅姑之心奈何[4]？固莫尚于曲从[5]矣。姑云不尔而是[6]，固宜从令；姑云尔而非[7]，犹宜顺命。勿得违戾[8]是非，争分曲直。此则所谓曲从矣。故《女宪》曰：“妇如影响，焉不可赏[9]！”

【注释】

[1]舅姑：公婆。 [2]物：人。 [3]爱：指爱妻子。 [4]舅姑之心奈何：拿公婆的心意怎么办。 [5]曲从：指克制自己服从公婆。 [6]不尔而是：不要这样做而且这么要求是对的。 [7]尔而非：要这样做但这么要求是不对的。 [8]违戾：违背。 [9]赏：重视。

和叔妹第七

妇人之得意于夫主，由[1]舅姑之爱己也；舅姑之爱己，由叔妹[2]之誉己也。由此言之，我臧否誉毁[3]，一由叔妹，叔妹之心，复不可失也。

皆莫知叔妹之不可失，而不能和之以求亲，其蔽也哉！自非圣人，鲜能无过。故颜子贵于能改，仲尼嘉其不贰，而况妇人者也！虽以贤女之行，聪哲之性，其能备乎！是故室人和则谤掩[4]，外内离则恶扬。此必然之势也。《易》曰："二人同心，其利断金。同心之言，其臭[5]如兰。"此之谓也。夫嫂妹者，体敌而尊[6]，恩疏而义亲[7]。若淑媛谦顺之人，则能依义以笃好，崇恩以结援，使徽美[8]显章，而瑕过[9]隐塞，舅姑矜[10]善，而夫主嘉美，声誉曜于邑邻，休光[11]延于父母。若夫蠢愚之人，于嫂则托名[12]以自高，于妹则因宠以骄盈。骄盈既施，何和之有！恩义既乖，何誉之臻[13]！是以美隐而过宣，姑忿而夫愠，毁訾布于中外，耻辱集于厥身，进增父母之羞，退益君子之累。斯乃荣辱之本，而显否[14]之基也。可不慎哉！然则求叔妹之心，固莫尚于谦顺矣。谦则德之柄，顺则妇之行。凡斯二者，足以和矣。《诗》云："在彼无恶，在此无射[15]。"其斯之谓也。

【注释】

[1] 由：来自。　[2] 叔妹：指丈夫的兄弟姐妹。　[3] 臧否誉毁：褒贬。　[4] 谤掩：指争吵、诽谤偃息。　[5] 臭：气味。　[6] 体敌而尊：指年纪辈分相仿而身份尊贵。　[7] 恩疏而义亲：感情疏远而道义上亲近。　[8] 徽美：善美。　[9] 瑕过：过失。　[10] 矜：夸赞。　[11] 休光：美的光华，指美德。　[12] 托名：凭借身份。　[13] 臻：到。　[14] 显否（pǐ）：显，显耀；否，坏恶。　[15] 无射（yì）：不厌倦。

郑玄：诫子益恩书

郑玄（127—200），字康成，北海高密（今山东高密）人，东汉末年的经学大师。他曾入太学学习后从马融学古文经。游学归里之后，因家贫，客耕东莱，聚徒授课，弟子达数千人，终为大儒。后党锢之祸起，曾遭禁锢，闭门注疏，潜心著述。以古文经学为主，兼采今文经说，遍注群经，共百万余言，世称“郑学”，为汉代经学的集大成者。唐贞观年间，列郑玄于二十二“先师”之列，配享孔庙。本文选自《后汉书·张曹郑列传》。

吾家旧贫，不为父母群弟所容，去厮役之吏[1]，游学周、秦之都[2]，往来幽、并、兖、豫之域[3]，获觐[4]乎在位通人[5]，处逸[6]大儒，得意者咸从捧手，有所受焉。遂博稽[7]六艺，粗览传记，时睹秘书纬术之奥[8]。年过四十，乃归供养，假田播殖，以娱朝夕。遇阉尹擅势[9]，坐党禁锢[10]，十有四年，而蒙赦令，举贤良方正有道，辟大将军三司府。公车再召，比牒并名，早为宰相[11]。惟彼数公，懿德大雅，克堪王臣，故宜式序[12]。吾自忖度，无任于此，但念述先圣之元意[13]，思整百家之不齐，亦庶几以竭吾才，故闻命罔从[14]。而黄巾为害，萍浮南北，复归邦乡，入此岁来，已七十矣。宿素[15]衰落，仍有失误，案之礼典，便合传家。今我告尔以老，归尔以事，将闲居以安性，覃思[16]以终业。自非拜国君之命，问族亲之忧，展敬冢墓，观省野物[17]，胡尝扶杖出门乎！家事大小，汝一承之。咨尔茕茕[18]一夫，曾无同生相依[19]。其勖求君子之道，研钻勿替，敬慎威仪，以近有德[20]。显誉成于僚友[21]，德行立于己志。若致声称[22]，亦有荣于所生，可不深念邪！可不深念邪！吾虽无绂冕之绪[23]，颇有让爵之高。自乐以论赞之功，庶不遗后人之羞。末所愤愤者，徒以亡亲坟垄[24]未成，所好群书，率皆腐敝[25]，不得于礼堂写定，传与其人。日西方暮，其可图乎！家今差多于昔，勤力务时，无恤饥寒，菲饮食，薄衣服，节夫二者，尚令吾寡恨。若忽忘不识，亦已焉哉。

【注释】

[1] 去厮役之吏：指郑玄不愿作仆役小吏。 [2] 周、秦之都：周、秦两朝的首都。 [3] 幽、并、兖、豫之域：幽州、并州、兖州、豫州，即现在的河北、山西、山东、河南地区。 [4] 觐：觐见。 [5] 在位通人：指有官职的通达学问的大儒。 [6] 处逸：指没有官职隐逸在民间。 [7] 博稽：博，广泛；稽，考察。 [8] 秘书纬术之奥：指谶纬的奥秘，这些书籍在东汉被称为“内学”。 [9] 阉尹擅势：指宦官专权。 [10] 坐党禁锢：指东汉桓帝、灵帝时，士大夫、贵族等对宦官乱政的现象不满，与宦官斗争，最后反被宦官污为结党营私，大量正直之士被杀、被禁锢，史称“党锢之祸”。 [11] 公车再召，比牒并名，早为宰相：指与郑玄名字同列在朝廷征召文书上的人，都已经做了宰相。 [12] 式序：依顺序授以职位。 [13] 先圣之元意：指孔子所传经典的本意。 [14] 闻命罔从：指没听从朝廷的诏命。 [15] 宿素：经常，一向。 [16] 覃（tán）思：深思。 [17] 观省野物：观察田野风物。 [18] 茕茕：孤单的样子。 [19] 曾无同生相依：指郑玄的儿子没有同胞兄弟相互依靠。 [20] 有德：有德行的人。 [21] 显誉成于僚友：在同僚朋友中成就名誉。 [22] 声称：声誉。 [23] 绂（fú）冕之绪：绂，古代系印纽的丝绳，亦指官印；冕，官帽。绂冕之绪，指官宦世家的传承。 [24] 冢垄：坟丘。 [25] 腐敝：衰朽损坏。

曹操：诸儿令 · 戒子植

曹操（155—220），字孟德，小字阿瞒，沛国谯县（今安徽亳州）人。东汉末年杰出的政治家、军事家、文学家，三国曹魏政权的缔造者。曹操一共有二十五个儿子和七个女儿，儿子中多有才能之辈。在《诸儿令》中，我们可以看出曹操作为一代政治家，其治国和治家公私分明的品质。在曹操的众多儿子中，曹丕和曹植无疑是最为贤能的两位。《戒子植》是曹操为其子曹植所作。其中可以看出曹操对于曹植的厚望和勉励。两篇文字言简意赅，但是意蕴深厚，体现了一代政治家治家为政的风度。本文采用中华书局整理出版的《曹操集》作为底本。

诸儿令

今寿春、汉中、长安[1]，先欲使一儿各往都领[2]之，欲择慈孝[3]不违吾令，亦未知用谁也。儿虽小时见爱，而长大能善[4]，必用之。吾非有二言也，不但不私臣吏，儿子亦不欲有所私。

戒子植

吾昔为顿丘[5]令，年二十三。思此时所行，无悔于今。今汝年亦二十三矣，可不勉欤！

【注释】

[1] 寿春、汉中、长安：地名。分别为今安徽省六安市、陕西省西安市和汉中市附近。 [2] 都领：统辖管理。 [3] 慈孝：仁慈、孝顺。 [4] 能善：指拥有才能和德行。 [5] 顿丘：在今河南清丰西南。

刘备：遗诏敕后主

《遗诏敕后主》为三国时期蜀主刘备所作。刘备（161—223），字玄德，东汉末年幽州涿郡涿县（今河北省）人，三国时期蜀汉的创立者，谥号昭烈皇帝，史家又称为先主。此文为刘备病重时留给后主刘禅的遗诏。在这份诏书中，刘备训诫自己的儿子勤奋读书、善待兄弟及修德为政。在其中我们可以看到刘备对于其子刘禅的谆谆告诫和弥留嘱托。其中“勿以恶小而为之，勿以善小而不为”两句，意涵深刻，流传至今。本文以清代严可均辑《全上古三代秦汉三国六朝文》作为选文底本。

朕初疾但下痢耳，后转杂他病，殆[1]不自济。人五十不称夭[2]，年已六十有余，何所复恨？不复自伤，但以卿兄弟为念。射君到，说丞相[3]叹卿智量，甚大增修，过于所望。审能如此，吾复何忧！勉之，勉之！勿以恶小而为之，勿以善小而不为。惟贤惟德，能服于人。汝父德薄，勿效之。可读《汉书》《礼记》，闲暇历观诸子及《六韬》[4]《商君书》[5]，益人意智。闻丞相为写《申》《韩》[6]《管子》[7]《六韬》一通已毕，未送，道亡[8]，可自更求闻达。

【注释】

[1] 殆：大概，几乎。 [2] 夭：未成年的人死去。 [3] 丞相：指时任蜀汉丞相的诸葛亮。 [4]《六韬》：兵书名。旧题周吕望撰。分文韬、武韬、龙韬、虎韬、豹韬、犬韬六卷。 [5]《商君书》：战国时期法家学派的代

表作之一。　[6]《申》《韩》：战国时法家申不害和韩非的著作。后世以“申韩”代表法家。亦称申韩之学。　[7]《管子》：托名春秋时齐国相管仲所作。它大约是战国及其后的一批零碎著作的总集。后由汉代刘向编订成书。其中有着丰富的治国理政的思想和策略。　[8]道亡：在路上丢失。

诸葛亮：诫子书

诸葛亮（181—234），字孔明，号卧龙，琅琊阳都（今山东临沂市沂南县）人，三国时期蜀汉丞相，杰出的政治家、军事家。因其功勋卓著，被蜀汉政权封为武乡侯，死后追谥忠武侯，东晋政权因其军事才能特追封他为武兴王。建兴十二年（234）诸葛亮在五丈原（今宝鸡岐山境内）逝世。《诫子书》为其教育家中子弟要淡泊宁静，努力修学，对社会有所作为。

夫君子之行，静以修身，俭以养德。非淡泊无以明志，非宁静无以致远[1]。夫学须静也，才须学也；非学无以广才，非志无以成学。淫慢[2]则不能励精，险躁[3]则不能冶性。年与时驰，意与日去[4]，遂成枯落，多不接世[5]；悲守穷庐，将复何及？

【注释】

[1] 致远：指成就远大的目标。 [2] 淫慢：放纵怠慢。 [3] 险躁：急躁、走捷径。 [4] 年与时驰，意与日去：指年龄与日俱增，意气志向却越来越弱。 [5] 接世：与世事交接，指能够被社会接纳。

向朗：诫子遗言

向朗（约167—247），字巨达，襄阳郡宜城县（今湖北宜城）人。三国时期蜀汉官员、藏书家、学者。向朗早年师从司马徽，后随刘备入蜀，历任巴西、牂牁、房陵太守，后拜步兵校尉，领丞相长史。因随诸葛亮北伐时，包庇马谡而被免职，后封为显明亭侯。晚年时，向朗专心研究典籍，指导青年学习，家中藏书丰富，受到举国尊重。延熙十年（247）去世。本文出自清人严可均的《全上古三代秦汉三国六朝文》。

《传》[1]称“师克在和不在众[2]”，此言天地和则万物生，君臣和则国家平，九族和则动得所求，静得所安，是以圣人守和，以存以亡也。吾，楚国之小子耳，而早丧所天[3]，为二兄所诱养[4]，使其性行不随禄利以堕。今但贫耳，贫非人患，惟和为贵，汝其勉之！

【注释】

[1]《传》：这里指《左传》。　[2] 师克在和不在众：语出《左传·桓公十一年》，意思是军队能够胜利的关键在于大家的团结而不在于人多。　[3] 早丧所天：指父母早逝。　[4] 诱养：劝诱教养。

羊祜：诫子书

羊祜（221—278），字叔子，泰山平阳（今山东新泰）羊流人。三国曹魏后期重要的政治家、军事将领。博学能文，清廉正直。作者在《诫子书》中回忆了自己儿时的学习经历，年少时他便学习《诗》《书》，后担任朝廷重要官职。在文中作者勉励儿子们要勤奋读书，慎于言行，谨守忠信，在混乱的时局中保持家业安定。文中“恭为德首，慎为行基”句义理明晰，意蕴深厚。本文以清代严可均辑的《全上古三代秦汉三国六朝文》作为选文底本。

吾少受先君[1]之教，能言之年，便召以典文。年九岁，便诲以《诗》《书》。然尚犹无乡人之称，无清异[2]之名。今之职位，谬恩[3]之加耳，非吾力所能致也。吾不如先君远矣！汝等复不如吾。咨度[4]弘伟，恐汝兄弟未之能也；奇异独达，察汝等将无分也。恭为德首，慎为行基，愿汝等言则忠信，行则笃敬，无口许人以财，无传不经之谈，无听毁誉之语。闻人之过，耳可得受，口不得宣，思而后动。若言行无信，身受大谤，自入刑论，岂复惜汝，耻及祖考[5]！思乃父言，纂[6]乃父教，各讽诵[7]之。

【注释】

[1] 先君：已故的父亲。　[2] 清异：清高特异。　[3] 谬恩：不当的恩德。作者自谦之辞。　[4] 咨度：咨询，商酌。　[5] 祖考：祖先。　[6] 纂：继承并加强修养、治理。　[7] 讽诵：朗读，诵读。

嵇康：家诫

嵇康（224—263，一作223—262），字叔夜，谯郡铚县（今安徽省濉溪县临涣镇）人，曹魏时著名思想家、音乐家、文学家。正始末年与阮籍等名士共倡玄学新风，为“竹林七贤”的精神领袖。曾娶曹操曾孙女，官至中散大夫，世称嵇中散。后得罪钟会，为其诬陷，而被司马昭处死，年仅39岁。《家诫》一文，为嵇康教训其子的文章，文中反复强调要远离是非，少发评议，正体现了嵇康所处的魏晋交替之时严苛的现实政治环境。本文选自清人严可均所辑《全上古三代秦汉三国六朝文》。

人无志，非人也。但君子用心，有所准行[1]，自当量其善者，必拟议而后动。若志之所之[2]，则口与心誓，守死无二，耻躬不逮[3]，期于必济[4]。若心疲体懈，或牵于外物，或累于内欲，不堪近患，不忍小情，则议于去就[5]。议于去就，则二心交争。二心交争，则向[6]所以见役之情[7]胜矣！或有中道[8]而废，或有不成一匮而败之[9]，以之守则不固，以之攻则怯弱；与之誓则多违，与之谋则善泄；临乐则肆情[10]，处逸则极意[11]。故虽繁华熠耀，无结秀[12]之勋；终年之勤，无一旦之功。斯君子所以叹息也。若夫申胥[13]之长吟，夷齐[14]之全洁，展季[15]之执信，苏武之守节，可谓固矣！故以无心守之，安而体之，若自然也，乃是守志之盛者也。

【注释】

[1] 准行：行为准则。 [2] 志之所之：志向所在。 [3] 耻躬不逮：以自己做不到为耻。 [4] 期于必济：以必定成功为期许。 [5] 去就：去留，这里指事情的做与不做。 [6] 向：以往。 [7] 见役之情：被控制的情感欲望。 [8] 中道：中途。 [9] 不成一匮而败之：指还没正式开始就放弃了。 [10] 肆情：放纵情感。 [11] 极意：极尽己意。 [12] 结秀：结出果实，指有所成功。 [13] 申胥：即申包胥，春秋时期楚国大夫。前506年，伍子胥率吴军攻破楚国都城郢，楚昭王出逃。申包胥来到秦国请求帮助，立于秦庭，号哭七天七夜，滴水不进，秦哀公为之动容，亲赋《无衣》之诗，发战车五百乘，遣大夫子满、子虎救楚，最终楚国得以复国。 [14] 夷齐：伯夷、叔齐。 [15] 展季：即柳下惠。

所居长吏[1]，但宜敬之而已矣。不当极亲密，不宜数往，往当有时。其有众人[2]，又不当独在后，又不当宿留。所以然者，长吏喜问外事，或时发举则怨[3]；或者谓人所说，无以自免也；若行寡言，慎备自守，则怨责之路解矣。

【注释】

[1] 所居长吏：指所侍奉的官吏。 [2] 其有众人：指许多人同去拜见长吏。 [3] 或时发举则怨：指有时如果有所揭发则会招致怨恨。

其立身当清远。若有烦辱[1]，欲人之尽命，托[2]人之请求，当谦言辞谢：其素不豫此辈事[3]，当相亮[4]耳。若有怨急[5]，心所不忍，可外违拒[6]，密为济之[7]。所以然者，上远宜适之几[8]，中绝常人淫辈[9]之求，下全束修[10]无玷之称，此又秉志之一隅也。

【注释】

[1] 烦辱：指别人有求于你。 [2] 托：推托。 [3] 其素不豫此辈事：指平常不参与这类事情。 [4] 亮：阐明。 [5] 怨急：指急切间的请求。 [6] 可外违拒：可以表面上回拒。 [7] 密为济之：秘密地为他想办法。 [8] 上远宜适之几：在上，可以避免得宜的可能。 [9] 常人淫辈：平常交往行事过分的人。 [10] 束修：指学生第一次拜见老师时所献的礼物，这里代指财物馈赠。

凡行事，先自审其可，不差于宜[1]。宜行此事，而人欲易之，当说宜易之理。若使彼语殊佳者，勿羞折遂非也[2]。若其理不足，而更以情求来守，人虽复云云，当坚执所守，此又秉志之一隅也。

【注释】

[1] 不差于宜：指事情可行。 [2] 勿羞折遂非也：不要感到羞耻而否定自己。

不须行小小束修之意气，若见穷乏而有可以赈济者，便见义而作。若人从我，欲有所求，先自思省，若有所损废，多于今日，所济之义少[1]，则当权其轻重而拒之。虽复守辱不已[2]，犹当绝之。然大率[3]人之告求，皆彼无我有，故来求我，此为与之多也。自不如此而为轻竭，不忍面言，强副[4]小情，未为有志也。

【注释】

[1] 所济之义少：接济（他的）道义少。 [2] 守辱不已：古人认为求人是自贬之事，守辱即折节自辱，求告之意。守辱不已，即请求不停。 [3] 大率：大多数。 [4] 强副：强：勉强。副：符合。

夫言语，君子之机。机动物应，则是非之形著矣，故不可不慎。若于意不善了[1]，而本意欲言，则当惧有不了之失，且权忍之。后视[2]向不言此事，无他不可，则向言或有不可。然则能不言，全得其可矣。且俗人传吉迟、传凶疾[3]，又好议人之过阙[4]，此常人之议也。坐中所言，自非高议，但是动静消息，小小异同，但当高视，不足和答也。非义不言，详静敬道，岂非寡悔之谓？人有相与变争，未知得失所在，慎勿豫[5]也。且默以观之，其是非行[6]自可见。或有小是不足是，小非不足非，至竟[7]可不言，以待之。就有人问者[8]，犹当辞以不解，近论议亦然。若会酒坐，见人争语，其形势似欲转盛，便当亟[9]舍去之，此将斗之兆也。坐视必见曲直，党[10]不能不有言，有言必是在一人[11]；其不是者方自谓为直，则谓“曲我者有私于彼”[12]，便怨恶之情生矣！或便获悖辱之言[13]，正坐视之[14]，大见是非而争不了[15]，则仁而无武，于义无可，当远之也。然大都争讼者，小人耳，正复有是非，共济汗漫[16]，虽胜，可足称哉？就不得远，取醉为佳[17]。

若意中偶有所讳[18]，而彼必欲知者，共守大[19]不已，或却以鄙情[20]，不可惮此小辈，而为所挽[21]。以尽其言[22]，今正坚语[23]不知不识，方为有志耳。

【注释】

[1] 不善了：不完全了解。 [2] 后视：事后审视。 [3] 传吉迟、传凶疾：指好事传得慢，坏事传得快。 [4] 阙：通“缺”，过失。 [5] 豫：参与。 [6] 行：行将，即将。 [7] 竟：最后。 [8] 就有人问者：指有人向自己询问。 [9] 亟：急切。 [10] 党：通“倘”，如果。 [11] 有言必是在一人：说话必然会肯定一方。 [12] 曲我者有私于彼：否定我的人一定和对方有私交。 [13] 或便获悖辱之言：或者确定听到了错误的言论。 [14] 正坐视之：(只是) 端坐看着 (争辩)。 [15] 大见是非而争不了：旁观是非争吵不绝。 [16] 共济汗漫：指 (和小人争论是非就是) 共同进行一场漫无边际的争论。 [17] 就不得远，取醉为佳：就，靠近。靠近 (争论

的人群）不如远离（他们），喝醉更好。 [18] 若意中偶有所讳：如果言语含义中偶尔触犯了忌讳。 [19] 守大：守其大端。 [20] 却以鄙情：以常情推却。 [21] 搀：指束缚、裹挟。 [22] 以尽其言：任由他说。[23] 今正坚语：现在当坚持说（不知不识）。

自非知旧、邻比[1]，庶几已下[2]，欲请呼者，当辞以他故，勿往也。外荣华则少欲，自非至急，终无求欲，上美也。不须作小小卑恭，当大谦裕；不须作小小廉耻，当全大让。若临朝让官，临义让生，若孔文举[3]求代兄死，此忠臣烈士之节。

【注释】

[1] 知旧、邻比：知交旧友、邻居。 [2] 庶几已下：普通交情以下。[3] 孔文举：即孔融。

凡人自有公私，慎勿强知人知[1]。彼知我知之，则有忌于我。今知而不言，则便是不知矣。若见窃语私议，便舍起，勿使忌人也。或时逼迫，强与我共说，若其言邪险[2]，则当正色以道义正之。何者？君子不容伪薄之言故也。一旦事败，便言某甲[3]昔知吾事，是以宜备之深也。凡人私语，无所不有，宜预以为意[4]，见之而走者，何哉？或偶知其私事，与同则可，不同则彼恐事泄，思害人以灭迹也。非意所钦[5]者，而来戏调，蚩笑[6]人之阙者，但莫应从。小共转至于不共[7]，而勿大冰矜[8]；趋以不言答之[9]，势不得久，行自止也。自非所监临[10]，相与无他，宜适有壶榼[11]之意，束修之好，此人道所通，不须逆也。过此以往，自非通穆[12]，匹帛之馈，车服之赠，当深绝[13]之。何者？常人皆薄义而重利，今以自竭[14]者，必有为而作。鬻货徼欢[15]，施而求报，其俗人之所甘愿，而君子之所大恶也。又愦不须离搂[16]，强劝人酒，不饮自已；若人来劝己，辄当为持之，勿请勿逆也；见醉薰薰便止，慎不当至困醉，不能自裁[17]也。

【注释】

[1] 强知人知：强要知道别人的事情。　[2] 邪险：邪恶阴险。　[3] 某甲：某人。　[4] 宜预以为意：应当预先在意。　[5] 钦：钦佩、赞同。　[6] 蚩笑：即嗤笑，嘲笑。　[7] 小共转至于不共：从小赞同转变为不苟同（这种人）。　[8] 大冰矜：极端冷淡矜持。　[9] 趋以不言答之:（这种人）来趋近（我），（我）用不理睬来应对。　[10] 监临：看视，管辖。　[11] 壶榼（kē）：盛酒或茶水的容器，这里借指铺陈酒具饮酒。　[12] 通穆：相处和睦的知交。　[13] 绝：拒绝。　[14] 自竭：竭尽自己的能力。　[15] 鬻货徼欢：用财物换取（别人的）欢心。　[16] 又愦（kuì）不须离搂：愦，混乱，这里指醉酒；离搂，纠缠。指见人酒醉后不要再纠缠（他）。　[17] 自裁：自制。

陶渊明：与子俨等疏

陶渊明（352—427，一作365—427），字元亮，又名潜，私谥“靖节”，世称靖节先生，浔阳柴桑人。东晋末至南朝宋初期诗人、辞赋家。曾任江州祭酒、建威参军、镇军参军、彭泽县令等职，最末一次出仕为彭泽县令，因“不肯为五斗米折腰”，八十多天便弃职而去，从此归隐田园。他是中国第一位田园诗人，被称为“古今隐逸诗人之宗”。《与子俨等疏》是陶渊明五十出头时，因经历一场病患，在“自恐大分将有限”的心情下，写给五个儿子的一封家信，教导自己的儿子如何为人处世。本文选自《陶渊明集》。

告俨、俟、份、佚、佟：

天地赋命[1]，生必有死；自古圣贤，谁能独免？子夏有言：“死生有命，富贵在天。”四友之人[2]，亲受音旨[3]。发斯谈者，将非穷达不可妄求[4]，寿夭永无外请[5]故耶？

【注释】

[1] 天地赋命：天地赋予人生命。　[2] 四友之人：指孔子的学生颜回、子贡、子路、子张，为孔子四友。　[3] 音旨：指孔子的声音、教诲。　[4] 将非穷达不可妄求：岂不是（因为）人的穷困和显达不可非分地追求。　[5] 寿夭永无外请：长寿与短命永远不能外求。

吾年过五十，少而穷苦，每以家弊[1]，东西游走[2]。性刚才拙，与物多忤[3]。自量为己，必贻俗患[4]。僶俛辞世[5]，使汝等幼而饥寒。余尝感孺仲[6]贤妻之言，败絮自拥[7]，何惭儿子[8]？此既一事矣。但恨邻靡二仲[9]，室无莱妇[10]，抱兹苦心，良独内愧。

【注释】

[1]弊：贫乏。 [2]游走：在外奔波，指外出做官。 [3]忤：抵触。 [4]必贻俗患：必定会遭受世俗官场上的祸患。 [5]僶（mǐn）俛（miǎn）辞世：指努力（不成），辞官归隐。僶俛，勤勉。 [6]孺仲：东汉王霸，字孺仲，太原人。《后汉书·逸民列传》说他“少有情节。及王莽篡位，弃冠带，绝交宦，以病归。隐居守志，茅屋蓬户。连征不至，以寿终”。其妻与他一样，志向高洁，不为世俗所羁绊。 [7]败絮自拥：自己穿着破绵衣，但心安理得，形容自身志不在此。 [8]何惭儿子：面对儿子又有何惭愧。 [9]但恨邻靡二仲：只遗憾邻居中没有羊仲、求仲那样的隐士。 [10]莱妇：老莱子的妻子，意指贤妻。春秋时楚国的老莱子，在蒙山之南隐居躬耕。楚王用重礼来聘请他做官。他的妻子竭力劝止他说：“今先生食人酒肉，受人官禄，为人所制也，能免于患乎？”老莱子便与妻子一起逃隐于江南。

少学琴书，偶爱闲静，开卷有得，便欣然忘食。见树木交荫[1]，时鸟变声[1]，亦复欢然有喜。常言五六月中，北窗下卧，遇凉风暂至，自谓是羲皇上人[3]。意浅识罕[4]，谓斯言可保[5]。日月遂往，机巧好疏[6]。缅[7]求在昔，眇然如何！

【注释】

[1] 树木交荫：树木枝叶交错成荫。 [2] 时鸟变声：候鸟互相模仿叫声。 [3] 羲皇上人：太古之人。羲皇：伏羲氏，古代传说中的上古帝王。 [4] 意浅识罕：思想浅薄，见识稀少。 [5] 保：保有，这里指常记不忘。 [6] 机巧好疏：指逢迎取巧的能力很生疏。 [7] 缅：远。

疾患以来，渐就衰损，亲旧不遗[1]，每以药石见救[1]，自恐大分将有限也[3]。汝辈稚小家贫，每役柴水之劳，何时可免？念之在心，若何可言[4]！然汝等虽不同生[5]，当思四海皆兄弟之义。鲍叔、管仲，分财无猜[6]；归生、伍举，班荆道旧[7]；遂能以败为成[8]，因丧立功[9]。他人尚尔，况同父之人哉！颖川韩元长[10]，汉末名士，身处卿佐，八十而终，兄弟同居，至于没齿[11]。济北氾稚春[12]，晋时操行人也，七世同财，家人无怨色。《诗》曰："高山仰止，景行行止[13]。"虽不能尔，至心尚之。汝其慎哉，吾复何言！

【注释】

[1] 遗：抛弃。 [2] 每以药石见救：每次都用医药针石救治。 [3] 自恐大分将有限也：大分，寿命。自己担心寿命已经到了限度。 [4] 若何可言：还有什么话可说呢。 [5] 不同生：不是一母所生。子俨为前妻所生，后四子为续弦翟氏所生。 [6] 鲍叔、管仲，分财无猜：鲍叔牙和管仲，分钱没有猜忌。鲍叔牙和管仲曾一起经商，管仲每次都多分钱财，鲍叔牙说这是因为管仲家贫，从未怀疑过管仲的人品。 [7] 归生、伍举，班荆道旧：归生和伍举为战国时楚国人，二人为好友。伍举因罪逃往郑国，再奔晋国。在去晋国的路上，与出使晋国的归生相遇。两人便在地上铺荆草，席地而坐，叙说昔日的情谊。后来归生回到楚国后对令尹子木说，楚国人才为晋国所用，对楚国不利。楚国于是召回伍举。 [8] 以败为成：指管仲因得鲍叔的帮助而在失败中转向成功。起初，管仲辅佐公子纠，鲍叔辅佐公子小白，后来公

子小白打败了公子纠，即位为君，管仲被囚禁，鲍叔向齐桓公推荐管仲。管仲被起用为相，辅佐齐桓公成就了霸业。　[9] 因丧立功：指伍举在逃亡之中因得归生的帮助而回到楚国立下功劳。伍举回到楚国后，辅佐公子围继承了王位，即楚灵王。　[10] 韩元长：名融，字元长，东汉时人。年轻时不为章句之学而善辨事理，声名甚盛，曾受到太傅、太尉、司徒、司空、大将军等五府的同时征召。汉献帝时官至太仆，为九卿之一。　[11] 没齿：即终身之意。　[12] 汜稚春：名毓，字稚春，西晋时人。《晋书·儒林传》说他家累世儒素，九族和睦，到汜毓时已经七代。当时人们称赞其家“儿无常父，衣无常主”，举族和睦无分。　[13] 高山仰止，景行行止：出自《诗经·小雅·车舝》，仰望高山，遵行大路，指值得效仿的崇高品德。景行，大路。

刘义隆：诫江夏王义恭书

宋文帝刘义隆（407—453），小字车儿，南北朝时南朝刘宋武帝刘裕第三子，刘宋第三帝，年号“元嘉”，谥号“文皇帝”，庙号“太祖”。在位三十年，治国施政，颇有方略，史称“元嘉之治”，后为太子刘劭弑杀。

江夏王刘义恭（413—465），刘裕第五子，文帝异母弟。自幼受刘裕钟爱，文帝继位，封其为江夏王，进位司空。史称义恭为人“骄奢不节”，因此文帝在义恭出镇江夏时特撰此文，以为训诫约束。文章内容主要以告诫义恭为人恭谨、节制为主，同时也论及与人交游、政事处置等方面。本文选自清人严可均所辑的《全上古三代秦汉六朝文》。

汝以弱冠[1]，便亲方任[2]。天下艰难，家国事重，虽曰守成，实亦未易。隆替[3]安危，在吾曹耳，岂可不感寻王业[4]，大惧负荷[5]。今既分张[6]，言集[7]无日，无由复得动相规诲，宜深自砥砺[8]，思而后行。开布诚心，厝怀平当[9]，亲礼国士，友接佳流[10]，识别贤愚，鉴察邪正，然后能尽君子之心，收小人之力。

【注释】

[1] 弱冠：古人二十岁行冠礼，为成年，未成年为弱冠。 [2] 便亲方任：担任地方要职。 [3] 隆替：指王朝的兴衰交替。 [4] 感寻王业：感念和寻思帝王之业。 [5] 大惧负荷：指对自己不能担任这份责任而恐

惧。 [6] 分张：分离。 [7] 集：指聚会。 [8] 深自砥砺：深刻地自我磨砺。 [9] 厝怀平当：处置事物要怀着公平之心。厝，同措，举措、处置。 [10] 友接佳流：和优秀的人作朋友。

汝神意爽悟[1]，有日新[2]之美，而进德修业，未有可称[3]，吾所以恨[4]之而不能已已者也。汝性褊急[5]，袁太妃[6]亦说如此。性之所滞，其欲必行，意所不在，从物回改[7]，此最弊事，宜应慨然立志，念自裁抑。何至丈夫方欲赞世成名[8]而无断[9]者哉！今粗疏十数事，汝别时可省也。远大者岂可具言，细碎复非笔可尽。

【注释】

[1] 爽悟：聪明而有悟性。 [2] 日新：语出《大学》“苟日新，日日新，又日新”，形容人能每日自新进步。 [3] 称：值得称道。 [4] 恨：遗憾。 [5] 褊（biǎn）急：褊，狭隘。褊急，形容人心胸狭小，性格急躁。 [6] 袁太妃：指刘义恭的生母袁美人。 [7] 性之所滞，其欲必行，意所不在，从物回改：指于人的本性有阻滞、妨碍的事情，自己想做就一定要做；自己不放在心上的事情，就随着人改变止息。 [8] 赞世成名：赞，辅助。赞世成名，指参与治世成就功名。 [9] 断：裁断。

礼贤下士，圣人垂训；骄侈矜尚，先哲所去。豁达大度，汉祖之德；猜忌褊急，魏武[1]之累。《汉书》称卫青云：“大将军遇士大夫以礼，与小人有恩。”西门、安于，矫性[2]齐美；关羽、张飞，任偏同弊。行己举事，深宜鉴此。

【注释】

[1] 魏武：指曹操，曹丕称帝后，尊曹操为魏武帝。 [2] 矫性：矫正习性。

若事异今日，嗣子幼蒙[1]，司徒便当周公之事[2]，汝不可不尽祇顺[3]之理。苟有所怀，密自书陈。若形迹之闲[4]，深宜慎护。至于尔时安危，天下决汝二人[5]耳，勿忘吾言。

【注释】

[1] 嗣子幼蒙：继承帝位的子嗣（如果）年幼无知。 [2] 司徒便当周公之事：司徒，指彭城王刘义康，宋文帝刘义隆的另一个兄弟。周公之事，指昔年周武王死后，其子成王年幼，武王弟周公辅政的故事。 [3] 祇顺：恭顺。 [4] 形迹之闲：行为的嫌疑。 [5] 汝二人：即上文所说的彭城王刘义康和江夏王刘义恭。

今既进袁大妃[1]供给，计足充诸用，此外一不须复有求取，近亦具白[2]此意。唯脱[3]应大饷致，而当时遇有所乏，汝自可少多供奉耳。汝一月日自用不可过三十万，若能省此益美。

【注释】

[1] 袁大妃：即袁太妃。 [2] 具白：告禀。 [3] 脱：若，如果。

西楚殷旷[1]，常宜早起，接待宾侣，勿使留滞。判急务讫[2]，然后可入问讯，既睹颜色，审起居，便应即出，不须久停，以废庶事[3]也。下日及夜，自有余闲。府舍住止，围池堂观，略所诸究，计当无须改作，司徒亦云尔。若脱于左右之宜[4]，须小小回易，当以始至一治[5]为限，不须纷纭，日求新异。

【注释】

[1] 西楚殷旷：西楚，指刘义恭的封地江夏，其地属西楚。殷旷，指土地广大空旷。 [2] 判急务讫：处理急事完毕。 [3] 庶事：日常事务。 [4] 若

脱于左右之宜：指假如屋舍建筑与周围不协调，不合规制。　[5] 始至一治：指初至时整修一次。

凡审狱多决，当时难可逆虑，此实为难，汝复不习，殊当未有次第[1]。讯前一二日，取讯簿，密与刘湛[2]辈共详，大不同也。至讯日，虚怀博尽，慎无以喜怒加人。能择善者而从之，美自归己。不可专意自决，以矜[3]独断之明也。万一如此，必有大吝，非唯讯狱。君子用心，自不应尔。刑狱不可拥滞，一月可再讯。

【注释】

[1] 次第：次序，这里指审问案件的常规。　[2] 刘湛：刘湛（？—440），字弘仁，南阳涅阳（今河南邓县）人，刘宋开国功臣之一。刘义隆出镇江夏时，以刘湛为使持节、南蛮校尉、领抚军长史，行府州事。　[3] 矜：夸耀。

凡事皆应慎密，亦宜豫敕[1]左右，人有至诚，所陈不可漏泄，以负忠信之款[2]也。古人言“君不密则失臣，臣不密则失身”。或相谗构[3]，勿轻信受，每有此事，当善察之。

【注释】

[1] 豫敕：预先告知。　[2] 忠信之款：忠信之诚。　[3] 或相谗构：有人相互诬陷。

名器[1]深宜慎惜，不可妄以假人。昵近爵赐[2]，尤应裁量。吾于左右[3]虽为少恩，如闻外论[4]，不以为非也。

【注释】

[1] 名器：名号与车服。　[2] 昵近爵赐：指给亲近的人封官和赏赐。

[3] 左右：指近人。　　[4] 外论：外间朝廷的议论。

以贵陵物[1]物不服，以威加人人不厌。此易达事耳。

【注释】

[1] 以贵陵物：陵，欺压；物，指人。以贵陵物，以自身的高位凌驾于人。

声乐嬉游，不宜令过；摴蒱渔猎，一切勿为。供用奉身，皆有节度，奇服异器，不宜兴长。汝嫔侍左右，已有数人，既始至西，未可匆匆，复有所纳。

颜延之：庭诰

颜延之（384—456），字延年，南朝宋文学家，为颜之推五世祖。祖籍琅琊临沂（今山东临沂）。曾祖含，右光禄大夫。祖约，零陵太守。父显，护军司马。少孤贫，居陋室，好读书，无所不览，文章之美，冠绝当时，与谢灵运并称“颜谢”。他还与陶渊明私交甚笃，二人在颜延之任江州后军功曹时过从甚密；其后延之出任始安太守，路经浔阳，又与陶渊明在一起饮酒，临行并以两万钱相赠。陶渊明死后，他还写了《陶徵士诔》。《庭诰》为其所作，用以教训家中子弟。本文选自清人严可均的《全上古三代秦汉三国六朝文》。

《庭诰》者，施于闺庭之内，谓不远也。吾年居秋方[1]，虑先草木[2]，故遽[3]以未闻，诰尔在庭。若立履之方[4]，规鉴之明，已列通人之规，不复续论。今所载咸其素蓄，本乎性灵，而致之心用。夫选言务一，不尚烦密，而至于备议者，盖以网诸情非[5]。古语曰，得鸟者罗之一目，而一目之罗，无时得鸟矣[6]。此其积意之方。

【注释】

[1] 秋方：指暮年。　[2] 虑先草本：恐怕先草木而凋，谓早早谢世。　[3] 遽：仓猝。　[4] 立履之方：为人处世之道。　[5] 网诸情非：网，罗列。指列举各种错误的事物。情，实情；非，错误。　[6] 得鸟者罗之一目，而一目之罗，无时得鸟矣：意思是捕鸟只需网上的一个网眼，但只有一

个网眼的网是永远抓不住鸟的。比喻事物聚在一起构成整体才能发挥作用。

道者识之公[1]，情者德之私[2]。公通，可以使神明加响；私塞，不能令妻子移心。是以昔之善为士者，必捐情反道[3]，令公屏私。

【注释】

[1] 道者识之公：道令人的认识公正。 [2] 情者德之私：情令人的道德自私。 [3] 捐情反道：捐，弃；反，通“返”。放弃私情返回公道。

寻尺之身[1]，而以天地为心；数纪之寿[2]，常以金石为量[3]。观夫古先垂戒，长老余论，虽用细制，每以不朽见铭。缮筑末迹，咸以可久承志。况树德立义，收族长家[4]，而不思经远乎？

【注释】

[1] 寻尺之身：八尺为一寻，（虽然）指人的身高不过寻尺之数。 [2] 数纪之寿：十二年为一纪，指（虽然）人不过数十年寿命。 [3] 常以金石为量：指人常常思考像金石般长久的问题。 [4] 收族长家：收拢、发展家族。

曰身行不足，遗之后人，欲求子孝必先慈，将责弟悌务为友。虽孝不待慈，而慈固植[1]孝，悌非期友，而友亦立悌。

【注释】

[1] 植：培养。

夫和之不备，或应以不和[1]；犹信不足焉，必有不信。傥知恩意[2]相生，情理相出，可使家有参、柴[3]，人皆由、损[4]。

【注释】

[1] 夫和之不备，或应以不和：指平时不注重和睦，那么别人也以不和睦来应对。　[2] 傥知恩意：指自己对人的恩情与别人对自己的情谊。傥，同“倘”，倘若。　[3] 参、柴：曾参和高柴的并称，二人皆为孔子弟子，以忠厚著称。　[4] 由、损：仲由和闵损的并称，即子路与子骞，二人皆为孔子弟子，以孝义著称。

夫内居德本，外夷民誉[1]，言高一世，处之逾嘿[2]，器重一时，体之滋冲[3]，不以所能干众，不以所长议物，渊泰[4]入道，与天为人者，士之上也。若不能遗声，欲人出[5]己，知柄在虚求，不可校得，敬慕谦通，畏避矜踞，思广监择，从其远猷[6]，文理精出，而言称未达，论问宣茂，而不以居身，此其亚[7]也。若乃闻实之为贵，以辩画所克，见声之取荣，谓争夺可获，言不出于户牖，自以为道义久立，才未信于仆妾，而曰我有以过人，于是感苟锐之志，驰倾觖[8]之望，岂悟已挂有识之裁，入修家之诫乎？记所云“千人所指，无病自死”[9]者也。行近于此者，吾不愿闻之矣。

【注释】

[1] 内居德本，外夷民誉：指在内以道德为先，在外不令声望显赫，即勤修道德不以求名之意。夷，平。　[2] 言高一世，处之逾嘿：指言论高明，处事默然，不妄置评论。嘿，通“默”。　[3] 器重一时，体之滋冲：指被世人所看重，却处之淡然。冲，平和。　[4] 渊泰：沉静冲和。　[5] 出：超过。　[6] 猷：谋。　[7] 亚：指第二等。　[8] 倾觖（jué）：过分贪求。觖，不满。　[9] 千人所指，无病自死：语出班固《汉书·王嘉传》：“里谚曰：千人所指，无病而死。”指一个人品行恶劣，为众人所指摘、厌恶，那么即使没有病患也会死亡。

凡有知能[1]，预有文论[2]，若不练之庶士[3]，校之群言[4]，通才所归[5]，前流所与[6]，焉得以成名乎？若呻吟于墙室之内，喧嚣于党辈之间，窃议以迷寡闻[7]，妲语[8]以敌要说，是短算[9]所出，而非长见所上。适值尊朋临座，稠[10]览博论，而言不入于高听，人见弃于众视，则慌若迷途失偶，黡[11]如深夜撤烛，衔声茹气，腆嘿而归，岂识向之夸慢，只足以成今之沮丧邪？此固少壮之废，尔其戒之。

【注释】

[1] 知能：指想法、谋划。 [2] 预有文论：指草拟的文章。 [3] 练之庶士：在众人中磨炼。 [4] 校之群言：与大家讨论。 [5] 通才所归：集合众人的才能。 [6] 前流所与：指有前辈贤人的参与。 [7] 窃议以迷寡闻：用个人见解来迷惑见识寡少的人。 [8] 妲语：荒诞不经的言谈。 [9] 短算：思虑浅短。 [10] 稠：深厚。 [11] 黡（yǎn）：黑暗。

夫以怨诽为心者，未有达无心救得丧，多见诮耳。此盖臧获[1]之为，岂识量之为事哉？是以德声令[2]气，愈上每高；忿言怼讥，每下愈发。有尚于君子者，宁可不务勉邪？虽曰恒人，情不能素尽，故当以远理胜之，么算[3]除之，岂可不务自异，而取陷庸品[4]乎？

【注释】

[1] 臧获：古代对奴婢的贱称。 [2] 令：善。 [3] 么算：么，细小。算，原作筭，通“算”。 [4] 取陷庸品：指落入平常品级。

富厚贫薄，事之悬[1]也。以富厚之身，亲贫薄之人，非可一时同处。然昔有守之无怨，安之不闷[2]者，盖有理存焉。夫既有富厚，必有贫薄，岂其证然，时乃天道。若人皆厚富，是理无贫薄，然乎？必不然也。若谓富厚在我，则宜贫薄在人，可乎？又不可矣。道在不然，义在不可，而横意[3]去就，谬生希幸[4]，以为未达至分。

【注释】

[1] 悬：分隔。　[2] 闷：愤懑，愁苦。　[3] 横意：执意。　[4] 谬生希幸：妄生侥幸。

蚕温农饱[1]，民生之本。躬稼难就，止以仆役为资，当施其情愿，庀其衣食，定其当治，递其优剧[2]，出之休飨，后之捶责，虽有劝恤之勤，而无霑曝[3]之苦。

【注释】

[1] 蚕温农饱：养蚕制衣求温，耕种收获求饱。　[2] 递其优剧：安排劳逸，即安排仆人的作息。　[3] 霑曝：即沾湿，曝晒，即寒暑之苦。

务前公税[1]，以远吏让[2]；无急傍费[3]，以息流议[4]；量时发敛[5]，视岁穰俭[6]；省赡以奉己，损散以及人。此用天之善，御生之得也。

【注释】

[1] 务前公税：一定要先交足公家的租税。　[2] 以远吏让：让，通“攘”。以远离官吏侵扰。　[3] 无急傍费：不要有临时的、庞杂的支出。　[4] 以息流议：来平息旁人的非议。　[5] 量时发敛：视现实情形来决定钱财的发散与聚敛。　[6] 视岁穰俭：考虑当年的丰收与歉收状况。

率下多方，见情为上；立长多术，晦明为懿[1]。虽及仆妾，情见则事通；虽在畎亩[2]，明晦则功博。若夺其当然[3]，役其烦务，使威烈雷霆，犹不禁其欲；虽弃其大用，穷其细瑕，或明灼日月，将不胜其邪。故曰：“孱焉则差，的焉则闇[4]。”是以礼道尚优，法意从刻[5]。优则人自为厚，刻则物相为薄。耕收诚鄙，此用不忒[6]，所谓野陋而不以居心也[7]。

【注释】

[1] 懿：善。　[2] 畎亩：田地，指不出仕，耕读为业。　[3] 夺其当然：改变它本来的样子。　[4] 孱焉则差（chài），的（dì）焉则阍：差，病愈；的，鲜明的样子。孱弱反而能强壮，明亮反而会昏阍。　[5] 刻：严厉。[6] 耕收诚鄙，此用不忒（tè）：农事确实是低微的事业，但其功能不差。[7] 野陋而不以居心也：指操持低微的事业不会改变志向。

含生之氓[1]，同祖一气，等级相倾，遂成差品，遂使业习[2]移其天识，世服[3]没其性灵。至夫愿欲情嗜，宜无间殊，或役人而养给，然是非大意，不可侮也。隅奥有灶，齐侯蔑寒[4]；犬马有秩，管燕轻饥[5]。若能服温厚而知穿弊之苦，明周之德；厌滋旨而识寡嗛[6]之急，仁恕之功。岂与夫比肌肤于草石，方手足于飞走[7]者，同其意用哉？罚慎其滥，惠戒其偏。罚滥则无以为罚，惠偏则不如无惠。虽尔眇末，犹扁庸保[8]之上，事思反己，动类念物，则其情得，而人心塞矣。

【注释】

[1] 氓：平民。　[2] 业习：习惯。　[3] 世服：祖传的事业。　[4] 隅奥有灶，齐侯蔑寒：室内虽然有炉灶，齐桓公的席子却是凉的，即齐桓公被困死宫中的故事。齐桓公晚年病重，易牙、竖刁等人封闭宫门，齐桓公最终在宫中冻饿而死。　[5] 犬马有秩，管燕轻饥：犬马都有俸禄供养，管燕却轻视门客的饥寒。管燕是战国时齐国人，有一次管燕被齐王治罪，问门下可有人愿意和他投奔别的诸侯，但门人默然不应，使之觉得悲哀，说："士何其易得而难用也！"然而门客田需却说他待士太过轻忽，他养的犬马都能饱食终日，而门客们的食物却没人关心。　[6] 寡嗛（qiàn）：嗛，同"歉"，缺乏，不足。　[7] 飞走：代指禽兽。　[8] 庸保：杂役。

忭博蒲塞[1]，会众之事；谐调哂谑，适坐之方，然失敬致悔，皆此之由。方其克瞻，弥丧端俨[2]；况遭非鄙，虑将丑折[3]。岂若拒其容而简其事，静其气而远其意，使言必诤厌，宾友清耳，笑不倾抚，左右悦目。非鄙无因而生，侵侮何从而入，此亦持德之管籥[4]，尔其谨哉。

【注释】

[1] 忭博蒲塞：指赌博游戏。　[2] 方其克瞻，弥丧端俨：当人们神态庄严可观时，（调笑）还会使其丧失端庄。　[3] 况遭非鄙，虑将丑折：何况他遭到嘲笑非议，（就会）想要报复。　[4] 管籥（yuè）：古代对钥匙的称呼，代指关键。

嫌惑疑心，诚亦难分，岂唯厚貌蔽智之明，深情怯刚之断而已哉。必使猜怨愚览，则颦笑入戾[1]；期变犬马，则步顾成妖。况动容窃斧[2]，束装盗金[3]，又何足论。是以前王作典，明慎议狱，而僭滥易意；朱公论璧[4]，光泽相如，而倍薄异价。此言虽大，可以戒小。

【注释】

[1] 猜怨愚贤，则颦笑入戾：大意是如果猜疑一个人，那么这个人的一颦一笑都会被认为是对自己的背叛。　[2] 动容窃斧：即疑邻偷斧，语出《吕氏春秋》。从前有个人，丢了一把斧子。他怀疑是邻居家的儿子偷去了，于是觉得人家的言谈举止都像偷了斧子的样子。后来，丢斧子的人找到了自己的斧子，再观察邻人儿子的言谈举止，则一点不像偷了斧子的样子。　[3] 束装盗金：出自《汉书·隽不疑传》。汉朝时期，郎官隽不疑侍奉汉文帝，他的同事请假回家，误把同宿舍的另一个人的金钱带回家了。那个同事认为是隽不疑拿了。隽不疑知道不能分辩，就拿自己的金子给丢金的人。后来误拿金子的人回来了，把金子还给丢金人，丢金人十分惭愧。　[4] 朱公论璧：朱公，陶朱公，即范蠡。他以玉璧色泽相同，而厚重者价高为喻，说明为政处事，宽厚为上。

游道[1]虽广，交义为长。得在可久，失在轻绝。久由相敬，绝由相狎。爱之勿劳，当扶其正性；忠而勿诲，必藏其枉情。辅以艺业，会以文辞，使亲不可亵，疏不可间，每存大德，无挟小怨。率此往也，足以相终。

【注释】

[1] 游道：指游学交友。

酒酌之设，可乐而不可嗜，嗜而非病者希，病而遂眚[1]者几。既眚既病，将蔑其正。若存其正性，纾其妄发[2]，其唯善戒乎。声乐之会，可简而不可违，违而不背者鲜矣，背而非弊者反矣。既弊既背，将受其毁。必能通其碍而节其流，意可为和中矣。

【注释】

[1] 眚（shěng）：过失，这里指明白自己的过失。　[2] 纾其妄发：排解其虚妄发表的情感。

善施者唯发自人心，乃出天则[1]。与不待积[2]，取无谋实。并散千金，诚不可能。赡人之急，虽乏必先，使施如王丹[3]，受如杜林[4]，亦可与言交矣。

【注释】

[1] 天则：天道。　[2] 与不待积：给予不能等待积聚（后才施行）。　[3] 王丹：王丹，字仲回，京兆下邽人，东汉初人。家累千金，乐善好施。　[4] 杜林：杜林，字伯山，扶风郡茂陵县（今陕西省兴平市）人，东汉初人，为人志气高洁。

浮华怪饰，灭质[1]之具；奇服丽食，弃素[2]之方。动人劝慕，倾人顾盼[3]，可以远识夺，难用近欲从。若睹其淫怪，知生之无心，为见奇丽，能致诸非务，则不抑自贵，不禁自止。

【注释】

[1] 质：质朴。 [2] 素：朴素。 [3] 动人劝慕，倾人顾盼：指吸引人的注意，引人羡慕。

夫数相[1]者，必有之征，既闻之术人，又验之吾身，理可得而论也。人者兆气二德[2]，禀体五常[3]。二德有奇偶，五常有胜杀[4]，及其为人，宁无叶沴[5]？亦犹生有好丑，死有夭寿，人皆知其悬天，至于丁年乖遇，中身迂合者[6]，岂可易地哉？是以君子道命愈难，识道愈坚。

【注释】

[1] 数相：数术相法。 [2] 二德：指阴阳二气。 [3] 五常：指五行。[4] 胜杀：生克。 [5] 叶沴（xié lì）：和谐与刑克。 [6] 丁年乖遇，中身迂合者：丁年，青年；中身，中年。形容一生的遭遇。

古人耻以身为溪壑者，屏欲[1]之谓也。欲者，性之烦浊，气之蒿蒸[2]，故其为害，则熏心智，耗真情，伤人和，犯天性。虽生必有之，而生之德，犹火含烟而烟妨火，桂怀蠹[3]而蠹残桂。然则火胜则烟灭[4]，蠹壮则桂折。故性明者欲简，嗜繁者气昏，去明即昏，难以生矣。是以中外群圣，建言所黜；儒道众智，发论是除。然有之者不患误深，故药[5]之者恒苦术浅，所以毁道多而义寡。顿尽诚难，每指可易，能易每指，亦明之末。

【注释】

[1]屏欲：摒除欲望。　[2]蒿蒸：形容气的蒸腾发散。　[3]蠹：蛀虫。　[4]火胜则烟灭：《太平御览》作烟胜则火灭。　[5]药：指救治（人心）。

廉嗜之性不同，故畏慕之情或异。从事于人者，无一人我之心，不以己之所善谋人[1]，为有明矣；不以人之所务失我[2]，能有守矣。己所谓然，而彼定不然，弈棋之蔽；悦彼之可，而忘我不可，学颦之蔽。将求去蔽者，念通怍介而已。

【注释】

[1]不以己之所善谋人：不以自己的喜恶来揣度人。　[2]不以人之所务失我：不因别人在意而迷失自我。

流言谤议，有道[1]所不免，况在阙薄，难用算防。接应之方，言必出己。或信不素积，嫌间所袭[2]；或性不和物[3]，尤怨所聚。有一于此，何处逃毁？苟能反悔在我，而无责于人，必有达鉴，昭其情远，识迹其事。日省吾躬，月料吾志，宽嘿以居，洁静以期，神道必在，何恤人言。

【注释】

[1]有道：有道之人。　[2]信不素积，嫌间所袭：指平常没有积累信用，被嫌隙离间所利用。　[3]性不和物：生性不擅与人相处。

谚曰：富则盛，贫则病矣。贫之为病也，不为形色粗黡，或亦神心沮废；岂但交友疏弃，必有家人诮让。非廉深远识者，何能不移其植。故欲蠲[1]忧患，莫若怀古。怀古之志，当自同古人，见通则忧浅，意远则怨浮。昔琴歌于编蓬之中者[2]，用此道也。

【注释】

[1] 蠲（juān）：免除。　　[2] 琴歌于编蓬之中者：弹琴歌唱于蓬草编织的草庐中的人，指隐士。

夫信不逆彰，义必幽隐，交赖相尽[1]，明有相照。一面见旨[2]，则情固丘岳；一言中志，则意入渊泉。以此事上[3]，水火可蹈；以此托友，金石可弊，岂待充其荣实，乃将议报，厚之篚筐，然后图终。如或与立，茂思无忽。

【注释】

[1] 交赖相尽：朋友相交靠的是相互尽心。　　[2] 一面见旨：指一见面就彼此了解了对方的旨趣志向。　　[3] 事上：侍奉官长。

禄利者受之易，易则人之所荣[1]；蚕穑[2]者就之艰，艰则物之所鄙。艰易既有勤倦之情，荣鄙又间向背之意，此二途所为反也。以劳定国，以功施人，则役徒属而擅丰丽，自理于民，自事其生，则督妻子而趋耕织。必使陵侮不作，悬企[3]不萌，所谓贤鄙处宜，华野[4]同泰。

【注释】

[1] 荣：以为荣耀。　　[2] 蚕穑：即农桑。　　[3] 悬企：指好高骛远之心。[4] 华野：指富贵与隐逸。

人以有惜为质[1]，非假[2]严刑；有恒为德，不慕厚贵。有惜者以理葬，有恒者与物终，世有位去则情尽[3]，斯无惜矣。又有务谢则心移[4]，斯不恒矣。又非徒若此而已，或见人休[5]事，则勤蕲结纳[6]；及闻否论[7]，则处彰离贰[8]；附会以从风，隐窃以成衅；朝吐面誉，暮行背毁；昔同稽款[9]，今犹叛戾[10]，斯为甚矣。又非唯若此而已，或凭人惠训，藉人成立，与人余论，依人扬声，曲存禀仰，甘赴尘轨。衰没畏远，忌闻影迹，又蒙蔽其善，毁之无度，心短彼能，私树己拙，自崇恒辈，罔顾高识，有人至此，实蠹大伦[11]。每思防避，无通闾伍。

【注释】

[1] 有惜为质：以爱惜、重视为本质。 [2] 假：借助。 [3] 位去则情尽：指不在高位则人情淡薄。 [4] 务谢则心移：不担任职务则人心离散。 [5] 休：善、美。 [6] 勤蕲（qí）结纳：请求与人结交。 [7] 及闻否论：等听到不好的传言。 [8] 处彰离贰：指生出二心。 [9] 稽款：指礼遇。 [10] 叛戾：背叛。 [11] 实蠹大伦：确实损害大道。

睹惊异之事，或涉流传；遭卒迫之变，反思安顺。若异从己发，将尸谤人，迫而又迕[1]，愈使失度。能夷异如裴楷[2]，处逼如裴遐[3]，可称深士乎？

【注释】

[1] 迫而又迕：被人逼迫又想反抗。 [2] 裴楷：裴楷（237—291），字叔则，河东闻喜（今山西闻喜县）人。三国曹魏及西晋时期大臣、名士。 [3] 裴遐：裴楷弟弟裴绰之子，性有雅量。

喜怒者有性所不能无，常起于褊量[1]，而止于弘识。然喜过则不重，怒过则不威，能以恬漠为体，宽愉为器者，则为大喜荡心，微抑则定；甚怒烦性，小忍即歇。动无愆容，举无失度，则物将自悬，人将自止。

【注释】

[1] 褊量：气量狭小。

习[1]之所变亦大矣，岂惟蒸性染身，乃将移智易虑[2]。故曰：“与善人居，如入芷兰之室，久而不知其芬，与之化矣；与不善人居，如入鲍鱼之肆，久而不知其臭，与之变矣。”是以古人慎所与处。唯夫金真玉粹者，乃能尽而不污尔。故曰：“丹可灭而不能使无赤，石可毁而不能使无坚。”苟无丹石之性，必慎浸染之由。能以怀道为念，必存从理之心。道可怀而理可从，则不议贫，议所乐耳。或云：贫何由乐？此未求道意。道者，瞻富贵同贫贱，理固得而齐[3]。自我丧之，未为通议，苟议不丧，夫何不乐。

【注释】

[1] 习：习气。　　[2] 移智易虑：改变心智。　　[3] 齐：齐等。

或曰：温饱之贵，所以荣生[1]；饥寒在躬，空曰从道。取诸其身，将非笃论。此又通理所用。凡生之具，岂间定实，或以膏腴夭性，有以菽藿登年[2]。中散[3]云：“所足在内，不由于外。”是以称[4]体而食，贫岁愈嗛；量腹而炊，丰家余食。非粒实[5]息耗，意有盈虚尔。况心得复劣，身获仁富，明白入素，气志如神，虽十旬九饭，不能令饥，业席三属，不能为寒。岂不信然？

【注释】

[1] 荣生：使生命焕发光彩。　　[2] 有以菽藿登年：菽藿，豆和豆叶，泛指杂粮。有人因为吃杂粮而长寿。　　[3] 中散：中散大夫的省称，嵇康曾任中散大夫，后人以“中散”称之。　　[4] 称：称量。　　[5] 粒实：粒状的果实，即粮食。

且以己为度者，无以自通彼量。浑四游而斡五纬[1]，天道弘也；振河海而载山川，地道厚也；一情纪而合流贯[2]，人灵茂也。昔之通乎此数者，不为剖判之行，必广其风度，无挟私殊，博其交道[3]，靡怀曲异[4]。故望尘请友[5]，则义士轻身；一遇拜亲，则仁人投分。此伦序通允，礼俗平一，上获其用，下得其和。

【注释】

[1] 浑四游而幹五纬：古人认为大地和星辰在一年的四季中，分别向东、南、西、北四极移动，称“四游”；将太白、岁星、辰星、荧惑、镇星即金、木、水、火、土五星合称“五纬”。这里指掌握天道运转。 [2] 一情纪而合流贯：意思是坚守自我又能与众人和谐。 [3] 交道：交友之道。 [4] 靡怀曲异：不怀私心异志。 [5] 望尘请友：指望见远朋友走动带起的扬尘就准备招待朋友。

世务虽移，前休未远，人之适主，吾将反本。夫人之生，暂有心识；幼壮骤过，衰耗骛及，其间夭郁，既难胜言，假获存遂，又云无几。柔丽之身，亟委土木[1]；刚清之才，遽为丘壤。回遑顾慕，虽数纪之中尔。以此持荣，曾不可留；以此服道，亦何能平。进退我生，游观所达，得贵为人，将在含理。含理之贵，惟神与交，幸有心灵，义无自恶，偶信天德，逝不上惭[2]。欲使人沈[3]来化，志符往哲，勿谓是赊[4]，日凿斯密。著通此意，吾将忘老，如曰不然，其谁与归。偶怀所撰，略布众条，若备举情见，顾未书一。赡身之经，别在田家节政；奉终之纪，自著燕居[5]毕义。

【注释】

[1] 亟委土木：指人最终以棺木下葬于土中。 [2] 逝不上惭：死后不愧对祖上。 [3] 沈：通“沉”。 [4] 赊：指长远。 [5] 燕居：闲居。

颜之推：颜氏家训（节选）

《颜氏家训》，北齐黄门侍郎颜之推所撰。颜之推（531—约591），字介，琅琊临沂人。其祖先可以追溯到孔门最负盛名的弟子颜回，其直系祖先则为东汉关内侯颜盛，其家族的后代子孙中，最负盛名的即为唐代名臣、著名书法家颜真卿。西晋末年，颜之推九世祖颜含随琅琊王司马睿南渡，是“中原冠带随晋渡江者百家”之一。虽然不及同属琅琊的王氏显赫，但也属于侨姓高门之列。其祖父颜见远，因跟随南齐的南康王萧宝融出镇荆州，故而举家从金陵迁居于江陵。颜之推的父亲颜协，曾任湘东王萧绎的王国常侍、镇西将军府谘议参军等职。梁武帝中大通三年（531），颜之推生于江陵，并在江陵度过了他的童年和少年时代。他七岁即启蒙，接受家庭教育；十二岁时成为湘东王萧绎的门徒，经常听萧绎讲老、庄。但颜之推不好老、庄虚谈，而对《周礼》《左传》颇感兴趣，并“博览群书，无不该洽，词情典丽，甚为西府所称”。

太清三年（549），侯景叛军攻陷台城，梁武帝萧衍在囚禁中忧愤而死。就在此时，颜之推首次出仕，担任了湘东王国右常侍，加镇西墨曹参军。不久，湘东王萧绎在江陵起兵讨伐侯景，颜之推被任为中抚军外兵参军，掌管记。然而在梁简文帝大宝二年（550），侯景叛军攻陷郢州治所夏口（今湖北汉口），颜之推平生第一次成了囚俘，险些被杀。随后，侯景叛军被击败，湘东王萧绎被拥立为帝，在江陵即帝位，是为孝元帝。颜之推回到江陵，被封为散骑侍郎，奏舍人事，奉命校书。在此后两年时间内，他尽读秘阁藏书。而正当他英年得志之时，西魏军在承圣三年（554）攻陷江陵，梁元帝被俘杀，颜之推再次被俘，遣送西魏。他有意南归，遂举家逃奔北齐，想从北齐借道返回江南故地。可惜在途中，即得到了梁朝故将陈霸先废梁自立的消息，顿感故国不在，留居北齐并再次出仕。

颜之推在北齐担任官职共计二十年，相继担任过赵州功曹参军、通直散骑常侍、中书舍人、黄门侍郎等职，并在北齐后主武平（570—576）年间主持文林馆事务，主编《修文殿御览》。此后又逢北周攻灭北齐，颜之推第三次成为俘虏，时年四十七岁。这一次，颜之推被遣送到长安，授以御史上士。隋文帝杨坚取代北周后，颜之推又被太子杨勇召为学士，并终老于隋文帝朝。从史料记载来看，他人生的最后一段仕隋经历并不得意，不过也正是在他这段最后的时光中，他最终完成了《颜氏家训》的撰写工作。

颜之推的一生三为亡国之人，这种特殊的人生经历使得他特别重视家中子弟的教育问题。在他看来，在那样一个动荡的时代，出仕做官并不见得是个好的选择：不但不能显耀门庭，一旦发生变故，还可能像自己以及自己曾经的同僚们一样，亡国被俘，令祖先蒙羞。而颜之推将这一切归结为对儒家正道的背离所导致的结果，他认为，正是因为五胡乱华以来的混乱世局，使得人们不能再像从前那样，专心于自古相传的圣人之学，因而导致大量的士大夫或毫无操守，苟活世间；或进退失据，身死族灭。因此，他认为要想在乱世之中有持守地活下去，还是应该坚守儒学。同时因为儒学并非只是学者们在舌笔间讨论的文字，更是人们在生活中时刻体现出的精神风貌，因此他作《颜氏家训》，就是要强调让家中子弟从小浸润在儒学的环境之中。这样一来，尽管因为天赋的原因，不见得人人都能精通经典、擅长文章，但举止行动、礼仪谈吐符合儒家规范却不是难事——而这也正是家训最大的实际功能。也许读书写字可以随时学习，但是一个人操守、举止却不是能够简简单单就学来的，而家教无疑是培养这些的最好途径。

《颜氏家训》在内容上主要分为几个部分。

第一部分，就是整个家训的核心，也就是治家教子之方和为人处世之道。其中包括作为一个古代社会中大家庭的家长，如何处理家庭中的各种事务；作为一个生活在家庭中的普通成员，如何处理与父母、兄弟、子女的关系；作为一个有良好教养的人，应该如何待人接物、养生送死。

第二部分，则是一些具体的教育内容。包括读书的方法、许多流俗讹误的订正等等。这一部分中包含大量的古代文学、文字学、训诂学，乃至天文、地理等方面的知识，读起来比较困难。但从另一个角度来讲，这也正是家训的一大特色，即家长无微不至式的叮嘱，只要是他能想到的，对子女日后有影响的东西，他都要说上几句。

第三部分，应该被视作是家训的衍生产物，即对当时社会流行风尚的点评，包括琴棋书画、卜筮历法等技艺，儒家与佛教义理的比较，主要作用在于为后世家中子弟提供一个参考，防止他们被这些事情迷惑，沉湎其中。

本文对《颜氏家训》的注释，主要在王利器的《颜氏家训集解》基础上进行，原文基本沿用《集解》，只是有个别异体字做了改动，注释则以《集解》所引诸家注释为基础，选择其中通畅、平实的解释，并将其转变为现代白话，同时还增加了一些对古今歧义文字的注释以及生僻字的注音，力求让现代读者可以凭借注释理解整部家训的大意。

原文中《书证第十七》《音辞第十八》系语言文学类训诂内容，与家训无关，故未收录。

序致第一

夫圣贤之书，教人诚孝，慎言检迹[1]，立身扬名，亦已备矣。魏、晋已来，所著诸子，理重事复，递相模效[2]，犹屋下架屋，床上施床耳。吾今所以复为此者，非敢轨物范世[3]也，业以整齐门内[4]，提撕[5]子孙。夫同言而信[6]，信其所亲[7]；同命而行[8]，行其所服[9]。禁童子之暴谑[10]，则师友之诫，不如傅婢[11]之指挥；止凡人之斗阋[12]，则尧舜之道，不如寡妻[13]之诲谕。吾望此书为汝曹之所信，犹贤于傅婢寡妻耳。

【注释】

[1] 检迹：检点行为。 [2] 递相模效：相互重复模仿。 [3] 轨物范世：为事物、世人作规范。 [4] 门内：指家庭内部。 [5] 提撕：提掖，提拉使之向上，即教导之意。 [6] 同言而信：相同的话（如果要）相信。 [7] 信其所亲：相信自己所亲近的（人的）。 [8] 同命而行：相同的命令（如果要）执行。 [9] 行其所服：执行自己所服从的（人的）。 [10] 暴谑：嬉闹。 [11] 傅婢：即保姆、婢女。 [12] 斗阋（xì）：指兄弟相争。 [13] 寡妻：正妻。

吾家风教[1]，素为整密。昔在龆龀[2]，便蒙诱诲；每从两兄，晓夕温凊[3]，规行矩步，安辞定色，锵锵翼翼[4]，若朝严君焉[5]。赐以优言，问所好尚，励短引长[6]，莫不恳笃[7]。年始九岁，便丁荼蓼[8]，家涂离散[9]，百口索然[10]。慈兄鞠养[11]，苦辛备至；有仁无威[12]，导示不切。虽读《礼》《传》，微爱属文[13]，颇为凡人之所陶染[14]，肆欲轻言[15]，不修边幅。年十八九，少知砥砺[16]，习若自然[17]，卒难洗荡。二十已后，大过稀焉[18]；每常心共口敌[19]，性与情竞[20]，夜觉晓非，今悔昨失，自怜无教，以至于斯。追思平昔之指[21]，铭肌镂骨，非徒古书之诫，经目过耳也。故留此二十篇，以为汝曹后车[22]耳。

【注释】

[1] 风教：家风家教。 [2] 龆龀（tiáo chèn）：指幼年。 [3] 温凊（qìng）：温，冬天温被使暖。凊，夏天扇席使凉。是古时孝敬父母的代称。 [4] 锵锵翼翼：形容举止神态严肃恭敬。 [5] 若朝严君焉：严，指母亲；君，指父亲；若朝严君，像拜见父母一样。 [6] 励短引长：克服短处，发扬

长处。 [7] 笃：深厚、真挚。 [8] 便丁荼蓼：丁，古时称遭逢父母死丧为丁忧。荼苦蓼辣，形容艰难困苦。 [9] 家涂离散：涂通“途”，家途即家道。 [10] 百口索然：家族离散萧条的样子。 [11] 鞠养：抚养。 [12] 有仁无威：有慈爱无威严。 [13] 属文：写文章。 [14] 陶染：熏陶渐染。 [15] 肆欲轻言：任由性情言辞轻佻。 [16] 砥砺：磨炼、克服。 [17] 习若自然：习惯成自然。 [18] 大过稀焉：大的过错很少了。 [19] 心共口敌：心口不一。 [20] 性与情竞：天性与情感冲突。 [21] 指：通“旨”，志趣。 [22] 后车：即借鉴。

教子第二

上智不教而成，下愚虽教无益，中庸之人[1]，不教不知也。古者，圣王有胎教之法：怀子三月，出居别宫，目不邪[2]视，耳不妄听，音声滋味，以礼节之。书之玉版，藏诸金匮[3]。生子咳提[4]，师保固明孝仁礼义[5]，导习之矣。凡庶纵不能尔[6]，当及婴稚，识人颜色，知人喜怒，便加教诲，使为则为，使止则止。比及数岁，可省笞罚。父母威严而有慈，则子女畏慎而生孝矣。吾见世间，无教而有爱，每不能然[7]：饮食运为[8]，恣其所欲[9]，宜诫翻奖[10]，应诃反笑[11]；至有识知[12]，谓法当尔[13]，骄慢已习[14]，方复制之，捶挞至死而无威，忿怒日隆[15]而增怨；逮于成长，终为败德。孔子云“少成若天性，习惯如自然”是也。俗谚曰“教妇初来，教儿婴孩”，诚哉斯语[16]！

【注释】

[1] 中庸之人：平常的人。 [2] 邪：即斜。 [3] 金匮：铜柜，古时用以收藏珍稀、贵重之物。语出贾谊《新书·胎教》：“胎教之道，书之玉版，藏之金匮，置之宗庙，以为后世戒。” [4] 咳提：指婴儿啼哭、笑闹的年纪。 [5] 师保固明孝仁礼义：师保，古时教导贵族子弟的官员。

固，深切。 [6] 凡庶纵不能尔：普通百姓即使不能这样。 [7] 然：认同。 [8] 运为：行为。 [9] 恣其所欲：任由子女的喜好。 [10] 宜诫翻奖：该训诫却褒奖。翻，通“反”。 [11] 应诃反笑：应呵斥却和颜悦色。 [12] 识知：指子女长大懂事后。 [13] 谓法当尔：对（子女）说道理就该这样，强令其遵守。 [14] 骄慢已习:(子女）骄慢已经成为习惯。 [15] 隆：盛。 [16] 诚哉斯语：这话说得对啊。

凡人不能教子女者，亦非欲陷其罪恶[1]；但重于诃怒[2]，伤其颜色[3]，不忍楚挞[4]，惨其肌肤[5]耳。当以疾病为谕[6]，安得不用汤药针艾救之哉？又宜思勤督训者，可愿苛虐于骨肉乎？诚不得已也。

【注释】

[1] 亦非欲陷其罪恶：也不是想将子女陷入罪恶之中。 [2] 重于诃怒：难以呵斥怒责。 [3] 伤其颜色：指令子女神情沮丧、难过。 [4] 楚挞：用荆条打。 [5] 惨其肌肤：令子女皮肉受苦。 [6] 谕：通“喻”。

王大司马[1]母魏夫人，性甚严正。王在湓城[2]时，为三千人将，年逾四十，少不如意，犹捶挞之，故能成其勋业。梁元帝时，有一学士，聪敏有才，为父所宠，失于教义。一言之是，遍于行路[3]，终年誉之；一行之非，掩藏文饰，冀其自改[4]。年登婚宦[5]，暴慢日滋，竟以言语不择，为周逖抽肠衅[6]鼓云。

【注释】

[1] 王大司马：王僧辩，梁朝官员，曾任大司马。 [2] 湓城：即江西九江。[3] 行路：即路人。 [4] 冀其自改：希望他自己改正。 [5] 年登婚宦：年纪到了可以结婚和做官的时候，指成年。 [6] 衅：以动物的血涂抹器物进行祭祀。

父子之严[1]，不可以狎[2]；骨肉之爱，不可以简[3]。简则慈孝不接，狎则怠慢生焉。由命士[4]以上，父子异宫[5]，此不狎之道也；抑搔痒痛[6]，悬衾箧枕[7]，此不简之教也。或问曰："陈亢[8]喜闻君子[9]之远其子，何谓也？"对曰："有是也。盖君子之不亲教其子也。《诗》有讽刺之辞，《礼》有嫌疑之诫，《书》有悖乱之事，《春秋》有邪僻之讥，《易》有备物之象[10]，皆非父子之可通言，故不亲授耳。"

【注释】

[1] 父子之严：父子间的严肃（关系）。　[2] 狎（xiá）：亲近而不庄重。　[3] 简：疏离、分别。　[4] 命士：指受朝廷册封爵命、官职的士大夫。　[5] 宫：房屋，这里指房间。　[6] 抑搔痒痛：（为长辈）搔痒，按摩缓解痛楚。　[7] 悬衾（qīn）箧（qiè）枕：衾，指被子；箧，指箱子。把被子捆好悬挂起来，把枕头放进箱子里。　[8] 陈亢：孔子弟子。　[9] 君子：指孔子。　[10]《易》有备物之象：指《周易》涵盖一切事象，难免有父亲不便开口教授子女的内容。

齐武成帝子琅琊王[1]，太子母弟也，生而聪慧。帝及后并笃爱之，衣服饮食，与东宫相准[2]。帝每面称之曰："此黠[3]儿也，当有所成。"及太子即位，王居别宫，礼数优僭[4]，不与诸王等[5]。太后犹谓不足，常以为言[6]。年十许岁，骄恣无节，器服玩好[7]，必拟乘舆[8]；尝朝南殿，见典御进新冰[9]，钩盾献早李[10]，还索不得，遂大怒，訽[11]曰："至尊已有，我何意无？"不知分齐[12]，率皆[13]如此。识者多有叔段、州吁[14]之讥。后嫌宰相[15]，遂矫诏[16]斩之，又惧有救，乃勒麾军士[17]，防守殿门；既无反心，受劳而罢[18]，后竟坐此幽薨[19]。

【注释】

[1] 齐武成帝子琅琊王：指齐武成帝高湛第三子琅琊王高俨，为太子高纬同母弟。

[2] 与东宫相准：与太子相同。　[3] 黠（xiá）：聪明。　[4] 礼数优僭：日常礼仪用度优越、超越常规。　[5] 等：相同。　[6] 常以为言：常为他说话。　[7] 器服玩好：日常用具、衣物、把玩与喜好的物品。　[8] 乘舆：皇帝乘坐的车子，代指皇帝。　[9] 典御进新冰：主管帝王饮食的官员进献新取得的冰块。　[10] 钩盾献早李：主管皇家园林的官员进献早熟的李子。　[11] 訽（gòu）：骂。　[12] 分齐：齐音剂，本分界线。　[13] 率皆：大多。　[14] 叔段、州吁：叔段，春秋时郑庄公的弟弟，从小受到母亲的溺爱，行事不守礼制，后起兵谋反，被击败。州吁，春秋时卫庄公的儿子，受到庄公的宠爱；庄公死后，桓公即位，州吁作乱，被大臣诛杀。　[15] 嫌宰相：与宰相有嫌隙。　[16] 矫诏：篡改诏书，假传圣旨。　[17] 勒麾军士：命令手下士兵。　[18] 受劳而罢：收到安抚而罢休。　[19] 坐此幽薨：因此获罪，被暗中处死。

人之爱子，罕亦能均[1]，自古及今，此弊多矣。贤俊者自可赏爱[2]，顽鲁者亦当矜怜[3]。有偏宠者，虽欲以厚之[4]，更所以祸之[5]。共叔[6]之死，母实为之；赵王[7]之戮，父实使之。刘表之倾宗覆族，袁绍之地裂兵亡[8]，可为灵龟明鉴[9]也。

【注释】

[1] 罕亦能均：少有能平均的。　[2] 贤俊者自可赏爱：贤，贤能；俊，优秀。贤能优秀的子女当然值得欣赏爱护。　[3] 顽鲁者亦当矜怜：顽，顽劣；鲁，迟钝。顽劣迟钝的子女也应当爱护怜惜。　[4] 虽欲以厚之：虽然想要加厚（对他的）宠爱。　[5] 更所以祸之：却反而令他遭到祸患。　[6] 共（gòng）叔：共，即叔段。　[7] 赵王：指汉高祖与戚夫人的儿子赵隐王刘如意。汉高祖曾想立他为太子，因大臣阻止而作罢。高祖死后，吕后将其毒害。　[8] 刘表之倾宗覆族，袁绍之地裂兵亡：刘表爱幼子刘琮而恶长子刘琦，刘表死后，刘琦作乱而刘琮降曹操，袁绍爱幼子袁尚而远袁谭、袁熙，

袁绍死后，后三人相攻而败亡。　[9] 灵龟明鉴：古人以龟壳占卜，以铜镜照形，故以此二物比喻可资借鉴的事。

齐朝有一士大夫，尝谓吾曰："我有一儿，年已十七，颇晓书疏[1]，教其鲜卑语及弹琵琶，稍欲通解[2]。以此伏事[3]公卿，无不宠爱，亦要事也。"吾时俛[4]而不答。异哉，此人之教子也！若由此业，自致卿相，亦不愿汝曹为之。

【注释】

[1] 书疏：书写文书信函。　[2] 稍欲通解：差不多要精通了。　[3] 伏事：伏，通"服"，即服侍。　[4] 俛：通"俯"，低头。

兄弟第三

夫有人民而后有夫妇，有夫妇而后有父子，有父子而后有兄弟：一家之亲，此三而已矣。自兹以往，至于九族[1]，皆本于三亲焉，故于人伦为重者也，不可不笃。兄弟者，分形连气[2]之人也。方其幼也，父母左提右挈[3]，前襟后裾[4]，食则同案[5]，衣则传服[6]，学则连业[7]，游则共方[8]，虽有悖乱之人[9]，不能不相爱也。及其壮也，各妻其妻[10]，各子其子[11]，虽有笃厚之人，不能不少衰[12]也。娣姒[13]之比兄弟，则疏薄矣；今使疏薄之人，而节量亲厚之恩[14]，犹方底而圆盖，必不合矣。惟友悌[15]深至，不为旁人之所移者，免夫[16]！

【注释】

[1] 九族：指向上追溯的父、祖、曾祖、高祖和向下传承的子、孙、曾孙、玄孙，连同自身，共合九代为九族。也有将父族、母族、妻族三者各自扩充，以成九族的说法。　[2] 分形连气：指兄弟间共同分享着父母给予的

形体，彼此气息相通。[3] 左提右挈（qiè）：挈，提拉。指父母左右手分别扶持着年幼的兄弟。[4] 前襟后裾：指年幼的兄弟拽着父母的前后衣襟。[5] 食则同案：吃饭在一张桌案上。古人吃饭分小桌而食。[6] 衣则传服：兄弟间依长幼传穿一套衣服。[7] 学则连业：业，古代书写经籍的大版。兄弟共用一套书籍。[8] 游则共方：共同去相同的地方游历。[9] 悖乱之人：背离常理胡乱作为的人。[10] 各妻其妻：各自亲近妻子。[11] 各子其子：各自宠爱子女。[12] 衰：衰微。指兄弟之情减损。[13] 娣姒：兄弟之妻的统称，即妯娌。[14] 节量亲厚之恩：节制度量（兄弟间）亲爱浓厚的感情。[15] 友悌：指兄弟相互友爱。[16] 免夫：免于此，指免于兄弟情薄的情况。

二亲既殁[1]，兄弟相顾，当如形之与影，声之与响[2]；爱先人之遗体[3]，惜己身之分气[4]，非兄弟何念哉？兄弟之际，异于他人，望[5]深则易怨，地亲则易弭[6]。譬犹居室，一穴则塞之[7]，一隙则涂之[8]，则无颓毁[9]之虑；如雀鼠之不恤[10]，风雨之不防[11]，壁陷楹沦[12]，无可救矣。仆妾之为雀鼠，妻子之为风雨，甚哉！

【注释】

[1] 殁：音莫，死。[2] 响：回音。[3] 先人之遗体：指父母赐予的身体。[4] 分气：从父母处分得的血气。[5] 望：期望。[6] 地亲则易弭：住得近（怨气）就容易消除。[7] 一穴则塞之：有一处漏洞就堵好。[8] 一隙则涂之：有一处裂隙就填实。[9] 颓毁：指倒塌。[10] 雀鼠之不恤：不担忧老鼠麻雀的危害。[11] 风雨之不防：不防备风雨的祸患。[12] 壁陷楹沦：墙壁塌陷，梁柱倾倒。

兄弟不睦，则子侄不爱；子侄不爱，则群从[1]疏薄；群从疏薄，则僮仆为仇敌矣。如此，则行路皆踖其面而蹈其心[2]，谁救之哉！人或交天下之士，皆有欢爱，而失敬于兄者，何其能多而不能少也[3]！人或将[4]数万之师，得其死力，而失恩于弟者，何其能疏而不能亲也[5]！

【注释】

[1] 群从：即堂兄弟。 [2] 行路皆踖（jí）其面而蹈其心：踖，践踏。路人都能践踏他们的脸踩他们的心，指被欺侮。 [3] 何其能多而不能少也：指能结交天下人却不能和几个兄弟友爱。 [4] 将：统率。 [5] 何其能疏而不能亲也：指能得到陌生人的效忠却不能与兄弟亲附。

娣姒者，多争之地[1]也。使骨肉居之[2]，亦不若各归四海，感霜露而相思[3]，伫日月之相望也[4]。况以行路之人，处多争之地，能无间[5]者，鲜[6]矣。所以然者，以其当公务而执私情[7]，处重责而怀薄义[8]也；若能恕己而行[9]，换子而抚[10]，则此患不生矣。

【注释】

[1] 多争之地：指容易发生争执。 [2] 使骨肉居之：让她们像亲生骨肉一样地住在一起。 [3] 感霜露而相思：感到霜露的寒气而相互系念。 [4] 伫日月之相望也：在日月下伫立而相互守望。 [5] 无间：没有嫌隙。 [6] 鲜：少。 [7] 以其当公务而执私情：因为她们处理公务时却带有私人情感。 [8] 处重责而怀薄义：担负重大责任却怀着微薄的公义之心。 [9] 恕己而行：用宽恕自己的态度去对待别人。 [10] 换子而抚：将子侄当成自己的孩子那样对待。

人之事兄，不可同于事父[1]，何怨爱弟不及爱子乎？是反照而不明也。沛国刘琎，尝与兄瓛栋隔壁。瓛呼之数声不应，良久方答；瓛怪问之，乃曰“向来[2]未着衣帽故也”。以此事兄，可以免矣。

【注释】

[1] 不可同于事父：不能像侍奉父亲那样（侍奉兄长）。 [2] 向来：刚才。

江陵王玄绍，弟孝英、子敏，兄弟三人，特相友爱，所得甘旨新异[1]，非共聚食，必不先尝，孜孜色貌[2]，相见如不足者[3]。及西台[4]陷没，玄绍以形体魁梧，为兵所围，二弟争共抱持，各求代死，终不得解[5]，遂并命[6]尔。

【注释】

[1] 甘旨新异：美味新奇的食物。 [2] 孜孜色貌：神情充满期待。 [3] 相见如不足者：见面总像时间不够似的。 [4] 西台：指江陵。 [5] 解：解救。 [6] 并命：指相从而死。

后娶第四

吉甫[1]，贤父也；伯奇[2]，孝子也。以贤父御[3]孝子，合得终于天性[4]，而后妻间[5]之，伯奇遂放。曾参[6]妇死，谓其子曰："吾不及吉甫，汝不及伯奇。"王骏[7]丧妻，亦谓人曰："我不及曾参，子不如华、元[8]。"并终身不娶，此等足以为诫。其后，假继[9]惨虐孤遗，离间骨肉，伤心断肠者，何可胜数。慎之哉！慎之哉！

【注释】

[1] 吉甫：尹吉甫，周宣王时大臣。 [2] 伯奇：尹吉甫的长子，生母早死，后母想让自己的儿子伯封做吉甫的继承人，便诬陷伯奇，吉甫一怒放逐了伯奇。 [3] 御：对待。这里指父子相处。 [4] 合得终于天性：指父子本该始终相互关心爱护。 [5] 间：离间。 [6] 曾参：曾子，名参，字子舆，孔子弟子，以孝著称。其妻死后，曾子担心续娶之后继母与儿子关系不

好，故不再娶。　[7] 王骏：西汉成帝时的大臣，效仿曾子，妻死而不续娶。　[8] 华、元：曾华、曾元，曾子的儿子。　[9] 假继：继母。

江左不讳庶孽[1]，丧室[2]之后，多以妾媵[3]终家事；疥癣蚊虻[4]，或未能免，限以大分[5]，故稀斗阋之耻。河北鄙于侧出[6]，不预人流[7]，是以必须重娶，至于三四，母年有少于子者。后母之弟，与前妇之兄，衣服饮食，爰及婚宦[8]，至于士庶、贵贱之隔[9]，俗以为常。身没之后，辞讼盈公门[10]，谤辱彰道路[11]，子诬母为妾，弟黜兄为佣，播扬先人之辞迹[12]，暴露祖考之长短[13]，以求直己[14]者，往往而有。悲夫！自古奸臣佞妾，以一言陷人者众矣！况夫妇之义[15]，晓夕移之[16]，婢仆求容[17]，助相说引[18]，积年累月，安有孝子乎？此不可不畏。

【注释】

[1] 江左不讳庶孽：江左，即江南；庶孽，即庶出的子女。江南地区不忌讳出身的嫡庶。　[2] 室：正室，正妻。　[3] 妾媵：指妾室。　[4] 疥癣蚊虻：疥癣，指皮肤病；虻，一种能吸食牲畜血液的害虫。疥癣蚊虻，合指家庭内部的小纠纷。　[5] 大分：名分。　[6] 河北鄙于侧出：河北，黄河以北地区；侧出，即庶出。河北地区鄙视庶出的身份。　[7] 不预人流：不将其列在有身份者的行列。　[8] 爰及婚宦：以及婚姻、为官。　[9] 至于士庶、贵贱之隔：乃至于（兄弟间）有士族与庶族、富贵与贫贱的区别。　[10] 辞讼盈公门：指在官府中诉讼官司不断。　[11] 谤辱彰道路：（兄弟间互相）诽谤辱骂的声音在街上都能听到。　[12] 播扬先人之辞迹：指传扬先辈的隐私。　[13] 暴露祖考之长短：指暴露先辈的是非。　[14] 以求直己：来追求伸张自己的正确。　[15] 夫妇之义：这里指继室与丈夫朝夕相处。　[16] 晓夕移之：指不断在丈夫面前指责其前妻之子。　[17] 容：指主人的恩宠。　[18] 助相说引：指帮腔诋毁主家前妻之子。

凡庸[1]之性，后夫多宠前夫之孤，后妻必虐前妻之子；非唯妇人怀嫉妒之情，丈夫有沉惑[2]之僻，亦事势使之然也。前夫之孤，不敢与我子争家，提携鞠养，积习生爱，故宠之；前妻之子，每居己生之上，宦学婚嫁，莫不为防焉，故虐之。异姓宠则父母被怨[3]，继亲[4]虐则兄弟为仇，家有此者，皆门户之祸也。

【注释】

[1] 凡庸：普通人。 [2] 沉惑：沉迷、迷惑。 [3] 异姓宠则父母被怨：宠爱前夫之子就会被亲生子怨恨。 [4] 继亲：后母。

思鲁[1]等从舅[2]殷外臣，博达之士也。有子基、湛，皆已成立，而再娶王氏。基每拜见后母，感慕呜咽[3]，不能自持，家人莫忍仰视[4]。王亦凄怆，不知所容[5]，旬月求退[6]，便以礼遣[7]，此亦悔事也。

【注释】

[1] 思鲁：即颜之推长子颜思鲁。 [2] 从舅：指颜之推妻子的堂兄弟。 [3] 感慕呜咽：指因怀念亲生母亲而哭泣。 [4] 莫忍仰视：不忍抬头看，即都低着头，无法面对。 [5] 不知所容：不知道怎样自处。 [6] 旬月求退：不到半月就请求退婚。 [7] 便以礼遣：于是就按照礼法把她送回娘家。

《后汉书》曰："安帝时，汝南薛包孟尝，好学笃行，丧母，以至孝闻。及父娶后妻而憎包，分出之。包日夜号泣，不能去，至被殴杖。不得已，庐[1]于舍[2]外，旦入而洒扫[3]。父怒，又逐之，乃庐于里门[4]，昏晨不废[5]。积岁余，父母惭而还之。后行六年服[6]，丧过乎哀。既而弟子[7]求分财异居，包不能止，乃中分其财。奴婢引其老者，曰'与我共事久，若[8]不能使也'；田庐取其荒顿者，曰'吾少时所理[9]，意所恋也'；器物取其朽败者，曰'我素所服[10]食，身口所安也'。弟子数破其产，还复赈给。建光中，公车特征[11]，至拜侍中。包性恬虚，称疾不起，以死自乞。有诏赐告归也。”

【注释】

[1] 庐：指搭建草棚。 [2] 舍：房子。 [3] 洒扫：洒水扫除污垢。 [4] 里门：乡里之门。古时里巷口有门。 [5] 昏晨不废：早晚给父母请安，从不废止。 [6] 六年服：服丧六年，超过了三年的限制。 [7] 弟子：这里指弟弟。 [8] 若：你。 [9] 理：整治。 [10] 服：用。 [11] 公车特征：以公车特别征召。公车，汉代官署名，掌管宫殿中司马门的警卫工作。臣民上书和征召，都由公车接待。

治家第五

夫风化[1]者，自上而行于下者也，自先而施于后者也。是以父不慈则子不孝，兄不友则弟不恭，夫不义则妇不顺矣。父慈而子逆，兄友而弟傲，夫义而妇陵[2]，则天之凶民[3]，乃刑戮之所摄[4]，非训导之所移也。

【注释】

[1] 风化：风俗教化。 [2] 陵：欺侮。 [3] 天之凶民：天生的凶顽之民。 [4] 摄：通“慑”，使人畏惧。

笞怒废于家，则竖子[1]之过立见；刑罚不中，则民无所措[2]手足。治家之宽猛，亦犹国焉。

【注释】

[1] 竖子：未成年的人。 [2] 措：放置。

孔子曰："奢则不孙，俭则固；与其不孙也，宁固。"[1]又云，"如有周公之才之美，使骄且吝，其余不足观也已。"[2]然则可俭而不可吝已。俭者，省约为礼[3]之谓也；吝者，穷急不恤[4]之谓也。今有施则奢，俭则吝；如能施而不奢，俭而不吝，可矣。

【注释】

[1] 这句话出自《论语·述而》。孙，通"逊"，恭顺。固，鄙陋。意为奢侈就不恭顺，节俭就鄙陋。与其不恭顺，宁可鄙陋。 [2] 这句话出自《论语·泰伯》。大意为如果一个人像周公那样富有才华和美德，但他既骄傲又吝啬，也就不值一提。 [3] 省约为礼：指合乎礼制的节省。 [4] 穷急不恤：指不抚恤穷困急难的人。

生民之本，要当稼穑[1]而食，桑麻以衣。蔬果之畜，园场之所产；鸡豚之善[2]，埘圈[3]之所生。爰及栋宇器械[4]，樵苏脂烛[5]，莫非种殖[6]之物也。至能守其业者，闭门而为生之具[7]以足，但家无盐井耳。今北土风俗，率能躬俭节用，以赡[8]衣食；江南奢侈，多不逮[9]焉。

【注释】

[1] 稼穑：泛指农业生产。 [2] 鸡豚之善：指鸡猪等美味。 [3] 埘（shí）圈：埘，鸡窝；圈，牲畜圈。 [4] 栋宇器械：房屋器具。 [5] 樵苏脂烛：柴草蜡烛。 [6] 殖：通"植"。 [7] 为生之具：各种生活用品。 [8] 赡：供给。 [9] 逮：及，比得上。

梁孝元世，有中书舍人[1]，治家失度，而过严刻。妻妾遂共货[2]刺客，伺醉而杀之。

【注释】

[1] 中书舍人：官名，为中书省属官，负责起草诏令，权力甚重。 [2] 货：雇用。

世间名士，但务宽仁，至于饮食饷馈[1]，僮仆减损；施惠然诺[2]，妻子节量。狎侮[3]宾客，侵耗乡党[4]，此亦为家之巨蠹矣。

【注释】

[1] 饮食饷馈：日常饮食和给亲友的馈赠。 [2] 施惠然诺：答应给予帮助的诺言。 [3] 狎侮：怠慢。 [4] 侵耗乡党：指鱼肉乡里。

齐吏部侍郎房文烈，未尝嗔怒，经霖雨绝粮，遣婢籴米[1]，因尔逃窜，三四许日，方复擒之。房徐[2]曰："举家无食，汝何处来？"竟无捶挞。尝寄人宅[3]，奴婢彻屋为薪略尽[4]，闻之颦蹙[5]，卒无一言。

【注释】

[1] 籴米：买米。 [2] 徐：缓缓地。 [3] 寄人宅：寄宅于人，把房子借给别人。 [4] 彻屋为薪略尽：把屋子拆了作柴火差不多烧光了。 [5] 颦蹙（pín cù）：皱眉头，不高兴的样子。

裴子野有疏亲故属[1]饥寒不能自济[2]者，皆收养之。家素清贫，时逢水旱，二石米为薄粥，仅得遍焉[3]，躬自同之[4]，常无厌色。邺下有一领军[5]，贪积已甚，家僮八百，誓满一千；朝夕每人肴膳，以十五钱为率[6]，遇有客旅[7]，更无以兼[8]。后坐事伏法[9]，籍其家产[10]，麻鞋一屋，弊衣数库，其余财宝，不可胜言。

【注释】

[1] 疏亲故属：远亲和旧家属。　[2] 自济：养活自己。　[3] 仅得遍焉：刚够所有人分。　[4] 躬自同之：自己和大家一样。　[5] 领军：武官名。[6] 率：标准。　[7] 客旅：客人。　[8] 兼：增加。　[9] 坐事伏法：犯法被处置。　[10] 籍其家产：抄没他的家产。

南阳有人，为生奥博[1]，性殊俭吝，冬至后女婿谒之，乃设一铜瓯[2]酒，数脔[3]獐肉。婿恨其单率[4]，一举尽之。主人愕然，俯仰命益[5]，如此者再。退而责其女曰："某郎好酒，故汝常贫。"及其死后，诸子争财，兄遂杀弟。

【注释】

[1] 奥博：富裕，积蓄丰厚。　[2] 瓯：瓶子。　[3] 脔：小肉块。　[4] 单率：简单草率。　[5] 益：添加。

妇主中馈[1]，惟事酒食衣服之礼耳。国不可使预政[2]，家不可使干蛊[3]。如有聪明才智，识达古今，正当辅佐君子，助其不足，必无牝鸡晨鸣[4]，以致祸也。

【注释】

[1] 中馈：指妇女在家主持日常饮食等事物。　[2] 预政：参与政治。[3] 干蛊：主事。　[4] 牝鸡晨鸣：母鸡早晨打鸣，比喻女子主事。

江东妇女，略无交游[1]。其婚姻之家，或十数年间，未相识者，惟以信命赠遗[2]，致殷勤[3]焉。邺下风俗，专以妇持门户，争讼曲直，造请逢迎[4]，车乘填街衢[5]，绮罗盈府寺[6]，代子求官，为夫诉屈。此乃恒、代[7]之遗风乎？南间贫素[8]，皆事外饰[9]，车乘衣服，必贵整齐；家人妻子，不免饥寒。河北人事多由内政，绮罗金翠，不可废阙[10]，羸马悴奴[11]，仅充[12]而已；倡和[13]之礼，或尔汝[14]之。

【注释】

[1] 交游：应酬交往。 [2] 信命赠遗：派人送书信赠送礼物以致问候。 [3] 致殷勤：表达情意。 [4] 造请逢迎：指应酬交际。 [5] 车乘填街衢：指车驾充满了街道。 [6] 绮罗盈府寺：绮罗，妇人穿的衣物，代指其人；府寺，官衙的代称。 [7] 恒、代：恒州、代州，代指北方。 [8] 南间贫素：南方的贫寒人家。 [9] 外饰：修饰外表。 [10] 阙：通“缺”。 [11] 羸马悴奴：瘦弱的马和憔悴的奴仆。 [12] 充：充数。 [13] 倡和：即夫唱妇随之义。 [14] 尔汝：指夫妻间互相轻慢的称谓。

河北妇人，织纴组紃[1]之事，黼黻[2]锦绣罗绮之工，大优于江东也。

【注释】

[1] 织纴（rèn）组紃（xún）：纴，缯帛；组紃，丝带。指妇女所从事的纺织之事。 [2] 黼黻（fǔ fú）：古代礼服上绣的花纹。

太公[1]曰：“养女太多，一费也。”陈蕃[2]曰：“盗不过五女之门[3]。”女之为累，亦以深矣。然天生蒸[4]民，先人传体，其如之何？世人多不举女，贼[5]行骨肉，岂当如此，而望[6]福于天乎？吾有疏亲，家饶妓媵[7]，诞育将及，便遣阍竖[8]守之。体有不安[9]，窥窗倚户，若生女者，辄[10]持将去，母随号泣，使人不忍闻也。

【注释】

[1] 太公：姜太公，语出传说为是姜尚所著的《六韬》。 [2] 陈蕃：东汉名臣。 [3] 盗不过五女之门：盗贼都不会光顾养了五个女儿的人家（因为五女的嫁妆

会令家中一贫如洗）。 [4] 蒸：众。 [5] 贼：残害。 [6] 望：期望。 [7] 家饶妓媵：家中有很多妾室。 [8] 阍（hūn）竖：守门的仆人。 [9] 体有不安：指妇女生产。 [10] 辄：就。

妇人之性，率[1]宠子婿而虐儿妇。宠婿，则兄弟之怨生焉；虐妇，则姊妹之谗行焉。然则女之行留[2]，皆得罪于其家者，母实为之。至有谚云“落索阿姑餐[3]”，此其相报也。家之常弊，可不诫哉！

【注释】

[1] 率：都。 [2] 行留：出嫁和待嫁在家。 [3] 落索阿姑餐：落索，冷落萧索；阿姑，婆婆。婆婆吃饭好冷清。

婚姻素对[1]，靖侯[2]成规。近世嫁娶，遂有卖女纳财，买妇输绢[3]，比量父祖[4]，计较锱铢，责多还少，市井[5]无异。或猥婿[6]在门，或傲妇擅室[7]，贪荣求利，反招羞耻，可不慎欤！

【注释】

[1] 素对：清白的配偶。 [2] 靖侯：即颜之推九世祖颜含，字宏都，谥号靖侯。 [3] 买妇输绢：指用钱买媳妇。 [4] 比量父祖：比较父祖辈的地位。 [5] 市井：指商贩。 [6] 猥婿：猥琐的女婿。 [7] 傲妇擅室：傲慢的媳妇在家中指手画脚。

借人典籍，皆须爱护，先[1]有缺坏，就为补治，此亦士大夫百行[2]之一也。济阳江禄，读书未竟，虽有急速，必待卷束整齐，然后得起，故无损败，人不厌其求假[3]焉。或有狼藉几案，分散部帙[4]，多为童幼婢妾之所点污，风雨虫鼠之所毁伤，实为累[5]德。吾每读圣人之书，未尝不肃敬对之；其故纸有“五经”词义，及贤达姓名，不敢秽用[6]也。

【注释】

[1] 先：原先。 [2] 百行：指士大夫的德行。 [3] 假：借。 [4] 分散部帙（zhì）：帙，装书的布袋。散乱的书籍。 [5] 累：拖累，败坏。 [6] 秽用：用作不干净的用途。

吾家巫觋祷请[1]，绝于言议[2]；符书章醮[3]，亦无祈[4]焉，并汝曹所见也。勿为妖妄之费。

【注释】

[1] 巫觋（xí）祷请：觋，男巫。请巫师进行祈祷的活动。 [2] 绝于言议：指从不谈论倡议。 [3] 符书章醮（jiào）：醮，指道士做的法事活动。请道士画符上章表做法事。 [4] 无祈：没有要求过。

风操第六

吾观《礼经》，圣人之教：箕帚匕箸[1]，咳唾唯诺[2]，执烛沃盥[3]，皆有节文[4]，亦为至矣。但既残缺，非复全书；其有所不载，及世事变改者，学达君子，自为节度，相承行之，故世号士大夫风操。而家门颇有不同，所见互称长短；然其阡陌[5]，亦自可知。昔在江南，目能视而见之，耳能听而闻之；蓬生麻中[6]，不劳翰墨[7]。汝曹生于戎马[8]之间，视听之所不晓，故聊记录，以传示子孙。

【注释】

[1] 箕帚匕箸：畚箕、扫帚、勺子、筷子。代指各种家庭事务。 [2] 咳唾唯诺：指应答别人的言语。咳唾：咳嗽、唾渍。 [3] 执烛沃盥：指为长辈拿烛台照明、倒水洗手。 [4] 节文：法度。 [5] 阡陌：途径。 [6] 蓬生麻中：出自《荀子·劝学》：蓬生麻中，不扶自直。意思是蓬草生在麻

中，不用扶持自然就会长得笔直。　[7] 不劳翰墨：笔墨。指不需要文字教导。　[8] 戎马：指战乱。

《礼》曰："见似目瞿，闻名心瞿[1]。"有所感触，恻怆心眼[2]；若在从容平常之地，幸须申其情耳[3]。必不可避，亦当忍之。犹如伯叔兄弟，酷类先人，可得终身肠断，与之绝耶[4]？又"临文不讳，庙中不讳，君所无私讳[5]"。益知闻名，须有消息[6]，不必期于颠沛而走[7]也。梁世谢举，甚有声誉，闻讳必哭，为世所讥。又有臧逢世，臧严之子也，笃学修行，不坠门风。孝元经牧江州[8]，遣往建昌督事[9]，郡县民庶，竞修笺书，朝夕辐辏[10]，几案盈积，书有称"严寒"者[11]，必对之流涕，不省取记[12]，多废公事，物情怨骇[13]，竟以不办而还[14]。此并过事也。

【注释】

[1] 见似目瞿，闻名心瞿：瞿，惶恐。全句意为见到酷似先人的容貌，要眼露惶恐恭敬之意；听到先人的名字，要心中惶恐恭敬。　[2] 有所感触，恻怆心眼：指（被与先人有关的事物）所感动，在心中和眼睛里有伤心的表现。　[3] 若在从容平常之地，幸须申其情耳：如果在平常的情况下，还可以有幸宣泄一下自己的情感。　[4] 犹如伯叔兄弟，酷类先人，可得终身肠断，与之绝耶：指自己的伯父、叔父以及兄弟，和自己的先人容貌类似，难道可以因为看到他们会引发自己的悲伤，就和他们断绝往来吗？　[5] 临文不讳，庙中不讳，君所无私讳：讳，指避免使用先人的姓名用字。全句是说写文章时、在宗庙祭祀时和在君主面前时，不必避讳。　[6] 消息：斟酌。　[7] 不必期于颠沛而走：指不一定要听到先人名讳后立即表现得惶恐不安。　[8] 孝元经牧江州：南梁孝元帝曾经做过江州的地方长官。　[9] 遣往建昌督事：派遣（臧逢世）去管理建昌的地方事务。　[10] 辐辏：比喻信函像车的辐条向车轴汇聚一样，都向衙门汇聚。　[11] 书有称"严寒"者：指"严寒"这样的词语含有臧逢世父亲臧严的姓名。　[12] 不省取记：忘

记了收存、记录。　[13] 物情怨骇：指当地人对他抱有怨愤之情。　[4] 竟以不办而还：最终因为办事不力而被召回。

近在扬都[1]有一士人讳审[2]，而与沈氏交结周厚[3]，沈与其书，名而不姓[4]，此非人情也。

【注释】

[1] 扬都：扬州。　[2] 讳审：避讳“审”字。　[3] 周厚：关系亲密。　[4] 名而不姓：只署名不写姓氏。

凡避讳者，皆须得其同训[1]以代换之：桓公名白，博有五皓之称[2]；厉王名长，琴有修短之目[3]。不闻谓布帛为布皓，呼肾肠为肾修也[4]。梁武[5]小名阿练，子孙皆呼练为绢；乃谓销炼物为销绢物，恐乖[6]其义。或有讳云者，呼纷纭为纷烟；有讳桐者，呼梧桐树为白铁树，便似戏笑耳。

【注释】

[1] 同训：同义词。　[2] 桓公名白，博有五皓之称：齐桓公名叫小白，所以博戏中的“五白”就换成了“五皓”。　[3] 厉王名长，琴有修短之目：西汉淮南厉王叫刘长，琴的长短名号就换成了修短名号。　[4] 不闻谓布帛为布皓，呼肾肠为肾修也：没听说把布帛叫作布皓，肾肠叫作肾修的。[5] 梁武：即梁武帝。　[6] 乖：违背。

周公名子曰禽，孔子名儿曰鲤，止在其身，自可无禁。至若卫侯、魏公子、楚太子，皆名虮虱；长卿名犬子，王修名狗子，上有连及[1]，理未为通[2]。古之所行，今之所笑也。北土多有名儿为驴驹、豚子者，使其自称及兄弟所名，亦何忍哉？前汉有尹翁归[3]，后汉有郑翁归，梁家亦有孔翁归，又有顾翁宠；晋代有许思妣、孟少孤，如此名字，幸当避之。

【注释】

[1] 上有连及：牵连自己的父辈。　[2] 理未为通：道理上讲不通。　[3] 前汉有尹翁归：这些人的名字中的翁、媪、孤等字，或显得不庄重或意思不吉利。

今人避讳，更急于古。凡名子者，当为孙地[1]。吾亲识中有讳襄、讳友、讳同、讳清、讳和、讳禹，交疏[2]造次，一座百犯，闻者辛苦，无憀赖[3]焉。

【注释】

[1] 为孙地：为孙辈留有余地。　[2] 交疏：指泛泛之交。　[3] 无憀（liáo）赖：无所依从。

昔司马长卿慕蔺相如，故名相如，顾元叹慕蔡邕，故名雍，而后汉有朱伥字孙卿[1]，许暹字颜回，梁世有庾晏婴、祖孙登，连古人姓为名字，亦鄙事也。

【注释】

[1] 孙卿：即荀卿，荀子。因避汉宣帝刘询讳，改为同音的孙。

昔刘文饶不忍骂奴为畜产[1]，今世愚人遂以相戏，或有指名为豚犊者。有识傍观[2]，犹欲掩耳，况当之者乎？

【注释】

[1] 畜产：畜生。　[2] 傍观：即旁观。

近在议曹[1]，共平章百官秩禄[2]，有一显贵，当世名臣，意嫌所议过厚[3]。齐朝有一两士族文学之人，谓此贵曰："今日天下大同，须为百代典式[4]，岂得尚作关中旧意[5]？明公[6]定是陶朱公大儿耳！”彼此欢笑，不以为嫌。

【注释】

[1] 议曹：官署名，掌管言论。　[2] 共平章百官秩禄：共同商量确定百官俸禄。　[3] 意嫌所议过厚：觉得商议（的结果）太过丰厚。　[4] 典式：典范。　[5] 岂得尚作关中旧意：怎么可以还维持关中时的旧制度呢？　[6] 明公：您。

昔侯霸[1]之子孙，称其祖父曰家公；陈思王[2]称其父为家父，母为家母；潘尼[3]称其祖曰家祖：古人之所行，今人之所笑也。今南北风俗，言其祖及二亲，无云家者；田里猥人[4]，方有此言耳。凡与人言，言己世父[5]，以次第[6]称之，不云家者，以尊于父，不敢家也。凡言姑姊妹女子子[7]已嫁，则以夫氏[8]称之；在室[9]，则以次第称之。言礼成他族[10]，不得云家也。子孙不得称家者，轻略之也。蔡邕书集[11]，呼其姑姊为家姑家姊，班固书集，亦云家孙，今并不行也。

【注释】

[1] 侯霸：东汉人，官至大司徒。　[2] 陈思王：曹植。　[3] 潘尼：西晋文学家。　[4] 田里猥人：农村的粗人。　[5] 世父：伯父。　[6] 次第：排行。　[7] 女子子：即女子。　[8] 夫氏：夫家的姓氏。　[9] 在室：未出嫁在家。　[10] 礼成他族：指行婚礼之后即属于其他家族。　[11] 书集：文集。

凡与人言，称彼[1]祖父母、世父母、父母及长姑，皆加尊字，自叔父母已下，则加贤字，尊卑之差也。王羲之书，称彼之母与自称己母同，不云尊字，今所非也。

【注释】

[1] 彼：指别人。

南人冬至岁首，不诣丧家[1]；若不修书[2]，则过节束带以申慰。北人至岁之日，重行吊礼；礼无明文，则吾不取。南人宾至不迎，相见捧手而不揖，送客下席而已；北人迎送并至门，相见则揖，皆古之道也，吾善其迎揖。

【注释】

[1] 不诣丧家：不拜访有丧事的人家。　　[2] 修书：指写信吊唁。

昔者，王侯自称孤、寡、不穀，自兹以降，虽孔子圣师，与门人言皆称名也。后虽有臣、仆之称，行者盖亦寡焉。江南轻重[1]，各有谓号[2]，具诸《书仪》；北人多称名者，乃古之遗风，吾善[3]其称名焉。

【注释】

[1] 轻重：地位高低。　　[2] 谓号：固定称谓。　　[3] 善：赞同。

言及先人，理当感慕，古者之所易，今人之所难。江南人事不获已[1]，须言阀阅[2]，必以文翰[3]，罕有面论[4]者。北人无何便尔话说[5]，及相访问[6]。如此之事，不可加于人也。人加诸己，则当避之。名位未高，如为勋贵所逼，隐忍方便，速报取了[7]；勿使烦重，感辱祖父。若没[8]，言须及者，则敛容肃坐，称大门中，世父、叔父则称从兄弟门中，兄弟则称亡者子某门中，各以其尊卑轻重为容色之节，皆变于常。若与君言，虽变于色，犹云亡祖亡伯亡叔也。吾见名士，亦有呼其亡兄弟为兄子弟子门中者，亦未为安贴[9]也。北土风俗，都不行此。太山[10]羊侃，梁初入南。吾近[11]至邺，其兄子肃访侃委曲[12]，吾答之云："广卿从门中在梁，如此如此。”肃曰：“是我亲第七亡叔，非从也。”祖孝徵在坐，先知江南风俗，乃谓之云：“贤从弟门中[13]，何故不解？”

【注释】

[1] 不获已：即不得已。 [2] 阀阅：指家世。 [3] 文翰：指书信。 [4] 面论：当面谈论。 [5] 无何便尔话说：即动不动就谈论这些（家世）。 [6] 及相访问：乃至于去别人家做客访问时（也这样）。 [7] 名位未高，如为勋贵所逼，隐忍方便，速报取了：指自己身份地位不高，如果被地位高的人逼问，那么就忍耐一下，方便行事，快点说完就好了。 [8] 若没：指如果祖、父已经去世。 [9] 安贴：妥帖。 [10] 太山：即泰山。 [11] 近：最近。 [12] 委曲：指羊侃的情况。 [13] 贤从弟门中：指您的堂兄弟的父亲（即羊侃）。

古人皆呼伯父叔父，而今世多单呼伯叔。从父兄弟姊妹已孤[1]，而对其前[2]，呼其母为伯叔母，此不可避者也。兄弟之子已孤，与他人言，对孤者前，呼为兄子弟子，颇为不忍；北土人多呼为侄。案：《尔雅》《丧服经》《左传》，侄虽名通男女，并是对姑之称[3]。晋世已来，始呼叔侄；今呼为侄，于理为胜也。

【注释】

[1] 孤：指丧父。 [2] 对其前：当着她们的面前。 [3] 并是对姑之称：都是对姑姑而言的。

别易会难，古人所重；江南饯送，下泣[1]言离。有王子侯[2]，梁武帝弟，出为东郡，与武帝别，帝曰：“我年已老，与汝分张，甚以恻怆。”数行泪下。侯遂密云[3]，赧然而出。坐此被责，飘飖舟渚[4]，一百许日，卒不得去。北间风俗，不屑此事，歧路言离，欢笑分首。然人性自有少涕泪者，肠虽欲绝，目犹烂然；如此之人，不可强责。

【注释】

[1] 泣：指眼泪。 [2] 王子侯：皇室所封列侯。《汉书》有王子侯表。[3] 密云：指云彩堆积很厚（却没下雨），即哭不出来。 [4] 飘飖舟渚：坐着船在水流中漂荡。

凡亲属名称，皆须粉墨[1]，不可滥也。无风教者，其父已孤，呼外祖父母与祖父母同，使人为其不喜闻也。虽质于面[2]，皆当加外以别之；父母之世叔父，皆当加其次第以别之；父母之世叔母，皆当加其姓以别之；父母之群从世叔父母及从祖父母，皆当加其爵位若[3]姓以别之。河北士人，皆呼外祖父母为家公家母，江南田里间亦言之。以家代外，非吾所识。

【注释】

[1] 粉墨：指区分黑白，分辨清楚。 [2] 质于面：当着面。 [3] 若：与，和。

凡宗亲世数，有从父，有从祖，有族祖。江南风俗，自兹已往，高秩[1]者，通呼为尊；同昭穆[2]者，虽百世犹称兄弟；若对他人称之，皆云族人。河北士人，虽三二十世，犹呼为从伯从叔。梁武帝尝问一中土人曰："卿北人，何故不知有族？"答云："骨肉易疏，不忍言族耳。"当时虽为敏对[3]，于礼未通。

【注释】

[1] 秩：官吏的俸禄。引申为官吏的职位或品级。 [2] 同昭穆：即同祖宗。[3] 敏对：机敏的应对。

吾尝问周弘让曰：“父母中外[1]姊妹，何以称之？”周曰：“亦呼为丈人[2]。”自古未见丈人之称施于妇人也。吾亲表所行，若父属者，为某姓姑；母属者，为某姓姨。中外丈人之妇，猥俗呼为丈母[3]，士大夫谓之王母、谢母[4]云。而《陆机集》有《与长沙顾母书》，乃其从叔母也，今所不行。

【注释】

[1] 中外：中表亲。中指舅父子女；外指姑母子女。　[2] 丈人：老人的通称，这里是对亲戚长辈的通称。　[3] 丈母：对父辈妻子的称呼。　[4] 王母、谢母：指以其姓氏称呼。

齐朝士子，皆呼祖仆射[1]为祖公，全不嫌有所涉也，乃有对面以相戏者。

【注释】

[1] 祖仆射：即祖珽，字孝徵，曾任尚书左仆射。

古者，名以正体，字以表德，名终则讳之[1]，字乃可以为孙氏[2]。孔子弟子记事者，皆称仲尼；吕后微时，尝字高祖为季；至汉爰种，字其叔父曰丝；王丹与侯霸子语，字霸为君房；江南至今不讳字也。河北士人全不辨之，名亦呼为字，字固呼为字。尚书王元景兄弟，皆号名人，其父名云，字罗汉，一皆讳之，其余不足怪也。

【注释】

[1] 名终则讳之：指人去世后名字要被避讳。　[2] 字乃可以为孙氏：字可以用来作孙辈的姓氏。古时贵族家族繁衍三代之后，会在同姓基础上，选择祖父的字当作孙辈的姓氏，以在族内区分血缘分支。

《礼·间传》云：“斩缞之哭，若往而不反；齐缞之哭，若往而反；大功之哭，三曲而偯；小功、缌麻，哀容可也，此哀之发于声音也[1]。”《孝经》云：“哭不偯。”皆论哭有轻重质文之声也。礼以哭有言者为号；然则哭亦有辞也。江南丧哭，时有哀诉之言耳；山东重丧，则唯呼苍天，期功以下，则唯呼痛深，便是号而不哭。

【注释】

[1]“斩缞（cuī）之哭”句：缞，古代用粗麻布制成的丧服。斩缞、齐缞、大功、小功、缌麻，称为五服，依次由重至轻，代表五等服式。穿斩缞哭丧，要哭得好像再也哭不出第二声；穿齐缞哭丧，要哭得死去活来；穿大功哭丧，哭时要拖着曲折尾音；穿小功、缌麻哭丧，只要表现出哀痛的神情就可以了，这是哀痛之情在声音上的表现。偯（yǐ），（孝子丧亲）哭声不拖尾音。

江南凡遭重丧，若相知者，同在城邑，三日不吊则绝[1]之；除丧[2]，虽相遇则避之，怨其不己悯也。有故及道遥者，致书可也；无书亦如之。北俗则不尔。江南凡吊者，主人之外，不识者不执手[3]；识轻服而不识主人[4]，则不于会所而吊[5]，他日修名诣其家[6]。

【注释】

[1] 绝：绝交。　[2] 除丧：除去丧服。　[3] 不识者不执手：指吊客（只认识主人）彼此不认识的不握手。　[4] 识轻服而不识主人：指认识死者的远亲而不认识主人。　[5] 不于会所而吊：指不到灵堂吊祭。　[6] 修名诣其家：指写拜帖拜访主人家。

阴阳家云：“辰为水墓，又为土墓，故不得哭。”王充《论衡》云：“辰日不哭，哭则重丧[1]。”今无教者，辰日有丧，不问轻重，举家清谧[2]，不敢发声，以辞吊客。道书又曰：“晦歌朔哭，皆当有罪，天夺其算[3]。”丧家朔望，哀感弥深，宁当惜寿，又不哭也？亦不谕[4]。

【注释】

[1] 重丧：再死人。　[2] 清谧：清静。　[3] 晦歌朔哭，皆当有罪，天夺其算：月底歌咏，月初哭泣，都是有罪，上天要夺走他们的寿命。　[4] 不谕：没有道理。

偏傍之书[1]，死有归杀[2]。子孙逃窜，莫肯在家；画瓦[3]书符，作诸厌胜[4]；丧出之日，门前然[5]火，户外列灰，祓[6]送家鬼，章断注连[7]：凡如此比，不近有情[8]，乃儒雅之罪人，弹议[9]所当加也。

【注释】

[1] 偏傍之书：旁门左道的书。　[2] 归杀：也作归煞。指人死之后若干天灵魂回家一次。　[3] 画瓦：在瓦片上画图像以镇邪。　[4] 厌胜：巫术。　[5] 然：通“燃”。　[6] 祓（fú）：古代除灾祈福的仪式。　[7] 章断注连：章，写给上天的章表；注，写给死者请求其不要作恶的文书。上完章表又续注文。　[8] 有情：人情。　[9] 弹议：舆论批评。

已孤，而履岁[1]及长至[2]之节，无父，拜母、祖父母、世叔父母、姑、兄、姊，则皆泣；无母，拜父、外祖父母、舅、姨、兄、姊，亦如之。此人情也。

【注释】

[1] 履岁：元旦。　[2] 长至：冬至。

江左朝臣[1]，子孙初释服[2]，朝见二宫[3]，皆当泣涕；二宫为之改容。颇有肤色充泽，无哀感者，梁武薄[4]其为人，多被抑退。裴政出服，问讯[5]武帝，贬瘦枯槁，涕泗滂沱，武帝目送之曰："裴政之父[6]裴之礼不死也。"

【注释】

[1] 江左朝臣：指南朝大臣。 [2] 释服：即除丧服。 [3] 二宫：指皇帝与太子。 [4] 薄：轻视。 [5] 问讯：僧人等向人曲躬合掌致敬叫问讯。因为梁武帝信佛，所以裴政以僧礼拜见。 [6] 裴政之父：裴之礼，居丧守礼尝为梁武帝称叹。

二亲既没，所居斋寝[1]，子与妇弗忍入焉。北朝顿丘李构，母刘氏，夫人亡后，所住之堂，终身锁闭，弗忍开入也。夫人，宋广州刺史纂之孙女，故构犹染江南风教。其父奖，为扬州刺史，镇寿春，遇害。构尝与王松年、祖孝徵数人，同集谈宴。孝徵善画，遇有纸笔，图写为人。顷之，因割鹿尾，戏截画人以示构[2]，而无他意。构怆然动色，便起就马而去。举坐惊骇，莫测其情。祖君寻悟，方深反侧[3]，当时罕有能感此者。吴郡陆襄，父闲被刑，襄终身布衣蔬饭，虽姜菜有切割，皆不忍食；居家惟以掐摘[4]供厨。江宁姚子笃，母以烧死，终身不忍啖炙[5]。豫章熊康，父以醉而为奴所杀，终身不复尝酒。然礼缘人情，恩由义断，亲以噎死，亦当不可绝食也。

【注释】

[1] 斋寝：斋戒时居住的旁屋。 [2] 戏截画人以示构：开玩笑将画的人像截断让李构看。 [3] 反侧：惶恐不安。 [4] 掐摘：用手将菜掐断（不用刀）。 [5] 啖炙：吃烤肉。

《礼经》：父之遗书，母之杯圈[1]，感其手口之泽，不忍读用。政[2]为常所讲习，雠校缮写[3]，及偏加服用[4]，有迹可思[5]者耳。若寻常坟典[6]，为生什物[7]，安可悉废之乎？既不读用，无容散逸[8]，惟当缄保[9]，以留后世耳。

【注释】

[1] 杯圈：一种木制饮器。 [2] 政：通“正”。 [3] 雠校缮写：雠（chóu），校对。校对抄写。 [4] 偏加服用：特别频繁使用。 [5] 有迹可思：有痕迹可供子女追思。 [6] 坟典：指书籍。 [7] 为生什物：生活用具。 [8] 散逸：散失。 [9] 缄保：封存。

思鲁等第四舅母，亲吴郡张建女也，有第五妹，三岁丧母。灵床上屏风，平生旧物，屋漏沾湿，出曝晒之，女子一见，伏床流涕。家人怪其不起，乃往抱持；荐席淹渍[1]，精神伤怛[2]，不能饮食。将以问医，医诊脉云：“肠断矣！”因尔便吐血，数日而亡。中外怜之，莫不悲叹。

【注释】

[1] 荐席淹渍：垫席都被泪水浸湿了。 [2] 伤怛：悲伤痛苦。

《礼》云：“忌日不乐。”正以感慕罔极[1]，恻怆无聊，故不接外宾，不理众务耳。必能悲惨自居，何限于深藏也？世人或端坐奥室[2]，不妨言笑，盛营甘美，厚供斋食；迫有急卒[3]，密戚[4]至交，尽无相见之理[5]：盖不知礼意乎！

【注释】

[1] 罔极：无极。 [2] 奥室：指宅院深处的房间。 [3] 急卒：紧急的事。 [4] 密戚：亲密的亲戚。 [5] 尽无相见之理：竟然认为没有相见的道理。

魏世[1]王修，母以社日亡。来岁社日，修感念哀甚，邻里闻之，为之罢社。今二亲丧亡，偶值伏腊分至[2]之节，及月小晦后，忌之外，所经此日，犹应感慕，异于余辰[3]，不预饮宴、闻声乐及行游也。

【注释】

[1] 魏世：魏朝。 [2] 伏腊分至：指夏日伏祭、冬日腊祭、春分、秋分、冬至、夏至。 [3] 余辰：其他日子。

刘绱、缓、绥，兄弟并为名器[1]，其父名昭，一生不为照字，惟依《尔雅》火旁作召[2]耳。然凡文与正讳[3]相犯，当自可避；其有同音异字，不可悉然。刘字之下，即有昭音[4]。吕尚之儿，如不为上；赵壹之子，傥不作一：便是下笔即妨，是书皆触也[5]。

【注释】

[1] 名器：知名人才。 [2] 召：当为“炤”。 [3] 正讳：指名字所用的正字。 [4] 昭音：昭的读音。因为刘字繁体作劉，上卯下钊，而钊的读音与昭同。 [5] 下笔即妨，是书皆触也：一动笔就有妨碍，一写字就触犯忌讳。

尝有甲设宴席，请乙为宾；而旦于公庭见乙之子，问之曰：“尊侯早晚顾宅？”乙子称其父已往。时以为笑。如此比例，触类[1]慎之，不可陷于轻脱[2]。

【注释】

[1] 触类：接触这类事情。 [2] 轻脱：轻佻。

江南风俗，儿生一期[1]，为制新衣，盥浴装饰，男则用弓矢纸笔，女则刀尺针缕，并加饮食之物，及珍宝服玩，置之儿前，观其发意所取，以验贪廉愚智，名之为试儿。亲表[2]聚集，致宴享焉。自兹已后，二亲若在，每至此日，尝有酒食之事耳。无教之徒，虽已孤露[3]，其日皆为供顿[4]，酣畅声乐，不知有所感伤。梁孝元年少之时，每八月六日载诞之辰[5]，常设斋讲；自阮修容[6]薨殁之后，此事亦绝。

【注释】

[1]一期：一周岁。 [2]亲表：本家亲属与姑舅表亲。 [3]孤露：指丧父。 [4]供顿：设宴待客。 [5]载诞之辰：生日。 [6]阮修容：梁元帝的母亲。

人有忧疾，则呼天地父母，自古而然。今世而避[1]，触途急切[2]。而江东士庶，痛则称祢[3]。祢是父之庙号，父在无容称庙，父殁何容辄呼？《苍颉篇》有"倄"[4]字,《训诂》云："痛而謼[5]也，音羽罪反[6]。"今北人痛则呼之。《声类》音于耒反，今南人痛或呼之。此二音随其乡俗，并可行也。

【注释】

[1]避：避讳。 [2]触途急切：各方面都很严格。 [3]祢（mí）：亡父在宗庙中所立神位的通称。 [4]倄（yáo）：痛呼声，呻吟声。 [5]謼：通"呼"。 [6]反：反切，我国古代的一种注音方法，用前一字的声母和后一字的韵母及声调为另外一个字注音。

梁世被系劾者[1]，子孙弟侄，皆诣阙[2]三日，露跣陈谢[3]；子孙有官，自陈解职。子则草屩[4]粗衣，蓬头垢面，周章[5]道路，要候执事[6]，叩头流血，申诉冤情。若配徒隶[7]，诸子并立草庵于所署门，不敢宁宅[8]，动经旬日[9]，官司驱遣，然后始退。江南诸宪司弹人事[10]，事虽不重，而以教义[11]见辱者，或被轻系[12]而身死狱户者，皆为怨仇，子孙三世不交通[13]矣。到洽为御史中丞，初欲弹刘孝绰，其兄溉先与刘善，苦谏不得，乃诣刘涕泣告别而去。

【注释】

[1] 梁世被系劾：梁朝被弹劾拘捕的官员。 [2] 诣阙：朝见朝廷。 [3] 露跣陈谢：不戴帽子露出发髻，光着脚不穿鞋，陈述，谢罪。 [4] 草屩：草鞋。 [5] 周章：惶恐徘徊。 [6] 要候执事：要通“邀”。中途等候主管官员。 [7] 若配徒隶：被发配去服苦役。 [8] 宁宅：安居。 [9] 动经旬日：一做就是十几天。 [10] 诸宪司弹人事：指御史弹劾官员。 [11] 教义：指道德。 [12] 轻系：轻率抓捕。 [13] 交通：交往。

兵凶战危，非安全之道。古者，天子丧服以临师，将军凿凶门[1]而出。父祖伯叔，若在军阵，贬损自居，不宜奏乐宴会及婚冠吉庆事也。若居围城之中，憔悴容色，除去饰玩，常为临深履薄[2]之状焉。父母疾笃，医虽贱虽少，则涕泣而拜之，以求哀也。梁孝元在江州，尝有不豫[3]；世子方等亲拜中兵参军李猷焉。

【注释】

[1] 凿凶门：古代出征时，凿一扇向北的门，由此出发，如办丧事一样，以示必死的决心。 [2] 临深履薄：临深渊履薄冰。 [3] 不豫：指天子生病。

四海之人，结为兄弟，亦何容易[1]。必有志均义敌[2]，令终如始[3]者，方可议之。一尔[4]之后，命子拜伏，呼为丈人，申父友之敬；身事彼亲，亦宜加礼。比见北人，甚轻此节，行路相逢，便定昆季[5]，望年观貌[6]，不择是非，至有结父为兄[7]，托子为弟[8]者。

【注释】

[1] 何容易：哪里是容易的事。 [2] 敌：相当。 [3] 令终如始：即始终如一。 [4] 一尔：一旦如此。 [5] 昆季：指兄弟长幼。 [6] 望年观貌：观望年纪，相貌（相当即为兄弟）。 [7] 结父为兄：把父辈当兄长。 [8] 托子为弟：把子辈当弟弟。

昔者，周公一沐三握发，一饭三吐餐，以接白屋之士[1]，一日所见者七十余人。晋文公以沐辞竖头须，致有图反之诮[2]。门不停宾[3]，古所贵也。失教之家，阍寺[4]无礼，或以主君寝食嗔怒，拒客未通，江南深以为耻。黄门侍郎裴之礼，号善为士大夫，有如此辈，对宾杖之[5]。其门生僮仆，接于他人，折旋俯仰[6]，辞色应对，莫不肃敬，与主无别也。

【注释】

[1] 周公一沐三握发，一饭三吐餐，以接白屋之士：白屋，茅屋，没有做官的读书人住屋。周公为了即时接见贫寒之士，洗一次头中断多次，吃一次饭也中断多次。 [2] 晋文公以沐辞竖头须，致有图反之诮：晋文公，春秋五霸之一。竖头须，晋文公的小臣，掌管财务，当年未随晋文公出逃，晋文公回国后不想见他，以正在洗头为由拒绝。竖头须讥讽说洗头时要低头，心亦朝下，想法就颠倒了。 [3] 门不停宾：不让宾客在门口等待。 [4] 阍寺：指看门的仆人。 [5] 对宾杖之：当着宾客的面杖责他们。 [6] 折旋俯仰：指接待宾客。

慕贤第七

古人云："千载一圣，犹旦暮也；五百年一贤，犹比髆[1]也。"言圣贤之难得，疏阔[2]如此。傥遭不世明达君子，安可不攀附景仰之乎？吾生于乱世，长于戎马，流离播越[3]，闻见已多。所值名贤，未尝不心醉魂迷向慕之也。人在年少，神情未定，所与款狎[4]，熏渍陶染[5]，言笑举动，无心于学，潜移暗化，自然似之。何况操履艺能[6]，较明易习者也[7]？是以与善人居，如入芝兰之室，久而自芳也；与恶人居，如入鲍鱼之肆，久而自臭也。墨子悲于染丝[8]，是之谓矣。君子必慎交游焉。孔子曰："无友不如己者。"颜、闵之徒[9]，何可世得！但优于我，便足贵之。

【注释】

[1] 比髆：并肩。髆，通"膊"。 [2] 疏阔：间隔久远。 [3] 流离播越：颠沛流离，四处迁徙。 [4] 款狎：指交往亲近。 [5] 熏渍陶染：熏陶浸染。 [6] 操履艺能：操守、德行、技艺、能力。 [7] 较明易习者也：难道是明显易学的吗？ [8] 墨子悲于染丝：据说墨子曾经见到洁白的丝线被染上颜色而悲伤，觉得纯洁之物总是要被污染。 [9] 颜、闵之徒：像颜回、闵子骞那样的人。颜回是孔子最得意的弟子，闵子骞在孔子弟子中以孝著称，其故事就是"二十四孝"中的"鞭打芦花"。

世人多蔽[1]，贵耳贱目[2]，重遥轻近[3]。少长周旋[4]，如有贤哲，每相狎侮[5]，不加礼敬。他乡异县，微藉风声[6]，延颈企踵[7]，甚于饥渴。校[8]其长短，核其精粗，或彼不能如此矣。所以鲁人谓孔子为东家丘[9]。昔虞国宫之奇[10]，少长于君，君狎之，不纳其谏，以至亡国，不可不留心也。

【注释】

[1] 蔽：被蒙蔽。 [2] 贵耳贱目：指相信耳朵听到的不相信眼睛看到的。 [3] 重遥轻近：重视远方而轻视近处的人。 [4] 少长周旋：从小到大交往。 [5] 狎侮：轻佻怠慢。 [6] 微藉风声：凭借微弱的名声，即有微弱的名声。 [7] 延颈企踵：伸长脖子踮起脚跟，形容殷切盼

望。 [8] 校：校对，比较。 [9] 东家丘：东边的邻居孔丘。鲁国人当时觉得孔子只是个平常人，称之为“东家丘”。 [10] 宫之奇：虞国大夫，年纪比国君稍大。国君自幼与他相熟，因此不重视他的劝阻，借道给晋国灭虢，最终亡国，即假途灭虢的典故。

用其言，弃其身[1]，古人所耻。凡有一言一行，取于人者，皆显称[2]之，不可窃人之美，以为己力；虽轻虽贱[3]者，必归功焉。窃人之财，刑辟[4]之所处；窃人之美，鬼神之所责。

【注释】

[1] 弃其身：指嫌弃这个人。 [2] 显称：公开称颂。 [3] 虽轻虽贱：指人的身份低微。 [4] 刑辟：刑法。

梁孝元前在荆州，有丁觇[1]者，洪亭民耳，颇善属文，殊工草隶[2]。孝元书记，一[3]皆使之。军府轻贱，多未之重，耻令子弟以为楷法，时云：“丁君十纸，不敌王褒数字。”吾雅爱其手迹，常所宝持[4]。孝元尝遣典签惠编送文章示萧祭酒[5]，祭酒问云：“君王比赐书翰[6]，及写诗笔，殊为佳手，姓名为谁？那得都无声问[7]？”编以实答。子云叹曰：“此人后生无比，遂不为世所称，亦是奇事。”于是闻者稍复刮目。稍仕至尚书仪曹郎，末为晋安王[8]侍读，随王东下。及西台陷殁，简牍烟散，丁亦寻卒于扬州。前所轻者，后思一纸，不可得矣。

【注释】

[1] 丁觇：南朝梁洪亭人，工书法，与智永齐名，世称丁真永草。 [2] 草隶：指楷书，当时认为楷书相对于小篆草率，且由隶书演化而来，所以将其统称为草隶。 [3] 一：都。 [4] 宝持：收藏。 [5] 萧祭酒：即下文所说的萧子云。 [6] 比赐书翰：最近赏赐的书信。 [7] 那得都无声问：

那，通哪；声问，即声闻。怎么都没有名声？ [8] 晋安王：指梁简文帝萧纲，他于梁天监五年被封为晋安王。

侯景[1]初入建业[2]，台门[3]虽闭，公私草扰[4]，各不自全。太子左卫率羊侃坐[5]东掖门，部分经略[6]，一宿皆办[7]，遂得百余日抗拒凶逆。于时，城[8]内四万许人，王公朝士，不下一百，便是恃侃一人安之，其相去[9]如此。古人云："巢父、许由，让于天下；市道小人，争一钱之利。"亦已悬矣。

【注释】

[1] 侯景：南朝梁人，曾发动兵变，攻破梁都建康。 [2] 建业：即南京。 [3] 台门：禁宫城门。 [4] 草扰：仓促纷乱。 [5] 坐：坐镇。 [6] 部分经略：部署安排、策划处理。 [7] 办：办成。 [8] 城：指宫城。 [9] 相去：相差。

齐文宣帝[1]即位数年，便沉湎纵恣[2]，略无纲纪。尚能委政尚书令杨遵彦，内外清谧，朝野晏如[3]，各得其所，物无异议，终天保[4]之朝。遵彦后为孝昭[5]所戮，刑政于是衰矣。斛律明月，齐朝折冲之臣[6]，无罪被诛，将士解体[7]，周人始有吞齐之志，关中至今誉之。此人用兵，岂止万夫之望而已哉！国之存亡，系其生死。

【注释】

[1] 齐文宣帝：指北齐文宣帝高洋。 [2] 沉湎纵恣：沉湎酒色，任意放纵。 [3] 晏如：安然的样子。 [4] 天保：高洋的年号。 [5] 孝昭：指北齐孝昭帝高演。 [6] 折冲之臣：指在军事方面足以捍卫国家的大臣。折冲，令冲车退却。 [7] 解体：指人心离散。

张延儁[1]之为晋州行台左丞，匡维[2]主将，镇抚疆埸[3]，储积器用，爱活黎民，隐若敌国[4]矣。群小[5]不得行志，同力迁[6]之。既代[7]之后，公私扰乱，周师[8]一举，此镇先平。齐亡之迹，启于是矣。

【注释】

[1] 儁（jùn）：　[2] 匡维：辅佐。　[3] 疆埸（yì）：疆界。　[4] 隐若敌国：隐，威严稳重。指城池坚固，可以与一国相抗衡。　[5] 群小：众小人。　[6] 迁：排挤。　[7] 代：被取代。　[8] 周师：北周的军队。

勉学第八

自古明王圣帝犹须勤学，况凡庶[1]乎！此事遍于经史，吾亦不能郑重[2]，聊举近世切要[3]，以启寤[4]汝耳。士大夫子弟，数岁已上，莫不被教，多者或至《礼》《传》，少者不失《诗》《论》。及至冠婚[5]，体性稍定；因此天机[6]，倍须训诱[7]。有志尚者，遂能磨砺，以就素业[8]；无履立[9]者，自兹堕慢，便为凡人。人生在世，会当有业：农民则计量耕稼，商贾则讨论货贿，工巧则致精器用，伎艺则沉思法术，武夫则惯习弓马，文士则讲议经书。多见士大夫耻涉农商，差务[10]工伎，射则不能穿札，笔则才记姓名，饱食醉酒，忽忽无事，以此销[11]日，以此终年。或因家世余绪[12]，得一阶半级[13]，便自为足，全忘修学；及有吉凶大事，议论得失，蒙然张口，如坐云雾；公私宴集，谈古赋诗，塞默低头，欠伸[14]而已。有识旁观，代其入地[15]。何惜数年勤学，长受一生愧辱哉！

【注释】

[1] 凡庶：普通人。　[2] 郑重：频繁。　[3] 切要：紧要的事项。　[4] 寤：睡醒，觉悟、明白。　[5] 冠婚：冠礼婚礼，成为成年人的意思。　[6] 因此天机：趁这个时候。　[7] 倍须训诱：需要加倍的教育诱导。　[8] 素业：

（士族）平素的事业，即儒学。 [9]履立：举止，这里指操行。 [10]差务：不擅长。 [11]销：消磨。 [12]余绪：指家族余荫。 [13]一阶半级：一官半职。 [14]欠伸：打哈欠伸懒腰。 [15]代其入地：替他无地自容。

梁朝全盛之时，贵游子弟[1]，多无学术，至于谚云："上车不落则著作，体中何如则秘书[2]。"无不熏衣剃面，傅粉施朱[3]，驾长檐车，跟高齿屐，坐棋子方褥，凭斑丝隐囊[4]，列器玩于左右，从容出入，望若神仙。明经求第[5]，则顾人答策[6]；三九[7]公宴，则假手赋诗。当尔之时，亦快士也。及离乱之后，朝市迁革，铨衡选举[8]，非复曩者之亲[9]；当路秉权[10]，不见昔时之党。求诸身而无所得，施之世而无所用。被褐而丧珠，失皮而露质[11]，兀若枯木，泊若穷流，鹿独[12]戎马之间，转死沟壑之际。当尔之时，诚驽材[13]也。有学艺者，触地而安[14]。自荒乱以来，诸见俘虏。虽百世小人[15]，知读《论语》《孝经》者，尚为人师；虽千载冠冕[16]，不晓书记者，莫不耕田养马。以此观之，安可不自勉耶？若能常保数百卷书，千载终不为小人也。

【注释】

[1]贵游子弟：无官职的贵族子弟。 [2]上车不落则著作，体中何如则秘书：上车不摔跤可以作著作郎；会写问候语就能作秘书长。 [3]傅粉施朱：涂脂抹粉打扮。 [4]斑丝隐囊：彩色丝线织的靠枕。 [5]明经求第：按照经典考试求官。 [6]顾人答策：顾，通"雇"。雇用人答卷。 [7]三九：即三公九卿。 [8]铨衡选举：衡量选拔。 [9]曩者之亲：过去亲近的人。 [10]当路秉权：正在掌权的人。 [11]被褐而丧珠，失皮而露质：身穿粗布而且失去了珠宝，丧失了外表而且露出了本质。 [12]鹿独：颠沛流离。 [13]驽材：庸才。 [14]触地而安：到哪里都可以安定下来。 [15]小人：平民。 [16]冠冕：指做官。

夫明“六经”之指，涉百家之书，纵不能增益德行，敦厉[1]风俗，犹为一艺，得以自资[2]。父兄不可常依，乡国不可常保，一旦流离，无人庇荫，当自求诸身耳。谚曰：“积财千万，不如薄伎[3]在身。”伎之易习而可贵者，无过读书也。世人不问愚智，皆欲识人之多，见事之广，而不肯读书，是犹求饱而懒营馔[4]，欲暖而惰裁衣也。夫读书之人，自羲、农[5]已来，宇宙之下，凡识几人，凡见几事，生民之成败好恶，固不足论，天地所不能藏，鬼神所不能隐也[6]。

【注释】

[1]敦厉：敦促鼓励。 [2]自资：养活自己。 [3]伎：通“技”。 [4]营馔：即做饭。 [5]羲、农：伏羲神农。 [6]固不足论，天地所不能藏，鬼神所不能隐也：(前面所提到的）不用说，就是天地、鬼神也不能隐藏自己，指读书人什么都能知道。

有客难[1]主人曰：“吾见强弩长戟，诛罪安民，以取公侯[2]者有矣；文义习吏，匡时富国，以取卿相者有矣；学备古今，才兼文武，身无禄位，妻子饥者，不可胜数，安足贵学乎？”主人对曰：“夫命之穷达[3]，犹金玉木石也；修以学艺，犹磨莹雕刻也。金玉之磨莹，自美其矿璞[4]；木石之段块[5]，自丑其雕刻。安可言木石之雕刻，乃胜金玉之矿璞哉？不得以有学之贫贱，比于无学之富贵也。且负甲为兵[6]，咋笔[7]为吏，身死名灭者如牛毛，角立[8]杰出者如芝草；握素披黄[9]，吟道咏德，苦辛无益者如日蚀，逸乐名利者如秋荼[10]，岂得同年而语[11]矣。且又闻之：生而知之者上，学而知之者次。所以学者，欲其多知明达耳。必有天才，拔群出类，为将则暗[12]与孙武、吴起同术，执政则悬[13]得管仲、子产之教，虽未读书，吾亦谓之学矣。今子即不能然，不师古之踪迹，犹蒙被而卧耳。

【注释】

[1] 难：质问。 [2] 取公侯：获得公侯的爵位。 [3] 穷达：穷困和通达。 [4] 矿璞：指金玉原矿。 [5] 木石之段块：木段石块。 [6] 负甲为兵：穿着铠甲当兵。 [7] 咋笔：操笔。 [8] 角立：像角一样挺立。[9] 握素披黄：指手握素绢黄纸的书卷，即读书。 [10] 秋荼：秋天的荼花般繁盛。 [11] 同年而语：相当于同日而语。 [12] 暗：暗中。 [13] 悬：遥远。

人见邻里亲戚有佳快[1]者，使子弟慕而学之，不知使学古人，何其蔽也哉？世人但知跨马被甲，长槊强弓[2]，便云我能为将；不知明乎天道，辨乎地利，比量逆顺，鉴达兴亡之妙也。但知承上接下，积财聚谷，便云我能为相；不知敬鬼事神，移风易俗，调节阴阳，荐举贤圣之至也。但知私财不入，公事夙办[3]，便云我能治民；不知诚己刑物[4]，执辔如组[5]，反风灭火[6]，化鸱为凤[7]之术也。但知抱令守律，早刑晚舍[8]，便云我能平狱；不知同辕观罪[9]，分剑追财[10]，假言而奸露[11]，不问而情得之察[12]也。爰及农商工贾，厮役奴隶，钓鱼屠肉，饭牛牧羊，皆有先达[13]，可为师表，博学求之，无不利于事也。

【注释】

[1] 佳快：优秀。 [2] 长槊强弓：指会使用长矛强弓。 [3] 夙办：尽早办好。 [4] 诚己刑物：刑，通“型”，树立榜样。诚实做人，给别人树立典范。 [5] 执辔如组：指能用缰绳轻松地驾驭马车，比喻执政轻巧有方，不依蛮力。 [6] 反风灭火：出自《后汉书·儒林传》，据说刘昆为江陵令，县多火灾，他向火叩头，能降雨止风。 [7] 化鸱（chī）为凤：出自《后汉书·循吏传》，说的是仇览感化了顽劣的陈元，令其变成孝子，就像把噬母的恶鸟鸱鸮变成了鸾凤。鸱鸮，即猫头鹰。 [8] 早刑晚舍：用刑宁早，赦免宁迟。 [9] 同辕观罪：将犯人与其家人系在一个车辕上，让

他们反省自己的罪行。 [10] 分剑追财：出自《风俗通》，说郡沛的一个富人临死之际，将全部家财和一把剑交给女儿，嘱咐她在弟弟15岁时，将剑还给弟弟。到了时间，姐姐不肯还剑。姐弟诉讼，太守何武将家财全部判给弟弟，说剑代表决断，还剑代表父亲原本决定把家产给弟弟。 [11] 假言而奸露：用假话诱使奸人行迹败露。 [12] 不问而情得之察：不加审问就洞察事情真相。 [13] 先达：指通达道理的人。

夫所以读书学问，本欲开心明目，利于行耳。未知养亲者，欲其观古人之先意承颜[1]，怡声下气，不惮劬劳，以致甘腝[2]，惕然惭惧，起而行之也。未知事君者，欲其观古人之守职无侵[3]，见危授命[4]，不忘诚谏，以利社稷，恻然自念，思欲效之也。素骄奢者，欲其观古人之恭俭节用，卑以自牧[5]，礼为教本，敬者身基，瞿然自失[6]，敛容抑志也；素鄙吝者，欲其观古人之贵义轻财，少私寡欲，忌盈恶满，赒穷恤匮[7]，赧然悔耻，积而能散也；素暴悍者，欲其观古人之小心黜[8]己，齿弊舌存[9]，含垢藏疾，尊贤容众，苶[10]然沮丧，若不胜衣[11]也；素怯懦者，欲其观古人之达生委命[12]，强毅正直，立言必信，求福不回[13]，勃然奋厉，不可恐慑[14]也：历兹以往[15]，百行皆然。纵不能淳[16]，去泰去甚[17]。学之所知，施无不达。世人读书者，但能言之，不能行之，忠孝无闻，仁义不足；加以断一条讼，不必得其理；宰[18]千户县，不必理其民；问其造屋，不必知楣横而棁竖[19]也；问其为田，不必知稷早而黍迟也；吟啸谈谑，讽咏辞赋，事既优闲，材增迂诞[20]，军国经纶，略无施用，故为武人俗吏所共嗤诋，良由是乎！

【注释】

[1] 先意承颜：预先知道父母的意愿而且承顺他们的情绪。 [2] 甘腝（ní）：指鲜美柔软的食物。 [3] 守职无侵：指坚守本职工作。 [4] 见危授命：在危急关头献出生命。 [5] 卑以自牧：谦卑自守。 [6] 瞿

然自失：醒悟然后自觉行为有过失。[7] 赒（zhōu）穷恤匮：救济、抚恤穷困的人。[8] 黜：通“屈”，克制。[9] 齿弊舌存：即齿亡舌存，比喻刚强的东西容易消亡，柔弱的反而能长存。[10] 苶（nié）：疲劳的样子。[11] 若不胜衣：像承担不住衣服（的重量）一样，比喻小心谨慎。[12] 达生委命：生活豁达，将一切交给命运，不畏惧现实。[13] 不回：正直不违背道义。[14] 恐慑：恐吓、震慑。[15] 历兹以往：历数以往的这些（可知）。[16] 淳：深厚。[17] 去泰去甚：去其过甚。[18] 宰：治理。[19] 楣横而棁（zhuō）竖：楣，门框的横梁；棁，房梁上竖立的支撑房顶的短柱。[20] 迂诞：迂曲，怪诞，指空谈之语。

夫学者所以求益耳。见人读数十卷书，便自高大，凌忽[1]长者，轻慢同列；人疾之如仇敌，恶之如鸱枭。如此以学自损，不如无学也。

【注释】

[1] 凌忽：欺凌怠慢。

古之学者为己，以补不足也；今之学者为人，但能说[1]之也。古之学者为人，行道以利世也；今之学者为己，修身以求进[2]也。夫学者犹种树也，春玩其华，秋登其实；讲论文章，春华也；修身利行，秋实也。

【注释】

[1] 说：嘴上说说。[2] 进：做官。

人生小幼，精神专利[1]，长成已后，思虑散逸，固须早教，勿失机也。吾七岁时，诵《灵光殿赋》，至于今日，十年一理，犹不遗忘；二十之外，所诵经书，一月废置，便至荒芜矣。然人有坎壈[2]，失于盛年，犹当晚学，不可自弃。孔子云："五十以学《易》，可以无大过矣。"魏武、袁遗，老而弥笃，此皆少学而至老不倦也。曾子七十乃学，名闻天下；荀卿五十，始来游学，犹为硕儒；公孙弘四十余，方读《春秋》，以此遂登丞相；朱云亦四十，始学《易》《论语》；皇甫谧二十，始受《孝经》《论语》：皆终成大儒，此并早迷而晚寤也。世人婚冠未学，便称迟暮，因循面墙[3]，亦为愚耳。幼而学者，如日出之光；老而学者，如秉烛夜行，犹贤乎瞑目而无见者也。

【注释】

[1] 专利：专注敏锐。　[2] 坎壈（dié）：坎坷。　[3] 因循面墙：因循守旧，面对墙壁，一无所见。

学之兴废，随世轻重。汉时贤俊，皆以一经弘圣人之道，上明天时，下该[1]人事，用此致卿相者多矣。末俗已来不复尔，空守章句[2]，但诵师言，施之世务，殆无一可。故士大夫子弟，皆以博涉为贵，不肯专儒。梁朝皇孙以下，总丱[3]之年，必先入学，观其志尚，出身已后[4]，便从文史，略无卒业者。冠冕为此者，则有何胤、刘瓛、明山宾、周舍、朱异、周弘正、贺琛、贺革、萧子政、刘縚等，兼通文史，不徒讲说也。洛阳亦闻崔浩、张伟、刘芳，邺下又见邢子才：此四儒者，虽好经术，亦以才博擅名[5]。如此诸贤，故为上品，以外率多田野间人，音辞鄙陋，风操蚩拙[6]，相与专固，无所堪能，问一言辄酬数百，责其指归[7]，或无要会[8]，邺下谚云："博士买驴，书券三纸，未有驴字。"使汝以此为师，令人气塞。孔子曰："学也，禄在其中矣。"今勤无益之事，恐非业也。夫圣人之书，所以设教，但明练经文，粗通注义，常使言行有得，亦足为人；何必"仲尼居"即须两纸疏义，燕寝讲堂[9]，亦复何在？以此得胜，宁有益乎？光阴可惜，譬诸逝水。当博览机要，以济功业；必能兼美，吾无间[10]焉。

【注释】

[1] 该：完备。 [2] 章句：古书的文字。 [3] 总丱（guàn）：指童年时代。丱，儿童梳的抓髻。 [4] 出身已后：即指出仕以后。 [5] 擅名：闻名。 [6] 蚩拙：无知、笨拙。 [7] 指归：意旨。 [8] 要会：要领的意思。 [9] 燕寝讲堂：指对“仲尼居”的解释。燕寝，指闲居之处；讲堂，指讲学之所。 [10] 无间：没什么可说的。

俗间儒士，不涉群书，经纬[1]之外，义疏[2]而已。吾初入邺，与博陵崔文彦交游，尝说《王粲集》中难郑玄《尚书》事。崔转为诸儒道之，始将发口，悬见排蹙[3]，云：“文集只有诗赋铭诔，岂当论经书事乎？且先儒之中，未闻有王粲也。”崔笑而退，竟不以粲集示之。魏收之在议曹，与诸博士议宗庙事，引据《汉书》，博士笑曰：“未闻《汉书》得证经术。”收便忿怒，都不复言，取《韦玄成传》，掷之而起。博士一夜共披寻[4]之，达明，乃来谢[5]曰：“不谓玄成如此学[6]也。”

【注释】

[1] 经纬：经书和纬书。经指儒家经典，纬是汉代从宗教神学的角度解释经的书籍。 [2] 义疏：疏解经义的书。 [3] 悬见排蹙：悬见，预料；排蹙，排斥。 [4] 披寻：阅览。 [5] 谢：谢罪，道歉。 [6] 不谓玄成如此学：想不到韦玄成有这等学问。

夫老、庄之书，盖全真养性不肯以物累己也。故藏名柱史，终蹈流沙[1]；匿迹漆园，卒辞楚相[2]，此任纵之徒耳。何晏、王弼，祖述玄宗，递相夸尚[3]，景附草靡[4]，皆以农、黄之化[5]，在乎己身，周、孔之业，弃之度外。而平叔以党曹爽见诛[6]，触死权[7]之网也；辅嗣[8]以多笑人被疾，陷好胜之阱也；山巨源以蓄积取讥，背多藏厚亡之文也[9]；夏侯玄以才望被戮，无支离臃肿之鉴也[10]；荀奉倩丧妻，神伤而卒，非鼓缶之情也[11]；王夷甫悼子，悲不自胜，异东门之达也[12]；嵇叔夜排俗取祸，岂和光同尘之流也[13]？郭子玄以倾动专势，宁后身外己之风也[14]？阮嗣宗沉酒荒迷，乖畏途相诫之譬也[15]；谢幼舆赃贿黜削，违弃其余鱼之旨也[16]：彼诸人者，并其领袖[17]，玄宗所归。其余桎梏尘滓[18]之中，颠仆名利[19]之下者，岂可备言乎！直取其清谈雅论，剖玄析微，宾主往复，娱心悦耳，非济世成俗之要也。洎于梁世，兹风复阐，《庄》《老》《周易》，总谓《三玄》。武皇、简文[20]，躬自讲论。周弘正奉赞大猷[21]，化行都邑，学徒千余，实为盛美。元帝在江、荆间，复所爱习，召置学生，亲为教授，废寝忘食，以夜继朝，至乃倦剧愁愤，辄以讲自释。吾时颇预末筵[22]，亲承音旨，性既顽鲁，亦所不好云。

【注释】

[1] 藏名柱史，终蹈流沙：指老子隐藏自己做柱下史，最终西去，不知所踪。[2] 匿迹漆园，卒辞楚相：指庄子以漆园小吏的身份隐藏自己的行迹，不做楚国的宰相。 [3] 递相夸尚：争相讲述崇尚。 [4] 景附草靡：如影子依附形体、草顺着风倒。 [5] 农、黄之化：神农、黄帝的教化。 [6] 而平叔以党曹爽见诛：指何晏因与曹爽结党而被司马懿所杀。平叔，何晏的字。[7] 死权：因贪恋权力而至死不休。 [8] 辅嗣：王弼的字。 [9] 山巨源以蓄积取讥，背多藏厚亡之文也：山涛因为聚敛钱财而遭到世人议论，违背了聚敛越多丧失越大的古训。 [10] 夏侯玄以才望被戮，无支离臃肿之鉴也：夏侯玄因为自己的才能声望而遭到杀害，没有借鉴庄子的支离养身和臃肿大树得以自保的寓言。 [11] 荀奉倩丧妻，神伤而卒，非鼓缶之情也：荀粲丧妻之后，因伤心而死，没有庄子在丧妻之后鼓盆而歌的超脱情怀。 [12] 王夷甫悼子，悲不自胜，异东门之达也：王衍哀悼儿子，悲伤过度，不同于东门吴面对丧子之痛的达观态度。 [13] 嵇叔夜排俗取祸，岂和光同尘之流也：嵇康因排斥俗流而招致杀身之祸，怎么算是与世俗混同的人？ [14] 郭子玄以倾动专势，宁后身外己之风也：郭象因声名显赫而

获得权势，怎么是甘于人后的风范？ [15] 阮嗣宗沉酒荒迷，乖畏途相诫之譬也：阮籍酗酒迷乱，违背了险途应该小心谨慎的譬喻。 [16] 谢幼舆赃贿黜削，违弃其余鱼之旨也：谢鲲因贪污而丢官，违背了节欲的宗旨。 [17] 并其领袖：都是玄学领袖。 [18] 桎梏尘滓：被困在污秽的尘世中。 [19] 颠仆名利：在名利中颠来倒去。 [20] 武皇、简文：梁武帝和简文帝。 [21] 大猷：大道。 [22] 预末筵：指参与其中。

齐孝昭帝侍娄太后疾，容色憔悴，服膳减损。徐之才为灸两穴，帝握拳代痛，爪入掌心，血流满。后既痊愈，帝寻疾崩[1]，遗诏恨不见太后山陵[2]之事。其天性至孝如彼，不识忌讳如此，良由无学所为。若见古人之讥欲母早死而悲哭之，则不发此言也。孝为百行之首，犹须学以修饰之，况余事乎！

【注释】

[1] 帝寻疾崩：皇帝不就因病去世。 [2] 山陵：此指皇帝母亲的丧事。

梁元帝尝为吾说："昔在会稽，年始十二，便已好学。时又患疥[1]，手不得拳[2]，膝不得屈。闲斋张葛帏避蝇独坐[3]，银瓯贮山阴甜酒，时复进之，以自宽[4]痛。率意自读史书，一日二十卷，既未师受，或不识一字，或不解一语，要自重之，不知厌倦。"帝子之尊，童稚之逸，尚能如此，况其庶士，冀以自达者哉？

【注释】

[1] 疥：疥疮，一种皮肤病。 [2] 拳：拳曲。 [3] 闲斋张葛帏避蝇独坐：在闲斋中张挂葛布制成的帐子以遮挡蚊蝇。 [4] 宽：缓解。

古人勤学，有握锥投斧[1]，照雪聚萤[2]，锄则带经[3]，牧则编简[4]，亦为勤笃。梁世彭城刘绮，交州刺史勃之孙，早孤家贫，灯烛难办，常买荻尺寸折之，然明夜读。孝元初出会稽，精选寮寀[5]，绮以才华为国常侍兼记室，殊蒙礼遇，终于金紫光禄。义阳朱詹，世居江陵，后出扬都，好学，家贫无资，累日不爨[6]，乃时吞纸以实腹。寒无毡被，抱犬而卧，犬亦饥虚，起行盗食，呼之不至，哀声动邻，犹不废业，卒成学士，官至镇南录事参军，为孝元所礼。此乃不可为之事，亦是勤学之一人。东莞臧逢世，年二十余，欲读班固《汉书》，苦假借不久，乃就姊夫刘缓乞丐客刺、书翰纸末[7]，手写一本，军府服其志尚，卒以《汉书》闻。

【注释】

[1] 握锥投斧：握锥，指战国时苏秦锥刺股的故事。投斧，指文党投斧高树，下决心到长安求学的故事。　[2] 照雪聚萤：照雪，指晋人孙康映雪读书的故事。聚萤，指晋人车胤借萤火虫之光读书的故事。　[3] 锄则带经：汉代的倪宽、常林耕种时也不忘带上经书。　[4] 牧则编简：路温舒在放牛时摘蒲草做简写字。　[5] 寮寀：官吏。　[6] 爨（cuàn）：烧火做饭。　[7] 就姊夫刘缓乞丐客刺、书翰纸末：向姐夫刘缓要名片、书札的边角白纸。客刺，名片。

齐有宦者内参[1]田鹏鸾，本蛮人也。年十四五，初为阍寺，便知好学，怀袖握书，晓夕讽诵。所居卑末，使役苦辛，时伺间隙，周章询请[2]。每至文林馆，气喘汗流，问书之外，不暇他语。及睹古人节义之事，未尝不感激沉吟久之。吾甚怜爱，倍加开奖。后被赏遇，赐名敬宣，位至侍中开府。后主[3]之奔青州，遣其西出，参伺动静，为周军所获。问齐主何在，绐[4]云："已去，计当出境。"疑其不信，欧[5]捶服之，每折一支[6]，辞色愈厉，竟断四体而卒。蛮夷童丱，犹能以学成忠，齐之将相，比敬宣之奴不若也。

【注释】

[1] 内参：太监。 [2] 周章询请：四处询问请教。 [3] 后主：齐后主。 [4] 绐：通“诒”，欺骗。 [5] 欧：通“殴”。 [6] 支：通“肢”，肢体。

邺平[1]之后，见徙[2]入关。思鲁尝谓吾曰：“朝无禄位，家无积财，当肆筋力[3]，以申供养。每被课笃[4]，勤劳经史，未知为子[5]，可得安乎？”吾命之曰：“子当以养为心，父当以学为教。使汝弃学徇财，丰吾衣食，食之安得甘？衣之安得暖？若务先王之道，绍[6]家世之业，藜羹缊褐[7]，我自欲之。”

【注释】

[1] 邺平：邺城被平定。 [2] 见徙：被迁徙。 [3] 肆筋力：尽身体的力量。 [4] 笃：督促。 [5] 未知为子：不知道作为儿子的。 [6] 绍：继承。 [7] 藜羹缊褐：吃粗茶淡饭，穿麻布衣裳。

《书》曰：“好问则裕。”《礼》云：“独学而无友，则孤陋而寡闻。”盖须切磋相起明[1]也。见有闭门读书，师心自是[2]，稠人广坐，谬误差失者多矣。《穀梁传》称公子友与莒挐相搏，左右呼曰“孟劳”。“孟劳”者，鲁之宝刀名，亦见《广雅》。近在齐时，有姜仲岳谓：“‘孟劳’者，公子左右，姓孟名劳，多力之人，为国所宝。”与吾苦诤。时清河郡守邢峙，当世硕儒，助吾证之，赧然而伏。又《三辅决录》云：“灵帝殿柱题曰：‘堂堂乎张，京兆田郎。’”盖引《论语》，偶以四言，目京兆人田凤也。有一才士，乃言：“时张京兆及田郎二人皆堂堂耳。”闻吾此说，初大惊骇，其后寻愧悔焉。江南有一权贵，读误本《蜀都赋》注，解“蹲鸱，芋也”，乃为“羊”字；人馈羊肉，答书云：“损惠[3]蹲鸱。”举朝惊骇，不解事义，久后寻迹，方知如此。元氏之世[4]，在洛京时，有一才学重臣，新得《史记音》，而颇纰缪，误反[5]“颛顼”字，顼当为许录反，错作许缘反，遂谓朝士言："从来谬音'专旭'，当音'专翾'耳。"此人先有高名，翕然信行；期年之后，更有硕儒，苦相究讨，方知误焉。《汉书·王莽赞》云："紫色蛙声，余分闰位。"谓以伪乱真耳。昔吾尝共人谈书，言及王莽形状，有一俊士，自许史学，名价甚高，乃云："王莽非直鸱目虎吻，亦紫色蛙声。"又《礼乐志》云："给太官挏马酒。"李奇注："以马乳为酒也，揰挏[6]乃成。"二字并从手。揰挏，此谓撞捣挺挏之，今为酪酒亦然。向学士又以为种桐时，太官酿马酒乃熟。其孤陋遂至于此。太山羊肃，亦称学问，读潘岳赋："周文弱枝之枣"，为杖策之杖；《世本》："容成造历。"以历为碓磨之磨。

【注释】

[1] 起明：启发。 [2] 师心自是：指固执己见，自以为是。 [3] 损惠：感谢别人赠送礼物的敬辞，指对方降低身份给自己恩惠。 [4] 元氏之世：指北魏。元氏为北魏皇帝之姓。 [5] 反：指反切注音。 [6] 揰挏（chòng dòng）：揰，推击；挏，摇动。

谈说制文，援引古昔，必须眼学，勿信耳受。江南闾里[1]间，士大夫或不学问，羞为鄙朴，道听涂说，强事饰辞：呼征质为周、郑，谓霍乱为博陆，上荆州必称陕西，下扬都言去海郡，言食则餬口，道钱则孔方，问移则楚丘[2]，论婚则宴尔，及王则无不仲宣[3]，语刘则无不公幹[4]。凡有一二百件，传相祖述，寻问莫知原由，施安[5]时复失所。庄生有乘时鹊起之说，故谢朓诗曰："鹊起登吴台。"吾有一亲表，作《七夕》诗云："今夜吴台鹊，亦共往填河。"《罗浮山记》云："望平地树如荠。"故戴暠诗云："长安树如荠。"又邺下有一人《咏树》诗云："遥望长安荠。"又尝见谓矜诞为夸毗[6]，呼高年为富有春秋[7]，皆耳学之过也。

【注释】

[1] 闾里：乡里。 [2] 楚丘：代指迁移。 [3] 仲宣：王粲，字仲宣。 [4] 公幹：刘桢，字公幹。 [5] 施安：使用安放。 [6] 谓矜诞为夸毗：把自大狂妄解释成阿谀奉承。 [7] 呼高年为富有春秋：年龄大叫作正当年。

夫文字者，坟籍[1]根本。世之学徒，多不晓字：读《五经》者，是徐邈而非许慎[2]；习赋诵者，信褚诠而忽吕忱[3]；明《史记》者，专徐、邹[4]而废篆籀[5]；学《汉书》者，悦应、苏[6]而略《苍》《雅》[7]。不知书音是其枝叶，小学[8]乃其宗系。至见服虔、张揖音义则贵之，得《通俗》《广雅》而不屑。一手之中，向背如此，况异代各人乎？

【注释】

[1] 坟籍：典籍。 [2] 是徐邈而非许慎：徐邈为东晋名医，字仙民，通晓《百经》，但不以章句之学为主。许慎为东汉大儒，字最重，《说文解字》的作者，亦是晓畅《百经》，但以小学为宗。 [3] 信褚诠而忽吕忱：褚诠即褚诠之，南梁中书令，对前人赋作多有改易主义之说。吕忱，字伯雍，西晋统令，曾作《字林》七卷。 [4] 徐、邹：徐即刘宋中散大夫徐野民，有《史记言义》十二卷；邹即邹诞生，南齐轻车录事，着有《史记集注》。 [5] 篆籀（zhòu）：篆，小篆；籀，大篆。 [6] 应、苏：应劭、苏林，为《汉书》做注释的人。 [7]《苍》《雅》：《仓颉篇》和《尔雅》，解释文字意思的书。 [8] 小学：专门研究文字字形、字音、字义的学问总称。

夫学者贵能博闻也。郡国山川、官位姓族、衣服饮食、器皿制度，皆欲根寻，得其原本；至于文字，忽不经怀[1]，己身姓名，或多乖舛[2]，纵得不误，亦未知所由。近世有人为子制名：兄弟皆山傍立字，而有名峙者；兄弟皆手傍立字，而有名机者；兄弟皆水傍立字，而有名凝者。名儒硕学，此例甚多。若有知吾钟之不调，一何可笑[3]。

【注释】

[1] 忽不经怀：轻视，不在意。 [2] 乖舛（chuǎn）：错误。 [3] 若有知吾钟之不调，一何可笑：如果有人能明白这和晋平公与师旷讨论钟音是否和谐一样，就会知道这多么可笑。

吾尝从齐主幸[1]并州，自井陉关入上艾县，东数十里，有猎闾村，后百官受马粮在晋阳东百余里亢仇城侧。并不识二所本是何地，博求古今，皆未能晓。及检《字林》《韵集》，乃知猎闾是旧䜲余聚[2]，亢仇旧是禮𨛷[3]亭，悉属上艾。时太原王劭欲撰乡邑记注，因此二名闻之，大喜。

【注释】

[1] 幸：指皇帝到某处去。 [2] 䜲（liè）余聚：聚落名。 [3] 禮𨛷（mǎn qiú）：亭名。

吾初读《庄子》"螝[1]二首"，《韩非子》曰："虫有螝者，一身两口，争食相龁[2]，遂相杀也。"茫然不识此字何音，逢人辄问，了无解者。案《尔雅》诸书，蚕蛹名螝，又非二首两口贪害之物。后见《古今字诂》，此亦古之"虺"字，积年凝滞，豁然雾解。

【注释】

[1] 螝（huǐ）：与虺同音。虺，毒蛇，一说为多头蛇。 [2] 龁（hé）：咬。

尝游赵州，见柏人城北有一小水，土人亦不知名。后读城西门徐整碑云："洦流东指。"众皆不识。吾案《说文》，此字古魄字也，洦，浅水貌。此水汉来本无名矣，直以浅貌目之[1]，或当即以洦为名乎？

【注释】

[1] 直以浅貌目之：直接用水浅的样子称呼它。

世中书翰，多称勿勿，相承如此，不知所由，或有妄言此忽忽之残缺耳。案：《说文》：“勿者，州里所建之旗也，象其柄及三斿[1]之形，所以趣[2]民事。故悤遽[3]者称为勿勿。”

【注释】

[1] 斿（liú）：通“旒”，旌旗上下垂的饰物。 [2] 趣：即促，督促。 [3] 悤遽（cōng jù）：悤通“匆”；遽，快。悤遽即匆忙之意。

吾在益州，与数人同坐，初晴日晃，见地上小光[1]，问左右此是何物？有一蜀竖就视[2]，答云：“是豆逼耳。”相顾愕然，不知所谓。命取将来，乃小豆也。穷访蜀土，呼粒为逼，时莫之解。吾云：“《三苍》《说文》，此字白下为匕，皆训粒，《通俗文》音方力反。”众皆欢悟。

【注释】

[1] 小光：小光亮。 [2] 有一蜀竖就视：有一个四川籍的仆人凑近看。

愍楚[1]友婿[2]窦如同从河州来，得一青鸟，驯养爱玩，举俗呼之为鹖[3]。吾曰：“鹖出上党，数曾见之，色并黄黑，无驳杂也。故陈思王《鹖赋》云：‘扬玄黄之劲羽。’”试检《说文》：“鳻雀似鹖而青，出羌中。”《韵集》音介。此疑顿释。

【注释】

[1] 愍楚：颜之推次子。 [2] 友婿：即连襟。 [3] 鹖（hé）：一种像雉而善斗的鸟。

梁世有蔡朗者讳纯，既不涉学，遂呼莼为露葵。面墙之徒[1]，递相仿效。承圣中，遣一士大夫聘[2]齐，齐主客郎李恕问梁使曰："广江南有露葵否？"答曰："露葵是莼，水乡所出。卿今食者绿葵菜耳。"李亦学问[3]，但不测彼之深浅，乍闻无以核究。

【注释】

[1] 面墙之徒：不学无术的人。《书·周官》："不学墙面，莅事惟烦。"孔颖达疏："人而不学，如面向墙无所睹，以此临事，则惟烦乱不能治理。"

[2] 聘：出使。　[3] 学问：博学。

思鲁[1]等姨夫彭城刘灵，尝与吾坐，诸子侍[2]焉。吾问儒行、敏行[3]曰："凡字与谘议[4]名同音者，其数多少，能尽识乎？"答曰："未之究也，请导示之。"吾曰："凡如此例，不预研检，忽见不识，误以问人，反为无赖[5]所欺，不容易[6]也。"因为说之，得五十许字。诸刘叹曰："不意乃尔[7]！"若遂不知，亦为异事。[8]

【注释】

[1] 思鲁：颜之推长子。　[2] 侍：在一旁侍奉。　[3] 儒行、敏行：刘灵的儿子。　[4] 谘议：刘灵的官号。　[5] 无赖：小人。　[6] 不容易：不容草率。　[7] 不意乃尔：想不到是这样。　[8] 若遂不知，亦为异事：与父名同音的字，礼当避嫌名讳。若不识而问人，当为人所笑所欺。

校定书籍，亦何容易，自扬雄、刘向，方称此职耳。观天下书未遍，不得妄下雌黄[1]。或彼以为非，此以为是；或本同末异；或两文皆欠[2]，不可偏信一隅[3]也。

【注释】

[1] 雌黄：一种矿物颜料，与当时的纸张同为黄色，古人用来修改错字。指不顾事实，随口乱说，妄下结论。 [2] 欠：不足。 [3] 一隅：一边。

文章第九

夫文章者，原出“五经”：诏命策檄[1]，生于《书》者也；序述论议[2]，生于《易》者也；歌咏赋颂[3]，生于《诗》者也；祭祀哀诔[4]，生于《礼》者也；书奏箴铭[5]，生于《春秋》者也。朝廷宪章[6]，军旅誓诰[7]，敷[8]显仁义，发明功德，牧民建国，施用多途。至于陶冶性灵，从容讽谏，入其滋味，亦乐事也。行有余力，则可习之。然而自古文人，多陷轻薄：屈原露才扬己，显暴君过；宋玉体貌容冶，见遇俳优；东方曼倩，滑稽不雅；司马长卿，窃赀[9]无操；王褒过章[10]《僮约》；扬雄德败《美新》；李陵降辱夷虏；刘歆反复莽世；傅毅党附权门；班固盗窃父史；赵元叔抗竦过度；冯敬通浮华摈压；马季长佞媚获诮[11]；蔡伯喈同恶受诛；吴质诋忤乡里；曹植悖慢犯法；杜笃乞假无厌；路粹隘狭已甚；陈琳实号麤疏；繁钦性无检格；刘桢屈强输作；王粲率躁见嫌；孔融、祢衡，诞傲致殒[12]；杨修、丁廙，扇动取毙；阮籍无礼败俗；嵇康凌物凶终；傅玄忿斗免官；孙楚矜夸凌上；陆机犯顺履险；潘岳干没取危；颜延年负气摧黜；谢灵运空疏乱纪；王元长凶贼自诒；谢玄晖侮慢见及。凡此诸人，皆其翘秀[13]者，不能悉记，大较如此。至于帝王，亦或未免。自昔天子而有才华者，唯汉武、魏太祖、文帝、明帝、宋孝武帝，皆负世议，非懿德之君也。自子游、子夏、荀况、孟轲、枚乘、贾谊、苏武、张衡、左思之俦，有盛名而免过患者，时复闻之，但其损败居多耳。每尝思之，原其所积，文章之体，标举兴会，发引性灵，使人矜伐，故忽于持操，果于进取。今世文士，此患弥切，一事惬当，一句清巧，神厉九霄，志凌千载，自吟自赏，不觉更有傍人。

加以砂砾所伤，惨于矛戟，讽刺之祸，速乎风尘，深宜防虑，以保元吉。

【注释】

[1] 诏命策檄：诏书、命令、策命、檄文。 [2] 序述论议：序言、生平记述、表达个人观点的议论文、讨论问题的文章。 [3] 歌咏赋颂：诗词歌赋等韵文。 [4] 祭祀哀诔（lěi）：祭祀、哀悼类的文体。 [5] 书奏箴铭：大臣给朝廷的书简和奏章。 [6] 宪章：法度。 [7] 誓诰：誓词、训诫。 [8] 敷：阐发、宣扬。 [9] 赀：通“资”，财物。 [10] 过章：过失显露。 [11] 佞媚获诮：献媚讨好反遭讥讽。 [12] 诞傲致殒：因为傲慢狂放而被杀。 [13] 翘秀：优秀出众。

学问有利钝，文章有巧拙。钝学累功，不妨精熟；拙文研思，终归蚩鄙。但成学士，自足为人。必乏天才，勿强操笔。吾见世人，至无才思，自谓清华[1]，流布丑拙，亦以众矣，江南号为詅痴符[2]。近在并州，有一士族，好为可笑诗赋，誂撇[3]邢、魏诸公，众共嘲弄，虚相赞说，便击牛酾酒[4]，招延声誉。其妻，明鉴[5]妇人也，泣而谏之。此人叹曰：“才华不为妻子所容，何况行路！”至死不觉。自见之谓明，此诚难也。

【注释】

[1] 清华：清新华丽。 [2] 詅痴符：詅，叫卖。指夸耀自己才学实则一无是处的人。 [3] 誂（tiǎo）撇：戏弄。 [4] 击牛酾酒：杀牛备酒。 [5] 明鉴：明白事理。

学为文章，先谋亲友，得其评裁，知可施行，然后出手；慎勿师心自任，取笑旁人也。自古执笔为文者，何可胜言。然至于宏丽精华，不过数十篇耳。但使不失体裁，辞意可观，便称才士；要须动俗盖世，亦俟河之清乎[1]！

【注释】

[1] 要须动俗盖世，亦俟河之清乎：要让（文章）惊动流俗压倒当世，恐怕得等到黄河澄清的那天了。

不屈二姓，夷、齐[1]之节也；何事非君，伊、箕[2]之义也。自春秋已来，家有奔亡，国有吞灭，君臣固无常分[3]矣；然而君子之交绝无恶声，一旦屈膝而事人，岂以存亡而改虑？陈孔璋居袁[4]裁书，则呼操[5]为豺狼；在魏制檄，则目绍[6]为蛇虺。在时君所命，不得自专，然亦文人之巨患也，当务从容消息[7]之。

【注释】

[1] 夷、齐：伯夷、叔齐，周初贤人。　[2] 伊、箕：伊尹、箕子，商代名臣。　[3] 分：名分。　[4] 袁：袁绍。　[5] 操：曹操。　[6] 绍：袁绍。　[7] 消息：指斟酌考虑。

或问扬雄曰："吾子少而好赋？"雄曰："然。童子雕虫篆刻[1]，壮夫不为也。"余窃非之曰：虞舜歌《南风》之诗，周公作《鸱鸮》之咏，吉甫、史克《雅》《颂》之美者，未闻皆在幼年累德也。孔子曰："不学《诗》，无以言。""自卫返鲁，乐正，《雅》《颂》各得其所。"大明孝道，引《诗》证之。扬雄安敢忽之也？若论"诗人之赋丽以则，辞人之赋丽以淫[2]"，但知变之而已，又未知雄自为壮夫何如也？著《剧秦美新》，妄投于阁，周章怖慑，不达天命，童子之为耳。桓谭以胜老子，葛洪以方[3]仲尼，使人叹息。此人直以晓算术，解阴阳，故著《太玄经》，数子为所惑耳；其遗言余行，孙卿、屈原之不及，安敢望大圣之清尘？且

《太玄》今竟何用乎？不啻覆酱瓿[4]而已。

【注释】

[1] 雕虫篆刻：指鸟虫篆书和篆刻。 [2] 诗人之赋丽以则，辞人之赋丽以淫：诗人的赋华丽而合乎法度，辞人的赋华丽而过度。 [3] 方：并列。 [4] 不啻覆酱瓿：(《太玄经》) 不过被用来盖酱缸。

齐世有席毗者，清干[1]之士，官至行台尚书，嗤鄙文学，嘲刘逖云："君辈辞藻，譬若荣华，须臾之玩，非宏才也；岂比吾徒千丈松树，常有风霜，不可凋悴矣！" 刘应之曰："既有寒木，又发春华，何如也？" 席笑曰："可哉！"

【注释】

[1] 清干：清廉干练。

凡为文章，犹人乘骐骥，虽有逸气，当以衔勒[1]制之，勿使流乱轨躅[2]，放意填坑岸[3]也。

【注释】

[1] 衔勒：辔头。 [2] 流乱轨躅：指马随意乱跑。 [3] 填坑岸：指掉进沟壑。

文章当以理致为心肾，气调为筋骨，事义为皮肤，华丽为冠冕。今世相承，趋末弃本，率多浮艳。辞与理竞，辞胜而理伏；事与才争，事繁而才损。放逸者流宕[1]而忘归，穿凿[2]者补缀而不足。时俗如此，安能独违？但务去泰去甚耳。必有盛才重誉，改革体裁者，实吾所希。

【注释】

[1] 流宕：游荡。　[2] 穿凿：牵强附会。

古人之文，宏材逸气，体度风格，去今实远；但缉缀疏朴[1]，未为密致耳。今世音律谐靡，章句偶对，讳避精详，贤于往昔多矣。宜以古之制裁[2]为本，今之辞调为末，并须两存，不可偏弃也。

【注释】

[1] 缉缀疏朴：指文章的遣词造句、过渡钩连粗疏质朴。　[2] 制裁：体制格调。

吾家世[1]文章，甚为典正，不从流俗；梁孝元在蕃邸[2]时，撰《西府新文》，讫无一篇见录者，亦以不偶[3]于世，无郑、卫之音故也。有诗赋铭诔书表启疏二十卷，吾兄弟始在草土[4]，并未得编次，便遭火荡尽，竟不传于世。衔酷茹恨[5]，彻于心髓！操行见于《梁史·文士传》及孝元《怀旧志》。

【注释】

[1] 吾家世：指先父。　[2] 在蕃邸：指作藩王。　[3] 偶：迎合。　[4] 草土：居丧。　[5] 衔酷茹恨：痛心遗憾。

沈隐侯[1]曰："文章当从三易：易见事，一也；易识字，二也；易读诵，三也。"邢子才常曰："沈侯文章，用事不使人觉，若胸臆语也。"深以此服之。祖孝征亦尝谓吾曰："沈诗云：'崖倾护石髓。'此岂似用事[2]邪？"

【注释】

[1]沈隐侯：沈约，字休文，南朝人，历仕宋、齐、梁王朝，为著名史学家、文学家。梁武帝萧衍封他为建昌县侯，谥号为“隐”。　[2]用事：用典故。

邢子才、魏收俱有重名，时俗准的[1]，以为师匠。邢赏服沈约而轻任昉，魏爱慕任昉而毁沈约，每于谈宴，辞色以之。邺下纷纭，各有朋党。祖孝征尝谓吾曰：“任、沈之是非，乃邢、魏之优劣也。”

【注释】

[1]准的：标准。

《吴均集》有《破镜赋》。昔者，邑号朝歌，颜渊不舍；里名胜母，曾子敛襟：盖忌夫恶名之伤实也。破镜乃凶逆之兽[1]，事见《汉书》，为文幸避此名也。比世往往见有和[2]人诗者，题云敬同，《孝经》云：“资于事父以事君而敬同。”不可轻言也。梁世费旭诗云“不知是耶非”，殷沄诗云“飙飏云母舟”，简文曰：“旭既不识其父，沄又飙飏其母。”此虽悉古事，不可用也。世人或有文章引《诗》“伐鼓渊渊”者，《宋书》已有屡游之诮；如此流比，幸须避之。北面事亲，别舅摛《渭阳》之咏[3]；堂上养老，送兄赋桓山之悲[4]，皆大失也。举此一隅，触涂宜慎。

【注释】

[1]破镜：恶兽，也称獍。　[2]和：指诗词应和。　[3]别舅摛《渭阳》之咏：（母亲在世）送别舅舅却高咏《渭阳》这首诗。　[4]恒山之悲：典出颜回闻器声识其意的故事，《孔子家语·颜回第十八》，《说苑·辨物篇》均有记载。后人以桓山比喻父死之后，兄弟离散，而父母俱在，与兄分别时，用恒山之典则有失祭之误。

江南文制，欲人弹射[1]，知有病累，随即改之，陈王[2]得之于丁廙也。山东风俗，不通击难。吾初入邺，遂尝以此忤人，至今为悔；汝曹必无轻议也。

【注释】

[1] 弹射：指对文章进行批评。　[2] 陈王：陈思王曹植。

凡代人为文，皆作彼语，理宜然矣。至于哀伤凶祸之辞，不可辄代。蔡邕为胡金盈作《母灵表颂》曰："悲母氏之不永，然委我而夙丧。"又为胡颢作其父铭曰："葬我考[1]议郎君。"《袁三公颂》曰："猗欤[2]我祖，出自有妫。"王粲为潘文则《思亲诗》云："躬此劳悴，鞠予小人；庶我显妣，克保遐年。"而并载乎邕、粲之集，此例甚众[3]。古人之所行，今世以为讳。陈思王《武帝诔》，遂深永蛰之思；潘岳《悼亡赋》，乃怆手泽之遗：是方父于虫，匹妇于考也。[4]蔡邕《杨秉碑》云："统大麓之重。"潘尼《赠卢景宣诗》云："九五思龙飞。"孙楚《王骠骑诔》云："奄忽登遐[5]。"陆机《父诔》云："亿兆宅心，敦叙百揆[6]。"《姊诔》云："俔天[7]之和。"今为此言，则朝廷之罪人也[8]。王粲《赠杨德祖诗》云："我君饯之，其乐泄泄。"不可妄施人子，况储君乎？

【注释】

[1] 考：指亡父。　[2] 猗欤：叹词。　[3] 此例甚众：指这类文字，难免会有写到哀伤父母离世的文字，对代笔者而言，有对自身父母不敬之嫌。[4] 方父于虫，匹妇于考：指曹植把父亲比作虫类，潘岳将妻子比作父母。[5] 奄忽登遐：指帝王去世。　[6] 百揆：百官。　[7] 俔（qiàn）天：俔，好比，如同。《诗·大雅·大明》："大邦有子，俔天之妹。"后以"俔天"代指皇后、公主。　[8] 今为此言，则朝廷之罪人也：因为上举蔡邕、潘尼等人的文字用词，均有对父母不敬之嫌；有以专用于天子的言辞用于庶人的嫌疑。

挽歌辞者，或云古者《虞殡》[1]之歌，或云出自田横之客，皆为生者悼往告哀之意。陆平原多为死人自叹之言，诗格既无此例，又乖制作本意。

【注释】

[1]《虞殡》：古代挽歌之名。

凡诗人之作，刺箴美颂，各有源流，未尝混杂，善恶同篇也。陆机为《齐讴篇》，前叙山川物产风教之盛，后章忽鄙[1]山川之情，殊失厥体。其为《吴趋行》，何不陈子光、夫差乎？《京洛行》，胡不述赧王、灵帝乎？

【注释】

[1]鄙：轻视。

自古宏才博学，用事误者有矣；百家杂说，或有不同，书傥湮灭，后人不见，故未敢轻议之。今指知决纰缪[1]者，略举一两端以为诫。《诗》云："有鷕[2]雉鸣。"又曰："雉鸣求其牡。"毛《传》亦曰："鷕，雌雉声。"又云："雉之朝雊[3]，尚求其雌。"郑玄注《月令》亦云："雊，雄雉鸣。"潘岳赋曰："雉鷕鷕以朝雊。"是则混杂其雄雌矣。《诗》云："孔怀兄弟。"孔，甚也；怀，思也，言甚可思也。陆机《与长沙顾母书》，述从祖弟士璜死，乃言："痛心拔脑，有如孔怀。"心既痛矣，即为甚思，何故方言有如也？观其此意，当谓亲兄弟为孔怀。诗云："父母孔迩。"而呼二亲为孔迩，于义通乎？《异物志》云："拥剑状如蟹，但一螯偏大尔。"何逊诗云："跃鱼如拥剑。"是不分鱼蟹也。《汉书》："御史府中列柏树，常有野鸟数千，栖宿其上，晨去暮来，号朝夕鸟。"而文士往往误作乌鸢用之。《抱朴子》说项曼都诈称得仙，自云："仙人以流霞一杯与我饮之，辄不饥渴。"而简文诗云："霞流抱朴碗。"亦犹郭象以惠施之辨为庄周言也。《后汉书》："囚司徒崔烈以锒铛锁。"锒铛，大锁也；世间多误作金银字。武烈太子亦是数千卷[4]学士，尝作诗云："银锁三公脚，刀撞仆射头。"为俗所误。

【注释】

[1] 决纰缪：绝对错误。 [2] 鷕（yǎo）：雌野鸡的叫声。 [3] 雊（gòu）：雄野鸡的叫声。 [4] 数千卷：读过数千卷书。

文章地理，必须惬当。梁简文《雁门太守行》乃云："鹅[1]军攻日逐[2]，燕骑荡康居，大宛归善马，小月送降书。"萧子晖《陇头水》云："天寒陇水急，散漫俱分泻，北注徂黄龙，东流会白马。"此亦明珠之颣[3]，美玉之瑕，宜慎之。

【注释】

[1] 鹅：古代的阵名。 [2] 日逐：匈奴王号，地位低于左贤王。下文的"康居""大宛""小月"同为西域地名，而简文帝的诗描写的是写燕、宋战争，与西域无关。下文的例子也是同样的地理错误。 [3] 颣（liè）：缺点。

王籍《入若耶溪》诗云："蝉噪林逾静，鸟鸣山更幽。"江南以为文外断绝[1]，物无异议。简文吟咏，不能忘之，孝元讽味，以为不可复得，至《怀旧志》载于《籍传》。范阳卢询祖，邺下才俊，乃言："此不成语，何事于能？"魏收亦然其论。《诗》云："萧萧马鸣，悠悠旆旌[2]。"毛《传》曰："言不諠哗也。"吾每叹此解有情致，籍诗生于此耳。

【注释】

[1] 断绝：指无与伦比。 [2] 旆（pèi）旌：旗帜。

兰陵萧悫，梁室上黄侯之子，工于篇什[1]。尝有《秋诗》云：“芙蓉露下落，杨柳月中疏。”时人未之赏[2]也。吾爱其萧散，宛然在目。颍川荀仲举、琅邪诸葛汉，亦以为尔。而卢思道之徒，雅所不愜[3]。

【注释】

[1] 篇什：即文章。　[2] 赏：欣赏。　[3] 愜：喜欢。

何逊诗实为清巧，多形似之言；扬都论者，恨其每病苦辛，饶贫寒气，不及刘孝绰之雍容也。虽然，刘甚忌之，平生诵何诗，常云：“‘蘧车[1]响北阙’，𢘱𢘱不道车。”又撰《诗苑》，止取何两篇，时人讥其不广。刘孝绰当时既有重名，无所与让；唯服谢朓，常以谢诗置几案间，动静辄讽味。简文爱陶渊明文，亦复如此。江南语曰：“梁有三何，子朗最多。”三何者，逊及思澄、子朗也。子朗信饶清巧。思澄游庐山，每有佳篇，亦为冠绝。

【注释】

[1] 蘧（qú）：汉刘向《列女传・卫灵夫人》：“卫灵公与夫人夜坐，闻车声辚辚，至阙而止。过阙复有声。公问夫人曰：‘知此谓谁？’夫人曰：‘此蘧伯玉也。’”后以蘧车指人知礼。

名实第十

名之与实，犹形之与影也。德艺周厚，则名必善焉；容色姝丽，则影必美焉。今不修身而求令名于世者，犹貌甚恶而责妍影于镜也。上士忘名，中士立名，下士窃名。忘名者，体道合德，享鬼神之福佑，非所以求名也；立名者，修身慎行，惧荣观[1]之不显，非所以让名也；窃名者，厚貌深奸，干[2]浮华之虚称[3]，非所以得名也。

【注释】

[1] 荣观：荣誉。　[2] 干：谋求。　[3] 虚称：虚名。

人足所履，不过数寸，然而咫尺之途，必颠蹶[1]于崖岸；拱把之梁[2]，每沉溺于川谷者，何哉？为其旁无余地故也。君子之立己，抑亦如之。至诚之言，人未能信；至洁之行，物或致疑，皆由言行声名，无余地也。吾每为人所毁，常以此自责。若能开方轨[3]之路，广造舟[4]之航，则仲由之言信，重于登坛[5]之盟，赵熹之降城，贤于折冲[6]之将矣。

【注释】

[1] 颠蹶：颠扑，跌倒。　[2] 拱把之梁：即一拱把粗的独木桥。　[3] 方轨：车辆并行。　[4] 造舟：用船搭成浮桥。　[5] 登坛：指诸侯会盟。[6] 折冲：克敌制胜。原指使敌人的战车后撤。冲，冲车。

吾见世人，清名登而金贝[1]入，信誉显而然诺[2]亏，不知后之矛戟，毁前之干橹[3]也。宓子贱[4]云："诚于此者形于彼。"人之虚实真伪在乎心，无不见乎迹，但察之未熟耳。一为察之所鉴，巧伪不如拙诚，承之以羞大矣。伯石让卿，王莽辞政，当于尔时，自以巧密；后人书之，留传万代，可为骨寒毛竖也。近有大贵，以孝著声，前后居丧，哀毁[5]逾制，亦足以高于人矣。而尝于苫块[6]之中，以巴豆涂脸，遂使成疮，表哭泣之过。左右童竖，不能掩之，益使外人谓其居处饮食，皆为不信。以一伪丧百诚者，乃贪名不已故也。

【注释】

[1] 金贝：金钱。　[2] 然诺：许诺。　[3] 干橹：盾牌。　[4] 宓子贱：孔子弟子。　[5] 哀毁：因哀痛导致身体容貌受损。　[6] 苫（shān）块：指为父母守孝时以草垫为席，土块为枕。

有一士族，读书不过二三百卷，天才钝拙，而家世殷厚，雅自矜持，多以酒犊[1]珍玩，交诸名士，甘其饵者，递共吹嘘。朝廷以为文华，亦尝出境聘。东莱王韩晋明笃好文学，疑彼制作，多非机杼[2]，遂设燕言，面相讨试。竟日欢谐，辞人满席，属音赋韵，命笔为诗，彼造次即成，了非向韵。众客各自沈吟，遂无觉者。韩退叹曰："果如所量[3]！"韩又尝问曰："玉珽[4]杼上终葵[5]首，当作何形？"乃答云："珽头曲圜[6]，势如葵叶耳。"韩既有学，忍笑为吾说之。

【注释】

[1] 酒犊：即酒肉。　[2] 机杼：比喻精巧的构思。　[3] 量：想。　[4] 玉珽：玉笏板。　[5] 终葵：椎，一种捶击工具。　[6] 曲圜：弯而圆。

治点[1]子弟文章，以为声价[2]，大弊事也。一则不可常继，终露其情；二则学者有凭，益不精励。

【注释】

[1] 治点：润饰修改。　[2] 声价：身价。

邺下有一少年，出为襄国令，颇自勉笃。公事经怀，每加抚恤，以求声誉。凡遣兵役，握手送离，或赍[1]梨枣饼饵，人人赠别，云："上命相烦，情所不忍；道路饥渴，以此见思。"民庶称之，不容于口。及迁[2]为泗州别驾，此费日广[3]，不可常周，一有伪情，触涂难继，功绩遂损败矣。

【注释】

[1] 赍（jī）：送。　[2] 迁：迁任。　[3] 广：增加。

或问曰：“夫神灭形消[1]，遗声余价，亦犹蝉壳蛇皮，兽远[2]鸟迹耳，何预于死者，而圣人以为名教[3]乎？”对曰：“劝[4]也，劝其立名，则获其实。且劝一伯夷，而千万人立清风矣；劝一季札[5]，而千万人立仁风矣；劝一柳下惠，而千万人立贞风矣；劝一史鱼[6]，而千万人立直风矣。故圣人欲其鱼鳞凤翼[7]，杂沓参差，不绝于世，岂不弘哉？四海悠悠，皆慕名者，盖因其情而致其善耳。抑又论之，祖考之嘉名美誉，亦子孙之冕服墙宇[8]也，自古及今，获其庇荫者亦众矣。夫修善立名者，亦犹筑室树果，生则获其利，死则遗其泽。世之汲汲者，不达此意，若其与魂爽[9]俱升，松柏偕茂者，惑矣哉！

【注释】

[1] 神灭形消：指死去。 [2] 远（háng）：兽迹。 [3] 名教：即教化。 [4] 劝：勉励。 [5] 季札：春秋时吴公子，吴王梦寿欲传其位，辞让不受。 [6] 史鱼：春秋时卫国大夫，以正直敢谏著名。 [7] 鱼鳞凤翼：形容众多。 [8] 冕服墙宇：衣帽房屋，代指上辈留下的遗产。 [9] 魂爽：灵魂。

涉务第十一

士君子之处世，贵能有益于物耳，不徒高谈虚论，左琴右书[1]，以费人君禄位也。国之用材，大较不过六事：一则朝廷之臣，取其鉴达治体[2]，经纶博雅；二则文史之臣，取其著述宪章，不忘前古；三则军旅之臣，取其断决有谋，强干[3]习事；四则藩屏之臣，取其明练风俗，清白爱民；五则使命之臣，取其识变从宜，不辱君命；六则兴造之臣，取其程功[4]节费，开略有术，此则皆勤学守行者所能辨也。人性有长短，岂责具美于六涂[5]哉？但当皆晓指趣[6]，能守一职，便无媿[7]耳。

【注释】

[1] 左琴右书：即琴书不离身边左右，形容文人雅事，时刻不离。 [2] 治体：指国家的体制、法度。 [3] 强干：刚强果断。 [4] 程功：考量工效。 [5] 涂：通途，即上文所说的“六事”。 [6] 指趣：即旨趣。 [7] 媿：即愧。

吾见世中文学之士，品藻[1]古今，若指诸掌，及有试用，多无所堪。居承平之世，不知有丧乱之祸；处庙堂之下，不知有战陈之急；保俸禄之资，不知有耕稼之苦；肆吏民之上，不知有劳役之勤，故难可以应世经务也。晋朝南渡[2]，优借士族；故江南冠带[3]，有才干者，擢为令仆已下尚书郎中书舍人已上，典掌机要。其余文义之士，多迂诞浮华，不涉世务；纤微过失，又惜行捶楚[4]，所以处于清高，盖护其短也。至于台阁令史，主书监帅，诸王签省，并晓习吏用，济办时须，纵有小人之态，皆可鞭杖肃督，故多见委使，盖用其长也。人每不自量，举世怨梁武帝父子[5]爱小人而疏士大夫，此亦眼不能见其睫[6]耳。

【注释】

[1] 品藻：评议。 [2] 晋朝南渡：指建武元年西晋灭亡，司马睿南渡在南京建立东晋。 [3] 冠带：指代士族。 [4] 惜行捶楚：不好意思惩罚。 [5] 梁武帝父子：这里指梁武帝和后来的简文帝萧纲、元帝萧绎。[6] 睫：睫毛。

梁世士大夫，皆尚褒衣博带，大冠高履，出则车舆，入则扶侍，郊郭之内，无乘马者。周弘正为宣城王[1]所爱，给一果下马[2]，常服御之，举朝以为放达[3]。至乃尚书郎乘马，则纠劾之。及侯景之乱，肤脆骨柔，不堪行步，体羸气弱，不耐寒暑，坐死仓猝者，往往而然。建康令王复性既儒雅，未尝乘骑，见马嘶喷陆梁[4]，莫不震慑，乃谓人曰：“正是虎，何故名为马乎？”其风俗至此。

【注释】

[1] 宣城王：指南朝梁简文帝嫡长子萧大器，武帝中大通三年受封宣城郡王。 [2] 果下马：一种矮小的马，能从果树下行走，故称果下马。 [3] 放达：率性而为。 [4] 陆梁：跳跃。

古人欲知稼穑之艰难，斯盖贵谷务本[1]之道也。夫食为民天，民非食不生矣，三日不粒，父子不能相存。耕种之，茠鉏[2]之，刈[3]获之，载积之，打拂之，簸扬之，凡几涉手，而入仓廪，安可轻农事而贵末业哉？江南朝士，因晋中兴，南渡江，卒为羁旅，至今八九世，未有力田，悉资俸禄而食耳。假令有者，皆信僮仆为之，未尝目观起一墢[4]土，耘一株苗；不知几月当下，几月当收，安识世间余务乎？故治官则不了[5]，营家则不办，皆优闲之过也。

【注释】

[1] 本：指农业。 [2] 茠鉏：茠，通薅（hāo），除杂草；鉏，即锄，锄头。 [3] 刈（yì）：割。 [4] 墢（fá）：指耕地时翻起的土。 [5] 不了：不晓事。

省事第十二

铭金人云："无多言，多言多败；无多事，多事多患。"至哉斯戒也！能走者夺其翼，善飞者减其指，有角者无上齿，丰后者无前足，盖天道不使物有兼焉也。古人云："多为少善，不如执一；鼫鼠[1]五能，不成伎术。"近世有两人，朗悟[2]士也，性多营综[3]，略无成名，经不足以待问，史不足以讨论，文章无可传于集录，书迹未堪以留爱玩，卜筮射六得三[4]，医药治十差五，音乐在数十人下，弓矢在千百人中，天文、画绘、棋博，鲜卑语、胡书[5]，煎胡桃油[6]，炼锡为银，如此之类，略得梗概，皆不通熟。惜乎，以彼神明，若省其异端，当精妙也。

【注释】

[1] 鼫鼠：即鼯鼠，古人说它能飞不能上屋，能爬不能上树，能游不能过涧，能挖洞不能掩身，能跑不能过人。 [2] 朗悟：聪敏。 [3] 营综：指兴趣广泛。 [4] 卜筮射六得三：占卜六次对三次，下面几句大意相同。 [5] 胡书：少数民族文字。 [6] 胡桃油：北朝人作画的一种材料。

上书陈事，起自战国，逮于两汉，风流[1]弥广。原其体度：攻人主之长短，谏诤之徒也；讦群臣之得失，讼诉之类也；陈国家之利害，对策之伍也；带私情之与夺，游说之俦也。总此四涂，贾诚[2]以求位，鬻言[3]以干禄。或无丝毫之益，而有不省之困，幸而感悟人主，为时所纳，初获不赀之赏，终陷不测之诛，则严助、朱买臣、吾丘寿王、主父偃之类甚众。良史所书，盖取其狂狷一介[4]，论政得失耳，非士君子守法度者所为也。今世所睹，怀瑾瑜[5]而握兰桂者，悉耻为之。守门诣阙，献书言计，率多空薄，高自矜夸，无经略之大体，咸粃糠之微事，十条之中，一不足采，纵合时务，已漏先觉，非谓不知，但患知而不行耳。或被发奸私，面相酬证，事途回穴，翻惧僭尤[6]；人主外护声教，脱[7]加含养，此乃侥幸之徒，不足与比肩也。

【注释】

[1] 风流：遗风。 [2] 贾诚：出卖忠心。 [3] 鬻（yù）言：出卖计谋。 [4] 一介：耿介。 [5] 瑾瑜：美玉。 [6] 僭尤：罪过。 [7] 脱：或许。

谏诤之徒，以正人君之失尔，必在得言之地，当尽匡赞之规，不容苟免偷安，垂头塞耳；至于就养[1]有方，思不出位，干非其任，斯则罪人。故《表记》[2]云："事君，远而谏，则谄也；近而不谏，则尸利[3]也。"《论语》曰："未信而谏，人以为谤己也。"

【注释】

[1] 就养：侍养。 [2]《表记》：《礼记》篇名。 [3] 尸利：尸位素餐。

君子当守道崇德，蓄价[1]待时，爵禄不登，信由天命。须求[2]趋竞，不顾羞惭，比较材能，斟量功伐[3]，厉色扬声，东怨西怒；或有劫持宰相瑕疵，而获酬谢，或有諠聒时人视听，求见发遣；以此得官，谓为才力，何异盗食致饱，窃衣取温哉！世见躁竞[4]得官者，便谓“弗索何获”；不知时运之来，不求亦至也。见静退未遇者，便谓“弗为胡成”；不知风云不与，徒求无益也。凡不求而自得，求而不得者，焉可胜算乎！

【注释】

[1] 蓄价：蓄积声价。 [2] 须求：索求。 [3] 功伐：功绩。 [4] 躁竞：指奔走钻营。

齐之季世[1]，多以财货托附外家，諠动女谒[2]。拜守宰者，印组[3]光华，车骑辉赫，荣兼九族，取贵一时。而为执政所患，随而伺察，既以利得，必以利殆，微染风尘，便乖肃正，坑阱殊深，疮痏[4]未复，纵得免死，莫不破家，然后噬脐[5]，亦复何及。吾自南及北，未尝一言与时人论身分也，不能通达，亦无尤焉。

【注释】

[1] 齐之季世：北齐末世。 [2] 諠动女谒：指通过宫廷得宠女性的门路求官。 [3] 印组：官印的纽带。 [4] 疮痏（wěi）：创伤。 [5] 噬脐：人咬不到自己的肚脐，指后悔莫及。

王子晋[1]云：“佐饔得尝，佐斗得伤[2]。”此言为善则预，为恶则去，不欲党人[3]非义之事也。凡损于物，皆无与焉。然而穷鸟入怀[4]，仁人所悯；况死士归我，当弃之乎？伍员之托渔舟，季布之入广柳，孔融之藏张俭，孙嵩之匿赵岐，前代之所贵，而吾之所行也，以此得罪，甘心瞑目。至如郭解之代人报雠[5]，灌夫之横怒求地，游侠之徒，非君子之所为也。如有逆乱之行，得罪于君亲者，又不足恤焉。亲友之迫危难也，家财己力，当无所吝；若横生图计，无理请谒，非吾教也。墨翟[6]之徒，世谓热腹，杨朱[7]之侣，世谓冷肠；肠不可冷，腹不可热，当以仁义为节文[8]尔。

【注释】

[1] 王子晋：周灵王太子。 [2] 佐饔得尝，佐斗得伤：帮忙做菜能够得到品尝，帮忙争斗只能得到伤害。 [3] 党人：结伙。 [4] 穷鸟入怀：无处可栖的鸟投入人的怀抱，比喻处境困难而投靠人。 [5] 雠：即仇。 [6] 墨翟：墨子。 [7] 杨朱：战国初思想家。 [8] 节文：节制、法度。

前在修文令曹，有山东学士与关中太史竞历[1]，凡十余人，纷纭累岁，内史牒付议官平之。吾执论曰："大抵诸儒所争，四分并减分两家尔。历象之要，可以晷景[2]测之；今验其分至薄蚀[3]，则四分疏而减分密。疏者则称政令有宽猛，运行致盈缩，非算之失也；密者则云日月有迟速，以术求之，预知其度[4]，无灾祥也。用疏则藏奸而不信，用密则任数而违经。且议官所知，不能精于讼者，以浅裁深，安有肯服？既非格令[5]所司，幸勿当也。"举曹贵贱，咸以为然。有一礼官，耻为此让，苦欲留连，强加考核。机杼[6]既薄，无以测量，还复采访讼人，窥望长短，朝夕聚议，寒暑烦劳，背春涉冬，竟无予夺，怨诮滋生，赧然而退，终为内史所迫：此好名之辱也。

【注释】

[1] 竞历：讨论历法。 [2] 晷景：日晷上的投影。 [3] 分至薄蚀：春分、

秋分、夏至、冬至、日食、月食。　[4]度：日月星辰运行的度次。[5]格令：律令。　[6]机杼：胸臆。

止足第十三

《礼》云：“欲不可纵，志不可满。”宇宙可臻其极，情性不知其穷，唯在少欲知足，为立涯限[1]尔。先祖靖侯戒子侄曰：“汝家书生门户，世无富贵；自今仕宦不可过二千石[2]，婚姻勿贪势家。”吾终身服膺，以为名言也。

【注释】

[1]涯限：界限。　[2]二千石：太守的俸禄，代指太守。

天地鬼神之道，皆恶满盈。谦虚冲损，可以免害。人生衣趣[1]以覆寒露，食趣以塞饥乏耳。形骸之内，尚不得奢靡，己身之外，而欲穷骄泰邪？周穆王、秦始皇、汉武帝，富有四海，贵为天子，不知纪极[2]，犹自败累，况士庶乎？常以为二十口家，奴婢盛多，不可出二十人，良田十顷，堂室才蔽风雨，车马仅代杖策，蓄财数万，以拟吉凶[3]急速，不啻[4]此者，以义散之；不至此者，勿非道求之。

【注释】

[1]趣：通“取”，仅仅。　[2]纪极：终极，限度。　[3]吉凶：婚丧。[4]不啻：不止。

仕宦称泰，不过处在中品，前望五十人，后顾五十人，足以免耻辱，无倾危也。高此者，便当罢谢，偃仰[1]私庭。吾近为黄门郎，已可收退；当时羁旅[2]，惧罹谤讟[3]，思为此计，仅未暇尔。自丧乱已来，见因托风云，徼幸富贵，旦执机权，夜填坑谷，朔欢卓、郑，晦泣颜、原者[4]，非十人五人也。慎之哉！慎之哉！

【注释】

[1] 偃仰：偃息。　[2] 羁旅：客居他乡。　[3] 惧罹谤讟（dú）：害怕遭到怨恨和毁谤。　[4] 朔欢卓、郑，晦泣颜、元昔：卓、郑是大富之家，颜、原是孔门清贫子弟。朔，农历每月初一；晦，农历每月最后一天。

诫兵第十四

颜氏之先，本乎邹、鲁，或分入齐，世以儒雅为业，遍在书记[1]。仲尼门徒，升堂者七十有二，颜氏居八人焉。秦、汉、魏、晋，下逮齐、梁，未有用兵以取达者。春秋世，颜高、颜鸣、颜息、颜羽之徒，皆一斗夫[2]耳。齐有颜涿聚，赵有颜最，汉末有颜良，宋有颜延之，并处将军之任，竟以颠覆。汉郎颜驷，自称好武，更无事迹。颜忠以党楚王受诛，颜俊以据武威见杀，得姓已来，无清操[3]者，唯此二人，皆罹祸败。顷世乱离，衣冠之士，虽无身手，或聚徒众，违弃素业，徼幸战功。吾既羸薄，仰惟[4]前代，故寘[5]心于此，子孙志之。孔子力翘门关，不以力闻，此圣证也。吾见今世士大夫，才有气干，便倚赖之，不能被甲执兵，以卫社稷；但微行[6]险服，逞弄拳腕，大则陷危亡，小则贻耻辱，遂无免者。

【注释】

[1] 书记：书籍记载。　[2] 斗夫：武夫。　[3] 清操：清洁的操守。　[4] 惟：思。　[5] 寘：通“置”。　[6] 微行：隐瞒身份外出。

国之兴亡，兵之胜败，博学所至，幸讨论之。入帷幄之中，参庙堂之上，不能为主尽规以谋社稷，君子所耻也。然而每见文士，颇读兵书，微有经略。若居承平之世，睥睨宫阃[1]，幸灾乐祸，首为逆乱，诖误[2]善良；如在兵革之时，构扇[3]反复，纵横说诱，不识存亡，强相扶戴[4]：此皆陷身灭族之本也。诫之哉！诫之哉！

【注释】

[1] 睥睨宫阃（kǔn）：睥睨，斜视；宫阃，指帝王居处的宫室。指蔑视朝廷王室。 [2] 诖（guà）误：连累。 [3] 构扇：挑拨煽动。 [4] 扶戴：拥护扶持（政权）。

习五兵[1]，便乘骑，正可称武夫尔。今世士大夫，但不读书，即称武夫儿，乃饭囊酒瓮也。

【注释】

[1] 五兵：泛指各种兵器。

养生第十五

神仙之事，未可全诬[1]；但性命在天，或难钟值[2]。人生居世，触途牵絷[3]：幼少之日，既有供养之勤；成立之年，便增妻孥[4]之累。衣食资须，公私驱役；而望遁迹山林，超然尘滓，千万不遇一尔。加以金玉之费，炉器所须，益非贫士所办。学如牛毛，成如麟角。华山之下，白骨如莽，何有可遂之理？考之内教[5]，纵使得仙，终当有死，不能出世，不愿汝曹专精于此。若其爱养神明，调护气息，慎节起卧，均适寒暄，禁忌食饮，将饵药物，遂其所禀，不为夭折者，吾无间然。诸药饵法[6]，不废世务也。庾肩吾常服槐实，年七十余，目看细字，须发犹黑。邺中朝士，有单服杏仁、枸杞、黄精、术、车前得益者甚多，不能一一说尔。吾尝患齿，摇动欲落，饮食热冷，皆苦疼痛。见《抱朴子》牢齿之法，早朝叩齿三百下为良；行之数日，即便平愈，今恒持之。此辈小术，无损于事，亦可修也。凡欲饵药，陶隐居[7]《太清方》中总录甚备，但须精审，不可轻脱。近有王爱州在邺学服松脂，不得节度，肠塞而死，为药所误者甚多。

【注释】

[1] 诬：抹杀。　[2] 钟值：正好遇上。　[3] 触途牵縶：触途，处处。縶，牵绊。　[4] 妻孥：妻子儿女。　[5] 内教：佛教。　[6] 药饵法：以药物保养身体的方法。　[7] 陶隐居：陶弘景。

夫养生者先须虑祸，全身保性，有此生然后养之，勿徒养其无生也。单豹养于内而丧外，张毅养于外而丧内，前贤所戒也。嵇康著养生之论，而以傲物受刑；石崇冀[1]服饵之征，而以贪溺取祸，往世之所迷也。

【注释】

[1] 冀：希望。

夫生不可不惜，不可苟惜。涉险畏之途，干祸难之事，贪欲以伤生，谗慝而致死，此君子之所惜哉；行诚孝而见贼，履仁义而得罪，丧身以全家，泯躯[1]而济国，君子不咎也。自乱离已来，吾见名臣贤士，临难求生，终为不救，徒取窘辱，令人愤懑。侯景之乱，王公将相，多被戮辱，妃主姬妾，略无全者。唯吴郡太守张嵊，建义[2]不捷，为贼所害，辞色不挠[3]；及鄱阳王世子谢夫人，登屋诟怒，见射而毙。夫人，谢遵女也。何贤智操行若此之难？婢妾引决[4]若此之易？悲夫！

【注释】

[1] 泯躯：牺牲生命。　[2] 建义：组织义军。　[3] 辞色不挠：言辞和神色不屈服。　[4] 引决：自杀。

归心第十六

三世[1]之事，信而有征，家世归心[2]，勿轻慢也。其间妙旨，具诸经论，不复于此，少能赞述；但惧汝曹犹未牢固，略重劝诱尔。

【注释】

[1] 三世：即过去、现在、未来三世。　[2] 归心：心悦诚服归附。

原夫四尘五荫[1]，剖析形有；六舟三驾[2]，运载群生；万行归空，千门入善，辩才智惠，岂徒“七经”、百氏之博哉？明非尧、舜、周、孔所及也。内外[3]两教，本为一体，渐积为异，深浅不同。内典[4]初门，设五种禁[5]；外典[6]仁义礼智信，皆与之符。仁者，不杀之禁也；义者，不盗之禁也；礼者，不邪之禁也；智者，不酒之禁也；信者，不妄之禁也。至如畋狩军旅，燕享刑罚，因民之性，不可卒除，就为之节，使不淫滥尔。归周、孔而背释宗[7]，何其迷也！

【注释】

[1] 四尘五荫：四尘，指色、香、味、触；五荫，即五蕴，色、受、想、行、识，指构成生命活动的五个方面。　[2] 六舟三驾：六舟，即六度，指布施、持戒、忍辱、精进、禅定、智慧，是大乘佛教的基本修行方式；三架，即三乘佛法，声闻、缘觉、菩萨三乘。　[3] 内外：内指佛教，外指儒家。　[4] 内典：指佛经。　[5] 五种禁：即淫妄杀盗酒五戒。　[6] 外典：儒家经典。　[7] 释宗：佛教。

俗之谤者，大抵有五：其一，以世界外事及神化无方为迂诞[1]也；其二，以吉凶祸福或未报应为欺诳也；其三，以僧尼行业多不精纯为奸慝[2]也；其四，以糜费金宝，减耗课役[3]为损国也；其五，以纵有因缘如报善恶，安能辛苦今日之甲，利益后世之乙乎？为异人也。今并释之于下云。

【注释】

[1] 迂诞：迂阔荒诞。　[2] 奸慝：奸佞邪恶。　[3] 减耗课役：减少国家的税收劳役。

释一曰：夫遥大之物，宁可度量？今人所知，莫若天地。天为积气，地为积块，日为阳精，月为阴精，星为万物之精，儒家所安也。星有坠落，乃为石矣；精若是石，不得有光，性又质重，何所系属？一星之径，大者百里，一宿首尾，相去数万；百里之物，数万相连，阔狭从斜，常不盈缩。又星与日月，形色同尔，但以大小为其等差；然而日月又当石也？石既牢密，乌兔[1]焉容？石在气中，岂能独运？日月星辰，若皆是气，气体轻浮，当与天合，往来环转，不得错违，其间迟疾，理宜一等；何故日月五星二十八宿，各有度数，移动不均？宁当气坠，忽变为石？地既滓浊，法应沉厚，凿土得泉，乃浮水上；积水之下，复有何物？江河百谷，从何处生？东流到海，何为不溢？归塘[2]尾闾，渫何所到？沃焦[3]之石，何气所然[4]？潮汐去还，谁所节度？天汉[5]悬指，那不散落？水性就下，何故上腾？天地初开，便有星宿；九州未划，列国未分，翦疆区野[6]，若为躔次[7]？封建[8]已来，谁所制割？国有增减，星无进退，灾祥祸福，就中不差；乾象之大，列星之夥，何为分野，止系中国？昴[9]为旄头，匈奴之次；西胡、东越，雕题、交阯，独弃之乎？以此而求，迄无了者，岂得以人事寻常，抑必宇宙外也？

【注释】

[1] 乌兔：金乌玉兔，即日月。 [2] 归塘：也称“归墟”，传说为海中无底之谷，容纳无穷海水。 [3] 沃焦：传说中东海南的大石山。 [4] 然：通“燃”。 [5] 天汉：银河。 [6] 区野：即分野，指星宿在天空所占的位置在大地上的投射区域。 [7] 躔（chán）次：日月星辰的运行轨道、位次。 [8] 封建：封邦建国。 [9] 昴：二十八宿之一。

凡人之信，唯耳与目；耳目之外，咸致疑焉。儒家说天，自有数义：或浑或盖，乍宣乍安。斗极[1]所周，管维[2]所属，若所亲见，不容不同；若所测量，宁足依据？何故信凡人之臆说，迷大圣之妙旨，而欲必无恒沙[3]世界、微尘[4]数劫也？而邹衍亦有九州之谈。山中人不信有鱼大如木，海上人不信有木大如鱼；汉武不信弦胶，魏文不信火布[5]；胡人见锦，不信有虫食树吐丝所成；昔在江南，不信有千人毡帐，及来河北，不信有二万斛船：皆实验也。

【注释】

[1] 斗极：北斗七星和北极星。 [2] 管维：斗枢。 [3] 恒沙：像恒河中的沙粒那样多。 [4] 微尘：像把世界都分解成最小的微粒那样多。 [5] 火布：传说中不怕火的布。

世有祝师[1]及诸幻术，犹能履火蹈刃，种瓜移井，倏忽之间，十变五化。人力所为，尚能如此；何况神通感应，不可思量，千里宝幢，百由旬[2]座，化成净土，踊出妙塔乎？

【注释】

[1] 祝师：巫师。 [2] 由旬：古印度度量单位。

释二曰：夫信谤之征，有如影响[1]；耳闻目见，其事已多，或乃精诚不深，业缘未感，时傥差阑[2]，终当获报耳。善恶之行，祸福所归。九流[3]百氏，皆同此论，岂独释典为虚妄乎？项橐、颜回之短折，伯夷、原宪之冻馁，盗跖、庄蹻之福寿，齐景、桓魋之富强，若引之先业，冀以后生，更为通耳。如以行善而偶钟祸报，为恶而傥值福征，便生怨尤，即为欺诡；则亦尧、舜之云虚，周、孔之不实也，又欲安所依信而立身乎？

【注释】

[1]影响：影子和回声。　[2]差阑：稍晚。　[3]九流：儒、道、墨、法、名、杂、农、纵横、阴阳九家。

释三曰：开辟[1]已来，不善人多而善人少，何由悉责其精洁[2]乎？见有名僧高行，弃而不说；若睹凡僧流俗，便生非毁。且学者之不勤，岂教者之为过？俗僧之学经律，何异世人之学《诗》《礼》？以《诗》《礼》之教，格[3]朝廷之人，略无全行者；以经律之禁，格出家之辈，而独责无犯哉？且阙行之臣，犹求禄位；毁禁之侣，何惭供养乎？其于戒行，自当有犯。一披法服，已堕僧数，岁中所计，斋讲诵持，比诸白衣[4]，犹不啻山海也。

【注释】

[1]开辟：开天辟地。　[2]悉责其精洁：全都要求他们精粹纯洁。　[3]格：考量。　[4]白衣：指世俗人，与穿缁衣的僧人相对。

释四曰：内教多途，出家自是其一法耳。若能诚孝在心，仁惠为本，须达、流水[1]，不必剃落须发；岂令罄井田[2]而起塔庙，穷编户以为僧尼也？皆由为政不能节之，遂使非法之寺，妨民稼穑，无业之僧，空国赋算，非大觉[3]之本旨也。抑又论之：求道者，身计也；惜费者，国谋也。身计国谋，不可两遂。诚臣徇主而弃亲，孝子安家而忘国，各有行也。儒有不屈王侯高尚其事，隐有让王辞相避世山林；安可计其赋役，以为罪人？若能偕化黔首[4]，悉入道场，如妙乐之世，穰佉[5]之国，则有自然稻米，无尽宝藏，安求田蚕之利乎？

【注释】

[1] 须达、流水：给孤独长者和流水长者，虔诚信佛的俗家信徒。 [2] 罄井田：费尽田地。 [3] 大觉：指佛教。 [4] 黔首：平民。 [5] 穰佉（ráng qū）：转轮王，印度古代神话中国王名。

释五曰：形体虽死，精神犹存。人生在世，望于后身[1]似不相属；及其殁后，则与前身似犹老少朝夕耳。世有魂神，示现梦想，或降童妾，或感妻孥，求索饮食，征须福佑，亦为不少矣。今人贫贱疾苦，莫不怨尤前世不修功业；以此而论，安可不为之作地[2]乎？夫有子孙，自是天地间一苍生耳，何预身事？而乃爱护，遗其基址[3]，况于己之神爽，顿欲弃之哉？凡夫蒙蔽，不见未来，故言彼生与今非一体耳；若有天眼，鉴其念念随灭，生生不断，岂可不怖畏邪？又君子处世，贵能克己复礼，济时益物。治家者欲一家之庆，治国者欲一国之良，仆妾臣民，与身竟何亲也，而为勤苦修德乎？亦是尧、舜、周、孔虚失愉乐耳。一人修道，济度几许苍生？免脱几身罪累？幸熟思之！汝曹若观俗计，树立门户，不弃妻子，未能出家；但当兼修戒行，留心诵读，以为来世津梁。人生难得，无虚过也。

【注释】

[1] 后身：佛教认为人死后要轮回，故有前身后身之分。 [2] 作地：留有余地。 [3] 基址：基业。

儒家君子，尚离庖厨，见其生不忍其死，闻其声不食其肉。高柴、折像，未知内教，皆能不杀，此乃仁者自然用心。含生[1]之徒，莫不爱命；去杀之事，必勉行之。好杀之人，临死报验，子孙殃祸，其数甚多，不能悉录耳，且示数条于末。

【注释】

[1] 含生：有生命之物。

梁世[1]有人，常以鸡卵白[2]和沐[3]，云使发光，每沐辄二三十枚。临死，发中但闻啾啾数千鸡雏声。

【注释】

[1] 梁世：梁朝。　[2] 鸡卵白：鸡蛋清。　[3] 沐：洗头。

江陵刘氏，以卖鳝羹[1]为业。后生一儿头是鳝，自颈以下，方为人耳。

【注释】

[1] 鳝羹：鳝鱼肉汤。

王克为永嘉郡守，有人饷[1]羊，集宾欲燕[2]。而羊绳解，来投一客，先跪两拜，便入衣中。此客竟不言之，固无救请。须臾，宰羊为羹，先行至客。一脔[3]入口，便下皮内，周行遍体，痛楚号叫；方复说之[4]。遂作羊鸣而死。

【注释】

[1] 饷：赠送。　[2] 燕：通“宴”，举行宴会。　[3] 脔（luán）：切成块的肉。　[4] 方复说之：才说起刚才羊向他求救的事。

梁孝元在江州时，有人为望蔡县令，经刘敬躬乱，县廨[1]被焚，寄寺而住。民将牛酒作礼，县令以牛系刹柱[2]，屏除形象[3]，铺设床坐[4]，于堂上接宾。未杀之顷，牛解[5]，径来至阶而拜，县令大笑，命左右宰之。饮啖[6]醉饱，便卧檐下。稍醒而觉体痒，爬搔隐疹，因尔成癞，十许年死。

【注释】

[1] 县廨：指县衙。　[2] 刹柱：指寺前的幡竿。　[3] 屏除形象：指搬走佛像。　[4] 坐：通“座”，座位。　[5] 解：指牛挣脱绳索。　[6] 啖：吃。

杨思达为西阳郡守，值侯景乱，时复旱俭，饥民盗田中麦。思达遣一部曲[1]守视，所得盗者，辄截手腕，凡戮十余人。部曲后生一男，自然无手。

【注释】

[1] 部曲：部下将领。

齐有一奉朝请[1]，家甚豪侈，非手杀牛[2]，啖之不美。年三十许，病笃，大见牛来，举体如被刀刺，叫呼而终。

【注释】

[1] 奉朝请：定期参加朝会为奉朝请，南北朝时指闲散官员。　[2] 非手杀牛：不是亲手杀死的牛。

江陵高伟，随吾入齐，凡数年，向幽州淀[1]中捕鱼。后病，每见群鱼啮之而死。

【注释】

[1] 淀：湖泊。

世有痴人，不识仁义，不知富贵并由天命。为子娶妇，恨其生资不足，倚作舅姑[1]之尊，蛇虺其性[2]，毒口加诬，不识忌讳，骂辱妇之父母，却成教妇不孝己身，不顾他恨。但怜己之子女，不爱己之儿妇。如此之人，阴[3]纪其过，鬼夺其算。慎不可与为邻，何况交结乎？避之哉！

【注释】

[1] 舅姑：公婆。 [2] 蛇虺其性：性情像蛇一样毒辣。 [3] 阴：阴司地府。

杂艺第十九

真草[1]书迹，微须留意。江南谚云："尺牍书疏，千里面目也。"承晋、宋余俗，相与事之，故无顿狼狈者。吾幼承门业，加性爱重，所见法书[2]亦多，而玩习功夫颇至，遂不能佳者，良由无分[3]故也。然而此艺不须过精。夫巧者劳而智者忧，常为人所役使，更觉为累；韦仲将遗戒[4]，深有以[5]也。

【注释】

[1] 真草：楷书草书。 [2] 法书：指足以做规范的书法作品。 [3] 分：天分。 [4] 韦仲将遗戒：韦仲将临终的告诫。韦仲将即韦诞，是曹魏时人，擅长书法，魏明帝兴造宫殿，命他登梯题字，韦仲将累得鬓发斑白，因此告诫儿孙不要学书法。 [5] 有以：有来由。

王逸少[1]风流才士，萧散名人，举世惟知其书，翻以能自蔽[2]也。萧子云每叹曰："吾著《齐书》，勒成一典，文章弘义，自谓可观；唯以笔迹[3]得名，亦异事也。”王褒地胄清华[4]，才学优敏，后虽入关，亦被礼遇。犹以书工，崎岖碑碣之间，辛苦笔砚之役，尝悔恨曰：“假使吾不知书，可不至今日邪？”以此观之，慎勿以书自命。虽然，厮猥[5]之人，以能书拔擢[6]者多矣。故道不同不相为谋也。

【注释】

[1] 王逸少：王羲之，字逸少。 [2] 翻以能自蔽：反而因为书法的才能而遮蔽了其他方面。 [3] 笔迹：指书法。 [4] 地胄清华：门第清高显贵。 [5] 厮猥：才德微末。 [6] 拔擢：选拔升迁。

梁氏秘阁[1]散逸以来，吾见二王真草多矣，家中尝得十卷；方知陶隐居、阮交州、萧祭酒诸书莫不得羲之之体，故是书之渊源。萧晚节所变气，乃右军[2]年少时法也。

【注释】

[1] 梁氏秘阁：梁朝皇宫收藏图书秘籍的地方。 [2] 右军：指王羲之，他曾做过右军将军。

晋、宋以来，多能书者。故其时俗，递相染尚，所有部帙[1]，楷正可观，不无俗字，非为大损。至梁天监之间，斯风未变；大同之末，讹替滋生。萧子云改易字体，邵陵王颇行伪字[2]，朝野翕然[3]，以为楷式[4]，画虎不成，多所伤败。至为一字，唯见数点，或妄斟酌，逐便转移。尔后坟籍，略不可看。北朝丧乱之余，书迹鄙陋，加以专辄造字，猥拙甚于江南。乃以“百”“念”为“忧”，“言”“反”为“变”，“不”“用”为“罢”，“追”“来”为“归”，“更”“生”为“苏”，“先”“人”为“老”，如此非一，遍满经传。唯有姚元标工于楷隶，留心小学，后生师之者众。洎[5]于齐末，秘书缮写[6]，贤于往日多矣。

【注释】

[1] 部帙：指书籍。　[2] 伪字：指异体字。　[3] 翕然：一致。　[4] 楷式：规范。　[5] 洎（jì）：到了。　[6] 缮写：工整抄写。

江南闾里间[1]有《画书赋》，乃陶隐居弟子杜道士所为；其人未甚识字，轻为轨则[2]，托名贵师，世俗传信，后生颇为所误也。

【注释】

[1] 闾里间：指民间。　[2] 轻为轨则：指杜道士在书中轻率地制定规范。

画绘之工，亦为妙矣；自古名士，多或能之。吾家尝有梁元帝手画蝉雀白团扇及马图，亦难及也。武烈太子偏能写真[1]，坐上宾客，随宜点染，即成数人，以问童孺，皆知姓名矣。萧贲、刘孝先、刘灵，并文学已外[2]，复佳此法。玩阅古今，特可宝爱。若官未通显，每被公私使令[3]，亦为猥役[4]。吴县顾士端出身湘东王国侍郎，后为镇南府刑狱参军，有子曰庭，当注中书舍人，父子并有琴书之艺，尤妙丹青，常被元帝所使，每怀羞恨。彭城刘岳，橐之子也，仕为骠骑府管记、平氏县令，才学快士，而画绝伦。后随武陵王入蜀，下牢之败，遂为陆护军画支江寺壁，与诸工巧杂处[5]。向使三贤都不晓画，直运素业，岂见此耻乎？

【注释】

[1] 写真：人物肖像。　[2] 已外：即以外。　[3] 使令：指被人要求作画。　[4] 猥役：卑微的工作，指身为官员却被人当作画工，本职工作被人忽略，自觉被人轻视。　[5] 与诸工巧杂处：指（身为官员）和各种工匠在一起。

弧矢[1]之利，以威天下，先王所以观德择贤，亦济身之急务也。江南谓世之常射，以为兵射，冠冕儒生，多不习此；别有博射[2]，弱弓长箭，施于准的[3]，揖让升降，以行礼焉。防御寇难，了无所益。乱离之后，此术遂亡。河北文士，率晓兵射，非直葛洪一箭，已解追兵，三九宴集，常縻[4]荣赐。虽然要[5]轻禽，截狡兽，不愿汝辈为之。

【注释】

[1] 弧矢：弓箭。 [2] 博射：一种射箭游戏。 [3] 准的：标靶。 [4] 縻（mí）：白白浪费，谦称受赏。 [5] 要，通“邀”，截击。

卜筮者，圣人之业也；但近世无复佳师，多不能中。古者，卜以决疑，今人生疑于卜，何者？守道信谋，欲行一事，卜得恶卦，反令恜恜[1]，此之谓乎！且十中六七，以为上手，粗知大意，又不委曲[2]。凡射[3]奇偶，自然半收，何足赖也。世传云：“解阴阳者，为鬼所嫉，坎壈贫穷[4]，多不称泰。”吾观近古以来，尤精妙者，唯京房、管辂、郭璞耳，皆无官位，多或罹灾，此言令人益信。傥值世网严密，强负此名，便有诖误，亦祸源也。及星文风气[5]，率不劳为之。吾尝学《六壬式》，亦值世间好匠，聚得《龙首》《金匮》《玉軨变》《玉历》十许种书，讨求无验，寻亦悔罢。凡阴阳之术，与天地俱生，亦吉凶德刑，不可不信；但去圣既远，世传术书，皆出流俗，言辞鄙浅，验少妄多。至如反支[6]不行，竟以遇害；归忌[7]寄宿，不免凶终：拘而多忌，亦无益也。

【注释】

[1] 恜恜（chì）：恐惧不安。 [2] 委曲:（知道得）详尽。 [3] 射：猜。 [4] 坎壈贫穷：困顿不得志，生活不如意。 [5] 星文风气：根据星象、天象、风象、气象进行占卜。 [6] 反支：古代术数星名之说，以反支日为禁忌。 [7] 归忌：不宜回家的忌日。

算术亦是六艺要事，自古儒士论天道，定律历者，皆学通之。然可以兼明，不可以专业[1]。江南此学殊少，唯范阳祖暅精之，位至南康太守。河北多晓此术。

【注释】

[1] 专业：专门事业。

医方之事，取妙极难，不劝汝曹以自命也。微解药性，小小和合[1]，居家得以救急，亦为胜事，皇甫谧、殷仲堪则其人[2]也。

【注释】

[1] 小小和合：指稍微能调配药物。　　[2] 则其人：就是这样的人。

《礼》曰："君子无故不彻[1]琴瑟。"古来名士，多所爱好。洎于梁初，衣冠子孙，不知琴者，号有所阙；大同以末，斯风顿尽。然而此乐愔愔[2]雅致，有深味哉！今世曲解[3]，虽变于古，犹足以畅神情也。唯不可令有称誉，见役勋贵，处之下坐，以取残杯冷炙之辱。戴安道犹遭之，况尔曹乎！

【注释】

[1] 彻：抛弃。　　[2] 愔愔（yīn）：形容安静和悦。　　[3] 曲解：泛指乐曲。一曲曰曲，一段曰解。

《家语》[1]曰："君子不博[2]，为其兼行恶道故也。"《论语》云："不有博弈者乎？为之，犹贤乎已。"然则圣人不用博弈为教，但以学者不可常精，有时疲倦，则傥为之，犹胜饱食昏睡，兀然端坐耳。至如吴太子以为无益，命韦昭论之王肃、葛洪、陶侃之徒，不许目观手执，此并勤笃之志也。能尔为佳。古为大博则六箸[3]，小博则二茕[4]，今无晓者。比世所行，一茕十二棋，数术浅短，不足可玩。围棋有手谈、坐隐之目[5]，颇为雅戏；但令人耽愦[6]，废丧实多，不可常也。

【注释】

[1]《家语》：即《孔子家语》。 [2] 博：博戏，一种古代游戏，六箸十二棋。 [3] 箸：博戏时用的竹棍。 [4] 茕（qióng）：骰子。 [5] 目：名称、名目。 [6] 耽愦：沉迷昏聩。

投壶[1]之礼，近世愈精。古者，实以小豆，为其矢之跃[2]也。今则唯欲其骁[3]，益多益喜，乃有倚竿、带剑、狼壶、豹尾、龙首[4]之名。其尤妙者，有莲花骁。汝南周瓒，弘正之子，会稽贺徽，贺革之子，并能一箭四十余骁。贺又尝为小障，置壶其外，隔障投之，无所失也。至邺以来，亦见广宁、兰陵诸王，有此校具[5]，举国遂无投得一骁者。弹棋亦近世雅戏，消愁释愦，时可为之。

【注释】

[1] 投壶：古代宴会的一种娱乐活动。宾主依次用箭矢投入盛酒的壶，以投中多少决胜负，负者饮酒。 [2] 实以小豆，为其矢之跃：壶里装满小豆，防止箭从壶中跳出来。 [3] 骁：指箭从壶中反弹而出，用手接住再投，如此反复。 [4] 倚竿、带剑、狼壶、豹尾、龙首：都是投壶的技巧名。 [5] 校具：指投壶的器具。

终制第二十

死者，人之常分，不可免也。吾年十九，值梁家[1]丧乱，其间与白刃为伍[2]者，亦常数辈[3]；幸承余福，得至于今。古人云：“五十不为夭[4]。”吾已六十余，故心坦然，不以残年为念。先有风气之疾，常疑奄然[5]，聊书素怀[6]，以为汝诫。

【注释】

[1]梁家：指梁朝。 [2]与白刃为伍：指与刀剑做伴，即经历战乱。 [3]数辈：数次。 [4]五十不为夭：活到五十岁就不算短命。 [5]奄然：指死亡。 [6]素怀：平素（对死亡）的想法。

先君先夫人皆未还建邺旧山[1]，旅葬[2]江陵东郭。承圣末，已启求扬都，欲营迁厝[3]。蒙诏赐银百两，已于扬州小郊北地烧砖，便值本朝沦没，流离如此，数十年间，绝于还望。今虽混一[4]，家道罄穷，何由办此奉营资费？且扬都污毁，无复孑遗，还被下湿[5]，未为得计。自咎自责，贯心刻髓。计吾兄弟，不当仕进；但以门衰，骨肉单弱，五服之内，傍无一人，播越他乡，无复资荫[6]；使汝等沉沦厮役，以为先世之耻；故腆冒人间[7]，不敢坠失。兼以北方政教严切，全无隐退者故也。

【注释】

[1]旧山：祖坟。 [2]旅葬：指被葬在异乡，有如旅人。 [3]迁厝（cuò）：迁葬。 [4]混一：统一。 [5]还被下湿：指将父母的灵柩运返葬在低洼潮湿的地方，扬州靠海，故有此说。 [6]资荫：指先代功勋的荫庇。 [7]腆冒人间：指厚着脸苟活在世上。

今年老疾侵，傥然奄忽[1]，岂求备礼乎？一日放臂[2]，沐浴而已，不劳复魄[3]，殓以常衣[4]。先夫人弃背之时，属世荒馑，家涂空迫，兄弟幼弱，棺器率薄，藏[5]内无砖。吾当松棺二寸，衣帽已外，一不得自随，床上唯施七星板[6]；至如蜡弩牙、玉豚、锡人[7]之属并须停省，粮罂明器[8]，故不得营[9]，碑志旒旐[10]，弥在言外[11]。载以鳖甲车，衬土而下，平地无坟[12]；若惧拜扫不知兆域[13]，当筑一堵低墙于左右前后，随为私记耳。灵筵勿设枕几，朔望祥禫[14]，唯下白粥清水干枣，不得有酒肉饼果之祭。亲友来餟酹[15]者，一皆拒之。汝曹若违吾心，有加先妣[16]，则陷父不孝，在汝安乎？其内典功德[17]，随力所至，勿刳竭生资[18]，使冻馁[19]也。四时祭祀，周、孔所教，欲人勿死其亲，不忘孝道也。求诸内典，则无益焉。杀生为之，翻增罪累。若报罔极之德，霜露之悲，有时斋供，及七月半盂兰盆[20]，望于汝也。

【注释】

[1] 奄忽：讳称死亡。 [2] 放臂：指人死亡。 [3] 复魄：人死后举行一种仪式。 [4] 殓以常衣：用日常衣物装殓入棺。 [5] 藏：墓穴。 [6] 七星板：旧时停尸床上及棺内放置的木板，上凿七孔，斜凿一槽，使七孔相连。 [7] 蜡弩牙、玉豚、锡人：各种随葬品。 [8] 粮罂：盛粮的陶器。 [9] 营：准备。 [10] 碑志旒旐（liú zhào）：墓志铭和铭旌。 [11] 弥在言外：更在要求之外。 [12] 平地无坟：指不立坟丘。 [13] 兆域：墓地四周的疆界。 [14] 祥禫（dàn）：丧祭名。 [15] 餟酹（chuò lèi）：祭奠。 [16] 有加先妣：指超过颜之推的亡母。 [17] 内典功德：指诵读佛经做功德。 [18] 刳竭生资：倾尽家财。 [19] 冻馁：少衣而冻，少食而馁，生活困窘。 [20] 盂兰盆：即今俗鬼节。

孔子之葬亲也，云："古者，墓而不坟。丘东西南北之人也[1]，不可以弗识[2]也。"于是封之崇[3]四尺。然则君子应世行道，亦有不守坟墓之时，况为事际所逼也！吾今羁旅，身若浮云，竟未知何乡是吾葬地；唯当气绝便埋之耳。汝曹宜以传业扬名为务，不可顾恋朽壤[4]，以取堙没[5]也。

【注释】

[1] 东西南北之人：东奔西走的人。　[2] 识：标志。　[3] 崇：高。

[4] 朽壤：腐土，这里指坟墓。　[5] 堙没：埋没了自己的前程。

李世民：帝范

唐太宗李世民（598—649，一作599—649），中国古代帝王中杰出的政治家、卓越的军事家。隋朝末年，天下大乱，当时担任太原留守的李渊，于隋大业十三年（617）在晋阳（今山西太原西南）起兵，一路征伐，不久统一全国，创建唐朝，最终在长安即皇帝位，建元武德，是为唐高祖。李渊立长子建成为太子，封次子世民为秦王，封三子元吉为齐王。

武德九年（626）六月四日，李世民先发制人，发动了“玄武门之变”，在玄武门设伏，杀死了建成和元吉，逼迫高祖退位，自己称帝，于次年改元贞观。

李世民作为君王，对内能够居安思危，任用贤能，善于纳谏，有过则改，因此在他统治期间，政治清明，生活安定，使社会经济得到了极大发展。同时对外驱逐突厥，平定西域，东征高丽，与吐蕃各国和亲，为大唐奠定了一个稳定的国际环境。在这样的基础上，开创了史称“贞观之治”的繁荣时代。

《帝范》是一部由李世民亲自撰写，论述为君之道，用以教育太子的政治文献，换个角度，也可将其视为帝王家训。该书写成于贞观二十二年（648），详细讲述了做皇帝应该注意的各方面问题，内容包括君体、建亲、求贤、审官、纳谏、去谗、诫盈、崇俭、赏罚、务农、阅武、崇文十二篇。该书文字言简意赅，论证有据，凡“帝王之细，安危兴废，咸在兹焉”。其论述的核心，在于身为帝王，应该如何正视自己的身份，以天下为己任，不放纵一己之私欲，不轻视天下之贤达，对帝王的能力与品格都提出了较高的要求与规范，也与《大学》所说的“自天子以至于庶人，壹是皆以修身为本”相符合。所选《帝范》为通行的《四库全书》版本，并重新进行了现代文注解。

序

序曰：朕闻大德曰生，大宝曰位[1]。辨其上下，树之君臣，所以抚育黎元[2]，钧陶庶类[3]，自非克明克哲[4]，允武允文[5]，皇天眷命[6]，历数在躬[7]，安可以滥握灵图，叨临神器[8]！是以翠妫[9]荐唐尧之德，元圭[10]赐夏禹之功。丹字呈祥[11]，周开八百之祚[12]；素灵表瑞[13]，汉启重世[14]之基。由此观之，帝王之业，非可以力争[15]者矣。

【注释】

[1] 大德曰生，大宝曰位：语出《周易·系辞》："天地之大德曰生，圣人之大宝曰位。"意思是天地最大的德行是能令万物生长，圣人最大的珍宝就是他的位置。 [2] 黎元：百姓。 [3] 钧陶庶类：教化人民。钧，做陶器用的转轮，旋转而使器物成型。 [4] 克明克哲：能做到聪明睿智。克，能。 [5] 允武允文：能文能武。 [6] 皇天眷命：上天眷顾。 [7] 历数在躬：指天命降临在身上。 [8] 滥握灵图，叨临神器：指随随便便就能成为皇帝。 [9] 翠妫：水名，传说中黄帝受到上天赐予的图录的地方。这里借为尧受天命。 [10] 元圭：上天用以嘉奖大禹的宝物。 [11] 丹字呈祥：即凤鸣岐山的故事，赤鸟口衔丹书至岐山。 [12] 祚：国运。 [13] 素灵表瑞：素，白；灵，精灵。指汉高祖拔剑斩白蛇起义的故事。 [14] 重世：汉朝经历了西汉东汉两个阶段。 [15] 力争：靠强力争夺。

昔隋季版荡[1]，海内分崩。先皇以神武之姿，当经纶之会，斩灵蛇而定王业，启金镜而握天枢[2]。然由五岳含气，三光戢曜，豺狼尚梗，风尘未宁[3]。朕以弱冠之年，怀慷慨之志，思靖[4]大难，以济苍生。躬擐甲胄，亲当矢石。夕对鱼鳞之阵，朝临鹤翼之围，敌无大而不摧，兵何坚而不碎，剪长鲸而清四海，扫欃枪[5]而廓八纮[6]。乘庆天潢[7]，登晖璇极[8]，袭重光之永业，继大宝之隆基。战战兢兢，若临深而御朽[9]；日慎一日，思善始而令[10]终。

【注释】

[1] 版荡：《版》《荡》为《诗经·大雅》篇名，讽刺厉王暴虐无道，以致天下不宁。 [2] 斩灵蛇而定王业，启金镜而握天枢：前句借用汉高祖斩蛇故事，后句指唐高祖李渊应天命而登帝位。 [3] 五岳含气，三光戢曜，豺狼尚梗，风尘未宁：王岳之气不扬，三光之曜尚敛，凶暴之徒未灭，割据努力未除。指天下人心尚未安定，群雄逐鹿。 [4] 靖：平定。 [5] 欃（chán）枪：彗星，古人以为灾难之星。 [6] 八纮：八方。 [7] 天潢：指皇帝之家。这里指成为了皇帝之家。 [8] 璇极：即天极之意，至尊之位。 [9] 临深而御朽：面临深渊，但用来驾驭身下坐骑的缰绳已经腐朽了，形容情况危急，人十分谨慎小心。 [10] 令：美好。

汝以幼年，偏钟慈爱，义方多阙[1]，庭训[2]有乖。擢自维城之居，属以少阳[3]之任，未辨君臣之礼节，不知稼穑之艰难。每思此为忧，未尝不废寝忘食。自轩昊以降[4]，迄至周隋，以经天纬地之君，纂业承基之主，兴亡治乱，其道焕[5]焉。所以披镜[6]前踪，博览史籍，聚其要言，以为近诫云耳。

【注释】

[1] 义方多阙：指缺少的正确行为（教育）。 [2] 庭训：父亲的教诲，父亲对儿子的教育在古代就叫“庭训”。 [3] 少阳：指太子之位。皇帝为阳为至尊，太子下天子一等，所以叫少阳。 [4] 轩昊以降：轩辕黄帝、少昊（古代圣王）以下。 [5] 焕：有光辉，明显。 [6] 镜：镜鉴。

君体第一

夫人者国之先[1]，国者君之本。人主[2]之体，如山岳焉，高峻而不动；如日月焉，贞[3]明而普照。兆庶[4]之所瞻仰，天下之所归往。宽大其志，足以兼包；平正其心，足以制断[5]。非威德无以致远，非慈厚无以怀人。抚九族以仁，接大臣以礼。奉先[6]思孝，处位思恭。倾己[7]勤劳，以行德义，此乃君之体也。

【注释】

[1]人者国之先：人民是一个国家存在的前提。 [2]人主：人君。 [3]贞：端正。 [4]兆庶：即万民。 [5]制断：决断。 [6]奉先：侍奉长辈。 [7]倾己：倾尽自己的力量。

建亲第二

夫六合旷道[1]，大宝重任[2]。旷道不可偏制[3]，故与人共理[4]之；重任不可独居，故与人共守之。是以封建亲戚[5]，以为藩卫[6]，安危同力，盛衰一心。远近相持，亲疏两用。并兼路塞[7]，逆节[8]不生。昔周之兴也，割裂山河，分王宗族。内有晋郑之辅，外有鲁卫之虞。故卜祚灵长，历年数百。秦之季也，弃淳于[9]之策，纳李斯之谋。不亲其亲，独智其智[10]，颠覆莫恃[11]，二世而亡。斯岂非枝叶不疏，则根柢难拔[12]；股肱既殒，则心腹无依者哉！汉初定关中，诫亡秦之失策，广封懿亲，过于古制。大则专都偶国，小则跨郡连州。末大则危，尾大难掉[13]。六王怀叛逆之志，七国受鈇钺[14]之诛。此皆地广兵强积势之所致也。魏武[15]创业，暗[16]于远图。子弟无封户之人，宗室无立锥之地。外无维城以自固，内无盘石以为基。遂乃大器[17]保于他人，社稷亡于异姓。语曰："流尽其源竭，条落则根枯。"此之谓也。

【注释】

[1] 六合旷道：指天下广大，事物繁杂。 [2] 大宝重任：指皇帝的位置和责任。 [3] 偏制：独自治理。 [4] 与人共理：和人共同治理。 [5] 封建亲戚：将自己的亲戚封为诸侯。 [6] 藩卫：作为屏障保卫。 [7] 并兼路塞：指相互吞并倾轧的路子被填塞，指这样的事情就不会发生了。[8] 逆节：叛逆的事情。 [9] 淳于：指儒生淳于越，曾建议秦始皇封建亲戚。[10] 独智其智：只依靠自己的智谋。 [11] 颠覆莫恃：国家灭亡也没什么可用来挽救的。 [12] 枝叶不疏，则根柢难拔：枝叶茂盛不稀疏，根基就牢固难拔除。 [13] 末大则危，尾大难掉：指诸侯力量太强，中央难以制约。[14] 鈇钺：即斧钺。 [15] 魏武：即曹操。 [16] 暗：不明白。 [17] 大器：政权。

夫封之太强，则为噬脐之患；致之太弱，则无固本之基。由此而言，莫若众建宗亲而少力[1]。使轻重相镇[2]，忧乐是同。则上无猜忌之心，下无侵冤[3]之虑。此封建之鉴也。斯二者，安国之基。

【注释】

[1] 少力：减少赋予封建诸侯的权力。 [2] 轻重相镇：指中央与诸侯的力量轻重相匹配。 [3] 侵冤：被侵犯的冤屈。

君德之宏，唯资博达。设分[1]县[2]教，以术化人。应务适时，以道制物。

【注释】

[1] 分：名分。 [2] 县：通“悬”，设立。

术以神隐为妙，道以光大为功。括苍旻[1]以体心，则人仰之而不测；

包厚地以为量，则人循之而无端。荡荡难名，宜其宏远。且敦穆九族，放勋[2]流美于前；克谐烝乂[3]，重华[4]垂誉于后。无以奸破义，无以疏间亲。察之以德，则邦家俱泰，骨肉无虞[5]，良为美矣。

【注释】

[1] 苍旻：苍天。 [2] 放勋：尧的名字。 [3] 克谐烝乂（zhēng yì）：使事情和谐，达到治理的效果。烝，进；乂，治理。 [4] 重华：舜的名字。 [5] 虞：忧虑。

求贤第三

夫国之匡辅，必待忠良。任使[1]得人，天下自治。故尧命四岳，舜举八元，以成恭己之隆，用赞钦明[2]之道。士之居世，贤之立身，莫不戢翼隐鳞[3]，待风云之会；怀奇蕴异，思会遇之秋。是明君旁求俊乂，博访英贤，搜扬侧陋。不以卑[4]而不用，不以辱而不尊。昔伊尹，有莘之媵臣[5]；吕望，渭滨之贱老。夷吾困于缧绁[6]；韩信弊于逃亡。商汤不以鼎俎[7]为羞，姬文[8]不以屠钓为耻，终能献规景亳[9]，光启殷朝；执旌牧野，会昌周室。

【注释】

[1] 任使：指任用人才。 [2] 赞钦明：赞，辅助；钦明，天子恭敬昭明的德行。 [3] 戢翼隐鳞：收敛翅膀，隐藏鳞甲，比喻贤人隐居。 [4] 卑：身份卑微。 [5] 有莘之媵臣：传说伊尹最初只是莘国陪嫁的小官。 [6] 夷吾困于缧绁（léi xiè）：夷吾，管仲；缧绁，拘系、捆绑，指坐牢。管仲曾被齐桓公关起来。 [7] 鼎俎：伊尹曾做过负责烹调的官员。 [8] 姬文：指周文王姬昌。 [9] 献规景亳：指伊尹为商汤出谋划策。

齐成一匡之业[1]，实资仲父[2]之谋；汉以六合为家，是赖淮阴[3]之策。

【注释】

[1]齐成一匡之业：指齐桓公的霸业。 [2]仲父：齐桓公对管仲的尊称。 [3]淮阴：淮阴侯韩信。

故舟航之绝[1]海也，必假桡楫[2]之功；鸿鹄之凌云也，必因羽翮[3]之用；帝王之为国也，必藉匡辅[4]之资。故求之斯劳，任之斯逸。照车十二，黄金累千[5]，岂如多士之隆，一贤之重。此乃求贤之贵也。

【注释】

[1]绝：渡。 [2]桡楫：船桨。 [3]羽翮（hé）：羽毛、翅膀。 [4]匡辅：能辅佐监督天子的大臣。 [5]照车十二，黄金累千：拥有能照亮整个车厢的明珠十二颗，黄金积累过千，形容拥有很多财富。

审官第四

夫设官分职，所以阐化宣风[1]。故明主之任人，如巧匠之制木，直者以为辕，曲者以为轮；长者以为栋梁，短者以为栱角[2]。无曲直长短，各有所施。明主之任人，亦由是也。智者取其谋，愚者取其力；勇者取其威，怯者取其慎，无智、愚、勇、怯，兼而用之。故良匠无弃材，明主无弃士。不以一恶忘其善；勿以小瑕掩其功。割政分机[3]，尽其所有。然则函牛之鼎[4]，不可处以烹鸡；捕鼠之狸，不可使以搏兽；一钧之器，不能容以江汉之流；百石之车，不可满以斗筲[5]之粟。何则？大非小之量，轻非重之宜。

【注释】

[1] 阐化宣风：阐扬德化，宣布风教。 [2] 栱角：即拱角。 [3] 割政分机：分配政务。 [4] 函牛之鼎：能装下牛的鼎。 [5] 斗筲（shāo）：小的容器。

今人智有短长，能有巨细[1]。或蕴百而尚少，或统一而为多[2]。有轻才者，不可委以重任；有小力者，不可赖以成职。委任责成，不劳而化，此设官之当也。斯二者治乱之源。

【注释】

[1] 巨细：大小。 [2] 或蕴百而尚少，或统一而为多：可能拥有几百人但有能力的不多，可能只有一人但能做许多事。

立国制人，资股肱[1]以合德；宣风道俗，俟明贤而寄心。列宿腾天[2]，助阴光[3]之夕照；百川决地，添溟渤之深源。海月之深朗，犹假物而为大。君人御下，统极理时，独运方寸之心，以括九区[4]之内，不资众力，何以成功？必须明职审贤，择材分禄。得其人则风行化洽，失其用则亏教伤人。故云则哲惟难，良可慎也！

【注释】

[1] 股肱：如手足般支撑自己的大臣。 [2] 列宿腾天：众星宿运行在天空。 [3] 阴光：月光，月为太阴，故称阴光。 [4] 九区：九州。

纳谏第五

夫王者，高居深视，亏听阻明[1]。恐有过而不闻，惧有阙而莫补。所以设鞀树木[2]，思献替之谋；倾耳虚心，伫忠正之说。言之而是，虽在仆隶刍荛[3]，犹不可弃也；言之而非，虽在王侯卿相，未必可容。其义可观，不责其辩[4]；其理可用，不责其文。至若折槛怀疏[5]，标之以作戒；引裾却坐[6]，显之以自非。故云忠者沥其心，智者尽其策。臣无隔情于上，君能遍照于下。

【注释】

[1] 亏听阻明：指视听不能周全。　[2] 设鞀（táo）树木：鞀，通“鼗”，供百姓申诉的鼓；木，指谤木，即华表，供百姓提意见的柱子。　[3] 仆隶刍荛（chú ráo）：指身份低微的人。　[4] 不责其辩：不强求他能说会道。[5] 折槛怀疏：指汉代朱云因向皇帝进谏而获罪，被侍卫拖出殿门时拉断门槛的典故。　[6] 引裾却坐：指曹魏辛毗向魏文帝进谏，拉扯文帝衣襟不让他离去的典故。

昏主则不然，说者拒之以威；劝者穷之以罪。大臣惜禄[1]而莫谏，小臣畏诛而不言。恣暴虐之心，极荒淫之志。其为壅塞[2]，无由自知。以为德超三皇，材过五帝。至于身亡国灭，岂不悲哉！此拒谏之恶也。

【注释】

[1] 禄：俸禄。　[2] 壅塞：指不听大臣的意见。

去谗第六

夫谗佞之徒，国之蟊贼也。争荣华于旦夕，竞势利于市朝。以其谄谀之姿，恶忠贤之在己上；奸邪之志，恐富贵之不我先[1]。朋党相持，无深而不入；比同相习，无高而不升。令色巧言，以亲于上；先意承旨，以悦于君。朝有千臣，昭公去国而不悟[2]；弓无九石，宁一终身而不知[3]。

【注释】

[1] 恐富贵不我先：指争抢富贵，担心落后于人。　[2] 朝有千臣，昭公去国而不悟：指不能认清朝中哪些大臣对自己忠诚而终究导致流亡的鲁昭公。[3] 弓无九石，宁一终身而不知：指齐宣王被大臣奉承，一生都以为自己用的是九石强弓。

以疏间亲，宋有伊戾[1]之祸；以邪败正，楚有郤宛[2]之诛。斯乃暗主庸君之所迷惑，忠臣孝子之可泣冤。

【注释】

[1] 伊戾：指春秋时宋国太子痤被内师伊戾陷害被杀的典故。　[2] 郤宛：指春秋时楚国左尹郤宛被费无极陷害而死的典故。

故蘩兰[1]欲茂，秋风败之；王者欲明，谗人蔽之。此奸佞之危也。斯二者，危国之本。

【注释】

[1] 蘩兰：蘩通“丛”，丛生的兰草。

砥躬砺行，莫尚于忠言；败德败正，莫逾于谗佞。今人颜貌同于目际，犹不自瞻[1]，况是非在于无形，奚能自睹？何则？饰其容者，皆解[2]窥于明镜；修其德者，不知访于哲人。讵[3]自庸愚，何迷之甚！良由逆耳之辞难受，顺心之说易从。彼难受者，药石之苦喉也；此易从者，鸩毒之甘口也！明王纳谏，病就苦而能消；暗主从谀，命因甘而致殒。可不诫哉！可不诫哉！

【注释】

[1] 今人颜貌同于目际，犹不自瞻：一个人的容颜相貌就长在眼睛的附近，人还无法自己审视自己。 [2] 解：知道、了解。 [3] 讵（jù）：岂。

诫盈第七

夫君者，俭以养性，静以修身。俭则人[1]不劳，静则下[2]不扰。人劳则怨起，下扰则政乖。人主好奇技淫声、鸷鸟猛兽，游幸无度，田猎[3]不时。如此则徭役烦[4]，徭役烦则人力竭，人力竭则农桑废焉。人主好高台深池，雕琢刻镂，珠玉珍玩，黼黻絺绤[5]。如此则赋敛重，赋敛重则人才遗，人才遗则饥寒之患生焉。乱世之君，极其骄奢，恣其嗜欲。土木衣缇绣[6]，而人裋褐不全；犬马厌[7]刍豢，而人糟糠不足。故人神怨愤，上下乖离，佚乐[8]未终，倾危已至。此骄奢之忌也。

【注释】

[1] 人：唐代避李世民讳，称民为人。 [2] 下：臣下。 [3] 田猎：狩猎。 [4] 烦：繁重。 [5] 黼黻絺绤（fǔ fú chí xì）：泛指华丽的织物。 [6] 土木衣缇绣：指建筑上都披着华贵丝绸。 [7] 厌：饱食。 [8] 佚乐：即逸乐，逍遥快乐。

崇俭第八

夫圣世之君，存乎节俭。富贵广大，守之以约[1]；睿智聪明，守之以愚。不以身尊而骄人，不以德厚而矜物[2]。茅茨不剪[3]，采椽不斫[4]，舟车不饰，衣服无文，土阶不崇[5]，大羹不和。非憎荣而恶味，乃处薄而行俭。

【注释】

[1] 约：节约。 [2] 矜物：傲物。 [3] 茅茨不剪：（古代的圣王）用茅草盖了房子也不去修剪。 [4] 采椽不斫：梁柱也不修整。 [5] 崇：高。

故风淳俗朴，比屋可封。斯二者，荣辱之端。奢俭由人，安危在己。五官近闭，则嘉命远盈；千欲内攻，则凶源外发。是以丹桂抱蠹[1]，终摧荣耀之芳；朱火含烟[2]，遂郁凌云之焰。以是知骄出于志，不节则志倾；欲生于心，不遏则身丧。故桀纣肆情而祸结，尧舜约己而福延，可不务乎？

【注释】

[1] 丹桂抱蠹：丹桂树生出蛀虫。 [2] 朱火含烟：红亮的火苗被烟尘遮挡。

赏罚第九

夫天之育物，犹君之御众。天以寒暑为德，君以仁爱为心。寒暑既调，则时无疾疫；风雨不节，则岁有饥寒。仁爱下施，则人不凋弊；教令失度，则政有乖违。防其害源，开其利本。显罚以威之，明赏以化之。威立则恶者惧，化行则善者劝。适己而妨于道[1]，不加禄焉；逆己而便于国，不施刑焉。故赏者不德君，功之所致也；罚者不怨上，罪之所当也。故《书》曰：无偏无党，王道荡荡。此赏罚之权也。

【注释】

[1] 适己而妨于道：迎合自己却妨碍了正道。

务农第十

夫食为人天，农为政本。仓廪实则知礼节，衣食足则志[1]廉耻。故躬耕东郊，敬授人时。国无九岁之储[2]，不足备水旱；家无一年之服，不足御寒暑。然而莫不带犊佩牛，弃坚就伪[3]。求什一[4]之利，废农桑之基。以一人耕而百人食，其为害也，甚于秋螟。莫若禁绝浮华，劝[5]课耕织，使人还其本，俗反其真，则竞怀仁义之心，永绝贪残之路，此务农之本也。斯二者，制俗之机。

【注释】

[1] 志：有志于。 [2] 九岁之储：九年的粮食储备。 [3] 弃坚就伪：放弃本业从事虚华不实的事业。 [4] 什一：十中得一，即十分之一。 [5] 劝：鼓励。

子育黎黔[1]，惟资威惠[2]。惠而怀也，则殊俗归风，若披霜而照春日；威可惧也，则中华慴軏[3]，如履刃而戴雷霆。必须威惠并驰，刚柔两用，画刑不犯[4]，移木无欺[5]。赏罚既明，则善恶斯别；仁信普著，则遐迩宅心。劝穑务农，则饥寒之患塞；遏奢禁丽，则丰厚之利兴。且君之化下，如风偃草。上不节心，则下多逸志；君不约己，而禁人为非，是犹恶火之燃，添薪望其止焰；忿池之浊，挠浪欲止其流，不可得也。莫若先正其身，则人不言而化矣。

【注释】

[1] 子育黎黔：像养育子女那样养育百姓。 [2] 威惠：恩威。 [3] 慴軏（shè yuè）：慴通“慑”；軏，古代车上置于辕前端与车横木衔接处的销钉。 [4] 画刑不犯：上古刑罚，画地为牢，仅以象征，但百姓不犯。[5] 移木无欺：商鞅变法，说有能移动木柱的人赏百金，后有人遵行，与之百金而无欺。

阅武第十一

夫兵甲者，国之凶器也。土地虽广，好战则人彫[1]；邦国虽安，亟[2]战则人殆。彫非保全之术，殆非拟寇[3]之方。不可以全除[4]，不可以常用，故农隙讲武，习威仪也。是以勾践轼蛙[5]，卒成霸业；徐偃弃武[6]，遂以丧邦。何则？越习其威，徐忘其备。孔子曰："不教人战，是谓弃之。"故知弧矢之威，以利天下。此用兵之机也。

【注释】

[1] 彫：通"凋"，凋敝。　[2] 亟：屡次。　[3] 拟寇：谋拟御寇。　[4] 全除：全部废除。　[5] 勾践轼蛙：越王勾践偶尔在路上遇到青蛙在前方胀腹而怒，认为它勇气可嘉，因而让自己的车避让，并在车上向他致敬，借以鼓舞国民的勇气。　[6] 徐偃弃武：周穆王时，徐偃王一心行仁义之道，废弛军事，结果国为人灭。

崇文第十二

夫功成设乐，治定制礼。礼乐之兴，以儒为本。宏风导俗，莫尚于文；敷[1]教训人，莫善于学。因文而隆道，假学以光身[2]。不临深溪，不知地之厚；不游文翰[3]，不识智之源。然则质蕴吴竿，非筈羽不美[4]；性怀辨慧，非积学不成。是以建明堂，立辟雍。博览百家，精研六艺，端拱而知天下，无为而鉴古今。飞英声，腾茂实，光于不朽者，其唯学乎？此文术也。斯二者，递为国用。

【注释】

[1] 敷：广布。　[2] 假学以光身：借学问来显耀自身。　[3] 文翰：文章学问。　[4] 质蕴吴竿，非筈（kuò）羽不美：筈，箭尾，即射箭时搭在弓

弦上的部分。品质像吴地出产的竹竿那样好，但不做成箭矢不算完美。

至若长气亘地，成败定乎笔端；巨浪滔天，兴亡决乎一阵。当此之际，则贵干戈而贱庠序[1]。及乎海岳既晏[2]，波尘已清，偃七德[3]之余威，敷九功[4]之大化。当此之际，则轻甲胄而重诗书。是知文武二途，舍一不可，与时优劣，各有其宜。武士儒人，焉可废也。此十二条者，帝王之大纲也。安危兴废，咸在兹焉。

【注释】

[1] 庠序：学校，代指教育。 [2] 晏：安定。 [3] 偃七德：武有七德：禁暴、戢兵、保人、定功、安民、和众、丰财。 [4] 敷九功：六府三事之功，金木水火土谷，六府；正德利用厚生、三事。

人有云："非知之难，惟行之不易；行之可勉，惟终实难。"是以暴乱之君，非独明于恶路；圣哲之主，非独见于善途。良由大道远而难遵，邪径近而易践[1]。小人俯从其易，不得力行其难，故祸败及之；君子劳处[2]其难，不能力居其易，故福庆流[3]之。故知祸福无门，惟人所召。欲悔非于既往，惟慎祸于将来。当择圣主为师，毋以吾为前鉴。取法于上，仅得为中；取法于中，故为其下。自非上德，不可效焉。吾在位以来，所制多矣。奇丽服玩，锦绣珠玉，不绝于前，此非防欲也；雕楹刻桷，高台深池，每兴其役，此非俭志也；犬马鹰鹘，无远必致，此非节心也；数有行幸，以亟劳人，此非屈己也。斯事者，吾之深过，勿以兹为是而后法焉。但我济育苍生其益多，平定寰宇其功大，益多损少，人不怨；功大过微，德未亏。然犹之尽美之踪，于焉多愧；尽善之道，顾此怀惭。况汝无纤毫之功，直缘基而履庆[4]？若崇善以广德，则业泰身安；若肆情以从非，则业倾身丧。且成迟败速者，国基也；失易得难者，天位也。可不惜哉？

【注释】

[1] 践：实践。　　[2] 劳处：辛劳地处在（艰难的境地）。　　[3] 流：流向。

[4] 直缘基而履庆：直接沿着基垫而登上天子之位。

苏瑰：中枢龟镜

苏瑰（639—710），一名瓌，字昌容，京兆武功（今陕西武功）人，唐朝宰相，隋朝左仆射苏威曾孙。苏瑰进士出身，历任恒州参军、豫王府录事参军、朗州刺史、歙州刺史、扬州长史、尚书右丞、户部尚书、侍中、吏部尚书、右仆射，封许国公。景龙四年（710），唐中宗去世，苏瑰极力主张由相王李旦辅政。唐睿宗继位后，苏瑰进拜左仆射，不久因年迈被罢为太子少傅，死后谥号文贞。本文采用台湾商务印书馆《影印文渊阁四库全书》中由宋代刘清之所编集的《戒子通录》作为选文底本。

宰相者，上佐天子，下理阴阳，万物之司命也。居司命之位，苟不以道应命[1]，翱翔自处，上则阻天地之交泰，中则绝性命之至理，下则阻生物之阜植[2]。苟安一日，是稽阴诛[3]，况久之乎？

【注释】

[1] 以道应命：以道来应对自己的宰相之命。 [2] 阜植：繁盛的生长。

[3] 阴诛：冥冥之中受到诛罚。

临大事，断大议，正道以当之。若不能，即速退。中枢[1]之地，非偷安之所。平心以应物，无生妄虑，似觉非正，则速回之，使久而不失正也。敷奏宜直勿婉，应对无常，速机可以回小事，沉机可以成大计。

同列之间，随器以应之，则彼自容矣。容则自峻其道以示之，无令庸者其来浼[2]我也。贤者亲而狎之，无过狎而失敬，则事无不举矣。举一官、一职、一将、一帅，须其材德者，听众议以命之，公是非即无爽矣。人不可尽贤尽愚，汝惟器之。

【注释】

[1] 中枢：朝廷中央，指宰相职位。　[2] 浼（měi）：干扰、污染。

与正人言，则其道坚实而不渝。材人[1]可以责成办事，办事不可与议，与之议则失根本，归权道也。常贡外妄进献者，小人也，抑之。审奸吏，辞烦而忘亲者，去之。崇儒则笃敬，侈靡之风不作，不作则平和，平和则自臻理道矣。刺史县令，久次以居之。不能者立除之，无奸柄施恩，交驰道路，既失为官之意，受弊者随之矣。

欲庶而富，在乎久安。不教而战，是谓弃之。佐理在乎谨守制度，俾边将严兵修斥堠[2]，使封疆不侵，不必务广，徒费中国，事无益也。古者用刑，轻中重之三典，各有攸处。方今为政之道，在乎中典，谨而守之。无为人之所贰[3]，无请数赦[4]，以开幸门[5]。勿畏强御，而损制度。教令少而确守，则民情胶固矣。勿大刚以临人，事虑不尽，臣不密则失身。非所议者，勿与之言，勤思虑，不以小事而忽机。管财无多蓄，计有三年之用，外散之亲族，多蓄甚害义，令人心不宁，不宁则理事不当矣。清身检下，无使邪隙微开，而货流于外矣。

远妻族，无使扬私于外，仍须先自戒。谨检子弟，无令开户牖，毋以亲属挠有司，一挟私，则无以提纲在上矣。子弟婿居官，随器自任，调之勿过其器，而居人之右。子弟车马服用，无令越众，则保家，则能治国，居第在乎洁，不在华，无令稍过，以荒厥心。

【注释】

[1] 材人：有能力的人。　[2] 斥堠（hòu）：瞭望敌情的土堡。　[3] 贰：指

被人干扰，心思不定。　[4] 无请数赦：不要屡次请求大赦。　[5] 以开幸门：开启侥幸之门。

姚崇：遗令诫子孙文

姚崇（651—721），本名元崇，字元之，陕州硖石（今河南陕县）人，唐代著名政治家。姚崇，历仕则天、中宗、睿宗、玄宗四教朝，两次拜相，并兼任兵部尚书。他曾参与神龙政变，后因不肯依附太平公主，被贬为刺史。唐玄宗亲政后，姚崇被任命兵部尚书、同平章事，进拜中书令，封梁国公。他提出十事要说，实行新政，辅佐唐玄宗开创开元盛世，被称为“救时宰相”。姚崇，与房玄龄、杜如晦、宋璟并称唐朝四大贤相。开元九年（721），姚崇去世，追赠扬州大都督，赐谥文献。本文选自《全唐文》。

古人云：“富贵者，人之怨也，贵则神忌其满，人恶其上；富则鬼瞰[1]其室，虏[2]利其财。”自开辟以来，书籍所载，德薄任重而能寿考无咎者，未之有也。故范蠡、疏广[3]之辈，知止足之分，前史多[4]之。况吾才不逮古人，而久窃荣宠，位逾高而益惧，恩弥厚而增忧。往在中书[5]，遘[6]疾虚惫，虽终匪懈，而诸务多缺。荐贤自代，屡有诚祈；人欲天从，竟蒙哀允。优游园沼，放浪形骸，人生一代，斯亦足矣。田巴[7]云：“百年之期，未有能至。”王逸少[8]云：“俯仰之间，已为陈迹。”诚哉此言。

【注释】

[1] 瞰：窥视。　[2] 虏：盗匪。　[3] 疏广：字仲翁，号黄老。东海兰

陵（今山东省临沂市兰陵县）人。西汉名臣。　[4] 多：赞许。　[5] 中书：中书省，唐代中央政府中负责起草诏令的部门。　[6] 遘（gòu）：遭遇。　[7] 田巴：战国时齐国辩士。相传其辩于徂丘，议于稷下，一日服十人。

比[1]见诸达官身亡以后，子孙既失覆荫[2]，多至贫寒，斗尺之间，参商是竞[3]。岂惟自玷，乃更辱先，无论曲直，俱受嗤毁。庄田水碾，既众有之，递相推倚，或至荒废。陆贾[4]、石苞[5]，皆古之贤达也，所以预为定分，将以绝其后争，吾静思之，深所叹服。

【注释】

[1] 比：近来。　[2] 覆荫：指先祖的保庇。　[3] 参商是竞：指参星与商星，二者在星空中此出彼没，彼出此没，永不相见，古人以此比喻彼此对立，尤指兄弟不睦。　[4] 陆贾：汉初楚国人，西汉思想家、政治家、外交家。　[5] 石苞：字仲容，渤海南皮（今河北南皮东北）人。西晋开国功臣，三国时曹魏至西晋重要将领，官至司徒、大司马等职，封乐陵郡公。

昔孔子至圣，母墓毁而不修；梁鸿[1]至贤，父亡席卷而葬。昔杨震、赵咨[2]、卢植[3]、张奂[4]，皆当代英达，通识今古，咸有遗言，属令薄葬。或濯衣时服[5]，或单帛幅巾，知真魂去身，贵于速朽，子孙皆遵成命，迄今以为美谈。凡厚葬之家，例非明哲，或溺于流俗，不察幽明，咸以奢厚为忠孝，以俭薄为悭惜，至令亡者致戮尸暴骸之酷，存者陷不忠不孝之诮，可为痛哉！可为痛哉！死者无知，自同粪土，何烦厚葬，使伤素业？若也有知，神不在柩，复何用违君父之令，破衣食之资？吾身亡后，可殓以常服，四时之衣，各一副而已。吾性甚不爱冠衣，必不得将[6]入棺墓，紫衣玉带，足便于身，念尔等勿复违之。且神道恶奢，冥途尚质[7]，若违吾处分，使吾受戮[8]于地下，于汝心安乎？念而思之。

【注释】

[1] 梁鸿：字伯鸾，扶风平陵（今陕西咸阳）人，汉光武建武初年名士。[2] 赵咨：字德度，南阳人，三国时期吴国大臣，博闻多识，善于辩论。[3] 卢植：字子干。涿郡涿（今河北涿州）人，东汉末年经学家。　[4] 张奂：字然明。敦煌渊泉人（今甘肃安西县东）人。东汉时期名将、学者，凉州三明之一。　[5] 濯衣时服：指下葬时将平时的衣服洗净换上即可。[6] 将：使。　[7] 质：质朴。　[8] 戮：辱。

今之佛经，罗什[1]所译，姚兴执本[2]，与什对翻[3]。姚兴造浮屠[4]于永贵里，倾竭府库，广事庄严[5]，而兴命不得延，国亦随灭。又齐跨山东，周据关右，周则多除佛法，而修缮兵威；齐则广置僧徒，而依凭佛力。及至交战，齐氏灭亡，国既不存，寺复何有？修福之报，何其蔑如！梁武帝以万乘为奴[6]，胡太后[7]以六宫入道，岂特身戮名辱，皆以亡国破家。近日孝和皇帝[8]发使赎生，倾国造寺；太平公主、武三思、悖逆庶人张夫人等皆度人造寺，竟术[9]弥街，咸不免受戮破家，为天下所笑。经云："求长命，得长命；求富贵，得富贵。刀刃段段坏，火坑变成池。"比来缘精进得富贵长命者为谁？生前易知，尚觉无应；身后难究，谁见有征？且五帝之时，父不葬子，兄不哭弟，言其致仁寿无夭横也。三王之代，国祚延长，人用休息，其人臣则彭祖、老聃之类，皆享遐龄。当此之时，未有佛教，岂抄经铸象之力，设斋施佛之功耶？《宋书·西域传》，有名僧为《白黑论》，理证明白，足解沉疑，宜观而行之。且佛者觉也，在乎方寸，假有万像之广，不出五蕴之中。但平等慈悲行善不行恶，则福道备矣，何必溺于小说[10]，惑于凡僧，仍将喻品[11]，用为实录？抄经写像，破业倾家，乃至施身，亦无所吝，可谓大惑也。亦有缘亡人造像，名为追福，方便之教，虽则多端，功德须自发心，旁助宁应获报？递相欺诳，浸成风俗，损耗生人，无益亡者。假有通才达识，亦有时俗所拘，如来普慈，意存利万，损众生之不足，厚豪僧之有余，必不然矣。且死者是常，古来不免，所造经像，何所施为？

【注释】

[1] 罗什：鸠摩罗什，后秦时期西域高僧，通晓西域诸国文字，著名译经家。[2] 姚兴执本：姚兴，后秦文桓帝，字子略，羌人。执本，翻译佛经时，执佛经原本，与译经者对译校勘。 [3] 与什对翻：与鸠摩罗什对译。[4] 浮屠：佛塔，这里泛指佛教建筑。 [5] 庄严：代指佛教。 [6] 梁武帝以万乘为奴：指梁武帝以万乘之尊，舍身出家的典故。 [7] 胡太后：指北魏宣武灵皇后胡氏，崇信佛教。 [8] 孝和皇帝：指唐中宗李显。[9] 术：城中的街道。 [10] 小说：细小的说法，指细枝末节、不重要的说法。 [11] 喻品：比喻的讲法。

夫释迦之本法[1]，为苍生之大弊。汝等各宜警策，正法在心，勿效儿女子曹终身不悟也。吾亡后必不得为此弊法，若未能全依正道，须顺俗情，从初七至终七，任设七僧斋；若随斋须布施，宜以吾缘身衣物充，不得辄用余财，为无益之枉事，亦不得妄出私物，徇追福[2]之虚谈。道士者，本以玄牝[3]为宗，初无趋竞之教，而无识者慕僧家之有利，约佛教而为业。敬寻老君之说，亦无过斋之文，抑同僧例，失之弥远。汝等勿拘鄙俗，辄屈于家。汝等身殁之后，亦教子孙，依吾此法。

【注释】

[1] 释迦之本法：指佛教原本的说法。 [2] 追福：为死者祈福的法事活动。[3] 玄牝：语出《道德经》，牝为雌兽之意，玄牝即清净柔顺之道。

李恕：诫子拾遗

李恕，其人不详。按文渊阁《四库全书》本《戒子通录》卷三中所收《戒子拾遗》中原序所载，李恕，“唐中宗时县令，以《崔氏女仪》，戒不及男，《颜氏家训》，训遗于女，遂著《戒子拾遗》十八篇，兼教男女。令新妇子孙人写一通，用为鉴戒云。”本文即选自《四库全书》。

男子六岁，教之方名[1]。七岁读《论语》《孝经》，八岁诵《尔雅》《离骚》。十岁出就师傅，居宿于外，十一专习两经。志学之年，足堪宾贡[2]。平翼二子，即是其人，夫何异哉，积勤所致耳。擢第[3]之后，勿弃光阴，三四年间，屏绝人事，讲论经籍，爰迄史传，并当谙忆，悉令上口。洎乎弱冠，博综古今，仁孝忠贞，温恭谦顺，器惟瑚琏[4]，材堪廊庙[5]。如或出身[6]之后，怠而自逸，被服绮罗，弄姿顾影，朝游酒肆，暮宿倡楼[7]，虽则生之，不如遄死，若豘犬[8]耳，奚足惜哉！

【注释】

[1] 方名：事物名称。　[2] 宾贡：古代地方向朝廷推举人才时，待之宾礼，贡于京师。　[3] 擢第：指科举及第。　[4] 瑚琏：瑚、琏均为宗庙里盛粮食祭品的祭器，比喻人有极高的才能。孔子曾以此称赞子贡。　[5] 材堪廊庙：堪当建筑廊庙的木材，比喻能成为肩负国家重任的人才。　[6] 出身：指步入仕途。　[7] 倡楼：即娼楼，游玩之处。　[8] 豘（tún）犬：豘同“豚”，小猪。豘犬，即猪狗。

居九品之中，处百僚之下，清勤自勖[1]，平真无亏。事长官以忠诚，接僚友以谦敬，言思乃出，行思乃动。勿辄有毁誉，勿轻论得失。

【注释】

[1] 自勖：自勉。

格式律令，为政之堤防。一牵吏役，动遵宪纲。与夺割断[1]，必须理惬条章[2]；喜怒刑名[3]，岂可率由胸臆。枷杖样式，著于令文，准令而行，足堪市耻[4]。勿奋威怒，麤[5]杖大枷，肆一朝之忿，取终身之败。

【注释】

[1] 与夺割断：指判断取舍。 [2] 理惬条章：在道理上符合法令规定。 [3] 喜怒刑名：指对案件的好恶。 [4] 市耻：获得羞耻之心。 [5] 麤：同“粗”。

申上移牒[1]，言唯谨尔，署必真书[2]，慎勿侮弄刀笔，讥玩朋僚。若犯要司，败不旋踵；若轻同类，怨岂在明。位下处卑，触涂防谨；部内士人，虚心接引；乡中耆望[3]，以礼承迎。若恣心纵骂，轻出莠言[4]，骂父子怨，骂兄弟怨，既为怨府，亦谓深雠。刘宽不呵童仆[5]，嗣宗口不臧否[6]。韩子[7]曰：“善为吏者树德，不善为吏者树怨。”勉之勉之。

【注释】

[1] 申上移牒：向上级报告事情移交文书。 [2] 真书：楷书。 [3] 乡中耆望：乡中的老人和有名望的人。 [4] 莠言：恶言。 [5] 刘宽不呵童仆：刘宽，字文饶。弘农郡华阴县（今陕西潼关）人。东汉时期名臣，为人宽厚，他的夫人为了试探，故意在刘宽整理衣冠准备上朝时，让侍婢将肉羹打翻沾污刘宽的朝服。但刘宽神色不变，反而关心肉羹是否烫伤了侍婢的手。

[6] 嗣宗口不臧否：阮籍，字嗣宗，竹林七贤之一。其为人从不评论任何人事。
[7] 韩子：即韩非子。

县有长官，职宣风化[1]，丞尉[2]卑末，无劳广为。若乃斥强健，压雄豪，奋下车[3]之威，钓高明之誉，指挥一县，专擅六曹[4]，识者寒心，旁观启齿。但能正身范物，修己安人，不与典吏交言，不在公庭妄笑，立无偏倚，坐必正方，人自怀之畏之矣。

【注释】

[1] 职宣风化：职务是正风俗、宣教化。 [2] 丞尉：县丞县尉，县令属下的官吏。 [3] 下车：指初到任。 [4] 六曹：泛指县令下属的所有官吏。

汝辈后生，始从卑仕，禄俸所获，仅以代耕[1]，宜减省家人，谨身节用。合门昼掩，镇安关钥，家童敛迹，无出府廷。使马如羊，不以入厩[2]；使金如粟，不以入怀[3]。夫如是则骢马[4]埋轮，且安高枕。岂多言之可畏，何众口之能伤哉！杨震[5]为涿郡太守，子孙皆蔬食步行，曰：“使人称为清白吏子孙。”诚哉斯言，誓铭肌骨。部内交关[6]，诚非所愿，傥缘切要，不遑远市。衣食之外，无辄交通，必须依价钱，归物主，分明付领。书取文钞，虽云细务，易涉流言，勿招抑逼之词，以获侵渔之谤。若能远希先觉，遥杜未萌，清介皎然，吾无忧矣。

【注释】

[1] 代耕：指（俸禄能够）抵过种地的收入。 [2] 不以入厩：指不把马供养起来。 [3] 不以入怀：指不积蓄钱财。 [4] 骢马：骏马。 [5] 杨震：字伯起。弘农华阴（今陕西华阴东）人。东汉时期名臣，人称“关西孔子”。“天知，地知，你知，我知”的典故即出于他。 [6] 交关：交易。

周生烈[1]云：食禄坐观[2]，贼也。老子云：债少易偿，职寡易守。汝等欲仕周行[3]，深期自卜，审己量分，或保微班。冒宠贪荣，方贻后谴。但能绩著鸣弦，功彰露冕，足隆门阀，不坠箕裘。岂要荣贵，方为宦达。

【注释】

[1] 周生烈：生卒年不详，约魏文帝黄初元年前后在世。魏初徵士，官侍中，好注经传，今皆不传。 [2] 食禄坐观：拿着俸禄却不做事。 [3] 周行：大道，代指朝廷。

纳采行媒[1]，咸求雅对，河鲂宋子[2]，勿坠清规。或嫁女从夫，有资贤婿；如为男求妇，必在甲门。无隳百代之规，以适一时之欲。

【注释】

[1] 纳采行媒：指婚姻之事。 [2] 河鲂宋子：河中鲂鱼，宋公女儿，语出《诗经·陈风·衡门》，这里代指所娶的妻子。

告休暇景[1]，公务余闲，学以润身，必资宏益。谯周[2]云："圣人学之于天，君子学之于圣。"又云："进者犹行也，朝发而异宿矣。益者其犹取菜乎，勤则顷筐盈矣。"家中经史，不能周足，但能阅市，恒有贱书[3]，假如数万青蚨[4]才当一马之直[5]，堪得数千黄卷[6]，便为百代之宝。凡人皆知市骏马、悦轻肥，而莫肯市书，见近识小。《淮南子》云：家有三史无痴子。可不勉欤。

【注释】

[1] 告休暇景：告假在家闲暇之时。 [2] 谯周：字允南，西充国（今四川西充槐树镇）人，三国时期蜀汉大儒、名臣。 [3] 恒有贱书：指书的价值

被商人看得很低。　[4] 青蚨：铜钱的别称。　[5] 直：通“值”，价值。[6] 黄卷：即书籍。古代有宣纸之前，所造之纸，颜色偏黄。

吾昆弟七房，子侄尤众，未出一门，已成三从，左提右挈[1]，洎乎成长，世祀云远，恩爱不渝。怀橘而归[2]，遗兼诸母[3]；易衣而出，讵止同胞。服有功缌[4]，礼经所限；情存家法，勿或亏焉。博徒暴客，破产倾家，汝等子孙，尤宜戒谨。脱[5]子侄之中顽嚚不肖，公违父叔之令，辄从轻薄之徒，必当断其掷头之指，以为终身之戒。宁不知亏令断骨，忍痛伤心，折一指足，以保一门。所全者大，故不隐也。

【注释】

[1] 挈：拉着。　[2] 怀橘而归：三国时期吴国陆绩的故事。陆绩六岁时，随父亲陆康到九江谒见袁术，袁术拿出橘子招待，陆绩往怀里藏了两个橘子。临行时，橘子滚落地上，袁术笑问：“陆郎来我家做客，走的时候还要怀藏主人的橘子吗？”陆绩回答说：“母亲喜欢吃橘子，我想拿回去送给母亲尝尝。”时人皆以为孝。　[3] 诸母：指自已的伯叔母。　[4] 服有功缌：指服丧的等级。　[5] 脱：假如。

夫酒者，所以祀鬼神、养病老。冠昏之礼，非酒不成；宾主之欢，非酒不接。无容沈湎[1]过度，颠沛有亏。汝等从宦，顾惜身名，纵不能全然禁断，倍须拘检。酒气未尽，不可参预府庭[2]；面色未平，不宜呵叱百姓。以此为戒，余可知矣。

【注释】

[1] 沈湎：即沉湎。　[2] 府庭：指府衙政事。

孙叔敖为令尹，一老父[1]教之云：“位益高而意益下，官益大而心益小。”袁子云：“贫贱愿人之接己，富贵忘己之接人。”大禹一饭十起[2]，周公一沐三握[3]。夫接士忘疲，礼贤忘倦，圣贤犹且若是，而况凡庸乎？

【注释】

[1] 老父：即老人。　[2] 大禹一饭十起：大禹为了即时接见贤人，一顿饭之间十次起身迎接。　[3] 周公一沐三握：周公为了即时接见贤人，一次洗头之间，不及擦干，多次手抓湿发去见贤人。

曾子云：“书功不过百日。”谚云：“千里面目。”既堪力致，何惜余闲。诸葛戒子，尚忧粗拙。汝辈钟张真草[1]之迹，念并留心；阴阳卜筮之书，慎毋开卷。射宫观德，君子攸宜；弹琴自娱，性灵取悦。自余伎术[2]，并勿经怀。敬慎威仪，以近有德。《女诫》《女仪》，儿女等各写一通，咸将自警。女兼辅佐君子，儿亦劝奖室家。中外相承，夫妻并立，终朝三省，每月一寻，实获我心，念无违也。

【注释】

[1] 钟张真草：钟繇、张芝的楷、草书法。钟繇、张芝并为汉魏时人，前者楷书精妙，后者草书高绝。　[2] 伎术：即技术。

闾阎贱弟，委巷庸兄[1]，多分嫡庶，构成痛痏[2]。不念胞胎虽别，骨血不殊，岂可儿结父雠，子兼母妬[3]，伤心犯顺，所不忍言。汝等幼习义方，以归名教，察天伦之重，既悟同生；觉流俗之非，毋遵覆辙[4]。

【注释】

[1] 闾阎贱弟，委巷庸兄：指家中同父异母的兄弟。　[2] 痛痏（wěi）：病痛痈疮。　[3] 妬：即妒。　[4] 毋遵覆辙：不要重蹈覆辙。

女子七岁，教以女仪，读《孝经》《论语》，习行步容止之节，训以幽闲听从之仪。《礼》云：女子十年，治丝枲[1]织纴，观祭祀，纳酒浆。事人之礼，此最为先。十五而笄[2]，十七而嫁，既从礼制，是谓成人。若不微涉青编[3]，颇窥缃素[4]，粗识古今之成败，测览古女之得失，不学墙面，宁止于男。通之妇人，亦无嫌也。

【注释】

[1] 枲（xǐ）：麻类植物的纤维。 [2] 笄（jī）：古代的一种簪子，特指女子十五岁可以盘发插笄的年龄，即成年。 [3] 微涉青编：稍微涉猎史籍。[4] 颇窥缃素：大略阅读书卷。

妇人之德，贵在贞静，内外之言，不出闺阃[1]。郑卫之音[2]，尤非所习；游娱之乐，无以宽怀。夫若东西家无耆旧，年少子幼，虑远防微。家具无假于人，馈献杜[3]而弗纳。心怀廉谨，外绝交通，衣食斟量，常令备足。披寻谱谍，记忆亲姻，戚属尊卑，吉凶周至，方为内范，念勖前规。

【注释】

[1] 闺阃：指闺房内宅。 [2] 郑卫之音：春秋时郑卫两国的民间音乐，泛指淫靡的音乐。 [3] 杜：拒绝。

谚云：成家由妇，破家由妇。缅寻其语，谅匪虚谈。未有娣姒相怜[1]而兄弟不睦，娣姒相嫉而昆季[2]雍和者也。

升堂拜母，心所未通，广坐呈妻，理尤不可。人之家法，难易不同，在于吾心，以难胜易。与其轻易，宁可从难。

【注释】

[1] 娣姒相怜：指妯娌间相亲爱。 [2] 昆季：兄弟。

姜公辅：太公家教

太公家教是唐宋之际广为流行的童蒙读物之一，唐代曾风行全国，敦煌文献中也有数量不少的《太公家教》抄件，其中存有若干件写卷，自其发现以来前人多有著录研究，是我国可贵的教育史料。该书据考证为唐朝宰相姜公辅编纂，由于语言通俗，被人认为“浅陋鄙俚”，所以公私藏书家多未注意珍藏；史志书籍也少著录。直到清代光绪二十五年(1899)在敦煌石窟内发现了唐人的写本一卷，后被收入《鸣沙石室佚书》影印出版。本文所选即此版本。

第一章

得人一牛，还人一马，往而不来，非成礼也。知恩报恩，风流儒雅，有恩不报，岂成人也。事君尽忠，事父尽敬。礼闻来学，不闻往教。舍父事师，敬同于父。慎其言语，整其容貌。善能行孝，勿贪恶事，莫作诈巧，直实在心，勿生欺诳。孝心事父，晨省暮看[1]，知饥知渴，知暖知寒；忧时共戚[2]，乐时同欢，父母有疾，甘美不餐[3]，食无求饱，居无求案[4]。闻乐不乐[5]，闻喜不看，不修身体，不整衣冠，得治疾愈，止亦不难。弟子事师，敬同于父，习其道也，学其言语。黄金白银，乍可相与，好言善述，曼出口舌。忠臣无境外之交，弟子有束修之好。一日为师，终日为父；一日为君，终日为主。

【注释】

[1] 晨省暮看：早晚探视问安。 [2] 戚：悲伤。 [3] 甘美不餐：不享用美食。 [4] 案：同“安”。 [5] 闻乐不乐：（因为忧心父母的病情）听到音乐也不觉得欢乐。

第二章

教子之法，常令自慎；言不可出，行不可亏。他篱[1]莫越，他事莫知；他贫莫笑，他病莫欺；他财莫取，他色莫侵；他强莫触，他弱莫欺；他弓莫挽，他马莫骑；弓折马死，偿他无疑[2]。财能害己，必须畏之；酒能败身，必须戒之；色能招害，必须远之；愤能积恶，必须忍之；心能造恶，必须净之；口能招祸，必须慎之。见人善事，必须赞之；见人恶事，必须掩之。邻有灾难，必须救之；见人打斗，即须谏之；意欲去处，即须审之；见人不是，即须教之；非是时流[3]，即须避之。罗网之鸟，悔不高飞；吞钩之鱼，恨不忍饥；人生误计，恨不三思；祸将及己，恨不忍之。其父出行，子须从后；路逢尊者，齐脚敛手；尊人之前，不得唾地；尊人赐酒，必须拜寿；尊人赐肉，骨不与狗；尊者赐果，怀核在手，苦也弃之[4]，为礼大丑。对客之前，不得垂涕，亦不漱口。记而莫忘，终身无咎。

【注释】

[1] 篱：篱笆墙。 [2] 弓折马死，偿他无疑：指损坏他人财物，一定要赔偿。 [3] 时流：指广泛流行。 [4] 苦也弃之：觉得（尊者赠与的果品）苦而将其丢弃。

第三章

立身之本，义让为先。贱莫与交，贵莫与亲。他奴莫与语，他婢莫与言。衰败之家，慎莫为婚；市道接利，莫与为邻。敬上爱下，泛爱尊贤，孤儿寡妇，特可矜怜。乃可无官，不行失婚；身须择行，口须择音；恶人同会，祸必及身。养儿之法，莫听诳言[1]；育女之法，不听离母。男年长大，莫听好酒；女年长大，莫听游走。丈夫好酒，揎拳捋肘，行不择地，言不择口，触突尊卑，斗乱朋友；女人游走，逞其姿首，男女杂合，风声大丑，惭耻尊亲，损辱门户。妇人送客，不出门庭，行其言语，下气低声。出行随伴，隐影藏形；门前送客，莫出门庭。一行有失，百形俱倾；能与此礼，无事不精。新妇事父，音声莫听，形影不睹；夫之妇兄，不得对语；孝养公家，敬事夫主；泛爱尊贤，教示男女。行则细步，言必小语；勤事女功，莫学歌舞。希见今时，贫家养女，不解[2]麻布，不娴针缕，贪食不作，好喜游走；女年长大，聘为人妇，不敬君家，不畏夫主，大人使命，说辛道苦；夫为一言，反应[3]十句，损辱兄弟，连累父母，本不是人，状同猪狗。

【注释】

[1] 莫听诳言：不要听任谎言。　[2] 不解：不了解。　[3] 反应：回敬，

第四章

少为人子，长为人父，出则敛容，动则庠序[1]，敬慎口言，终身无苦。含血损人，先恶其口。十言九中，不语者胜。居必择邻，慕近良友；侧立齐庭，厚待宾客；侣无新疏[2]，来者当受，合食与酒。开门不看，还同禽兽；拔贫作富，事须方寸[3]；看客不贫，古今宝语；握发吐餐[4]，先有常据；开门不看，不如狗鼠。高山之树，苦于风雨；路边之

树，苦于刀斧；当道作舍[5]，苦于客侣；不慎之家，苦于官府；牛羊不圈，苦于狼虎；禾熟不收，苦于雀鼠；屋漏不覆，苦于梁柱；兵将不慎，败于军旅；人生不学，费其言语。近朱者赤，近墨者黑；蓬生麻中，不扶自直，近佞者谄，近偷者痴；近愚者疑，近圣者明；近贤者德，近淫者色。

【注释】

[1] 动则庠序：举动符合学校（所学之礼）。　[2] 侣无新疏：不对新朋友疏薄。
[3] 方寸：指心。　[4] 握发吐餐：指周公一沐三捉发、一饭三吐哺的典故。
[5] 当道作舍：对这道路修建房屋。

第五章

贫人多力，勤耕之人，必丰谷食；勤学之人，必居官职；良田不耕，损人功力[1]；养子不教，费人衣食。与人共食，慎莫先尝；与人同饮，莫先举觞。行不当路，坐不当壁。路逢尊者，侧立其旁，有问善对，必审番详。子从外来，先须省堂[2]，未见尊者，莫入私房；若得饮食，慎莫先尝；飨其祖宗，始到耶娘[3]；次沾兄弟，后及儿郎；食必先让，劳必先当；知过必改，得能莫忘。与人相识，先正容仪，称名道字，然后相知。陪年已长[4]，则父事之；十年以上，则兄事之；五年以外，则肩[5]随之。三人同行，必有我师焉，择其善者而从之，其不善者而改之。滞不择职，贫不择妻，饥不择食，寒不择衣。小人为财相杀，君子以德相知。欲取其长，必取其短；欲求其圆，先取其方；欲求其强，先取其弱；欲求其刚，先取其柔，欲防外敌，必须自防；欲扬人恶，便是自扬；伤人之语，还是自伤。凡人不可貌相，海水不可斗量。茅茨之家，必出公王；艾蒿之下，必有兰芳。助祭得食，助斗得伤。仁慈者寿，凶暴者亡。清清之事，为酒所伤。

【注释】

[1] 损人功力：指浪费别人耕种的辛苦。 [2] 省堂：堂前拜见长者。 [3] 耶娘：父母，后多做“爷娘”。 [4] 陪年已长：陪，同“倍”。比自己年长一倍。 [5] 肩：指并肩同辈。

第六章

闻人善事，乍可称扬；知人有过，密掩深藏；是故罔谈彼短，靡恃己长。鹰鹞虽迅，不能快于风雨；日月虽明，不照盆覆之下[1]；唐虞虽圣，不能化其明主；微子虽贤，不能谏其暗君；比干虽惠[2]，不能自免其身；蛟龙虽猛，不杀岸上之人；刀剑虽利，不能杀清洁之士；罗兰[3]虽细，不能执无事之人；非灾横祸，不入慎者之门。人无远虑，必有近忧，邪僻坏于良，谗言败于善。君子之怀，有如大海，博纳山川，宽则得众，敏则有功。以法治人，人即得治；治国信谗，必杀忠臣；治家信谗，家必败亡；兄弟信谗，分别异居；夫妇信谗，男女生分；朋友信谗，必致死怨。天雨五谷，荆棘蒙恩。抱薪救火，火必成灾；扬汤止沸，不如去薪。千人排门，不如一人拔吴；一人守险，万人莫当。贪心害心，利己伤身。

【注释】

[1] 不能盆覆之下：指日月之光不能照到被盆覆盖的地方。 [2] 惠：同“慧”。 [3] 罗兰：当是“罗网”之误，法条之意。

第七章

瓜田不整履，李下不整冠[1]。圣君虽渴，不饮盗泉[2]之水；暴风疾雨，不入寡妇之门。孝子不隐情于父，忠臣不陷情于君。法不化于君子，礼不知于小人。君浊则用武，君清则用文。多言不益其体，日使不妨其身。明君不爱邪佞之臣，慈父不爱无力之子。道[3]之以德，齐之以礼。小人不择地而息，君子固穷，小人不择官而事。屈厄之人，不羞执鞭之事；饥寒在身，不羞乞食之耻。贫不可欺，富不可恃，阴阳相催，终而复始。太公[4]未遇，钓鱼渭水。相如[5]未达，卖卜于市。鲁连[6]海水[7]，义不受爵。孔鸣盘桓，候时而起。鹤鸣九皋，声闻于天；电里燃火，烧气成云。家中有恶，人必知之；身有德行，人必称传。孟母三移，为子择邻。不患人不知己，唯患己不知人。己欲立身，先立于人；己欲达者，先达于人。立身行道，始于事亲；孝无终始，不离其身。修身慎行，恐辱先人；己所不欲，勿施于人。近鲍者臭，近兰者香；近愚者暗，近智者良。明珠不营，焉放其光；人生不学，言不成章。

【注释】

[1] 瓜田不整履，李下不整冠：瓜田旁不提鞋，李树下不整理帽子，以免偷盗之嫌。 [2] 盗泉：传说中饮之使人贪婪的泉水。 [3] 道：通“导”。 [4] 太公：姜太公。 [5] 相如：司马相如。 [6] 鲁连：指鲁仲连。战国时齐国人。常周游各国排难解纷，但当齐王打算给他官位时他却逃到了海上，坚辞不受。 [7] 海水：当为蹈海。

第八章

小儿学者，如日出之光；长而学者，如日中之光；老而学者，如日暮之光。老而不学，冥冥如夜。柔必胜刚，弱必胜强；齿坚即折，舌柔则长。女慕贞洁，男效才良；行善获福，行恶得殃。行来不远，所见不长；学问不广，智慧不长。欲知其君，视其所使；欲知其父，先视其子。欲作其木，视其文理；欲知其人，先视奴婢。君子固穷，小人穷斯滥矣。病则无法，醉则无忧，饮人逛药，不得责人之礼。圣人避其酒容，君子恐其酒失。知者之子，多患不见之过；愚者之子，多患小人之过。女无明镜，不知面上精粗。将军之门，必出勇夫；博学之家，必有君子。是以人相知于道行[1]，鱼相忘于江湖。人无良友，不如行之得失，是以结朋交友，须择良贤。寄儿托孤，意重则密；荣则同荣，辱则同辱；难则相救，危则相扶。勤是无价之宝，学是明目神珠。积财千万，不知明解一经；良田千顷，不如薄艺随身。慎是护身之符，谦是百行之本。香饵之下，必有悬钩之鱼；重赏之下，必有勇力之人。有功者可赏，有过者可诛。慈父不爱无力之子，只爱有力之奴。养女不教，不如养狗，痴人思妇，贤女敬夫。孝是自行之事，故之其大者平。

【注释】

[1] 人相知于道行：人们以道德、行为相互了解。

韩愈：符读书城南

韩愈（768—824），字退之，唐河内河阳（今河南孟州市）人。自谓郡望昌黎，世称“韩昌黎”。唐代杰出的文学家、哲学家、思想家，晚年任吏部侍郎，又称韩吏部。因谥号“文”，又称“韩文公”。

韩愈是唐代古文运动的倡导者，被后人尊为“唐宋八大家”之首，与柳宗元并称“韩柳”，有“文章巨公”和“百代文宗”之名。韩符，是韩愈的儿子，此诗为韩愈教导韩符勤勉进学之诗。

本文选自世界书局1939年版《韩昌黎全集》。

木之就规矩，在梓匠轮舆[1]。人之能为人，由腹有诗书。诗书勤乃有，不勤腹空虚。欲知学之力，贤愚同一初。由其不能学，所入遂异闾[2]。两家各生子，提孩巧相如[3]。少长聚嬉戏，不殊同队鱼。年至十二三，头角稍相疏。二十渐乖张，清沟映污渠。三十骨骼成，乃一龙一猪。飞黄腾踏去，不能顾蟾蜍。一为马前卒，鞭背生虫蛆。一为公与相，潭潭府中居。问之何因尔，学与不学欤。金璧虽重宝，费用难贮储。学问藏之身，身在则有余。君子与小人，不系父母且[4]。不见公与相，起身自犁鉏。不见三公后，寒饥出无驴。文章岂不贵，经训乃菑畬[5]。潢潦[6]无根源，朝满夕已除。人不通古今，马牛而襟裾。行身陷不义，况望多名誉。时秋积雨霁，新凉入郊墟。灯火稍可亲，简编可卷舒。岂不旦夕念，为尔惜居诸[7]。恩义有相夺，作诗劝踌躇。

【注释】

[1] 木之就规矩，在梓匠轮舆：大意是木材能够合规矩，在于匠人的修整。[2] 异间：异路。　[3] 提孩巧相如：指两个孩子小时候一样灵巧。　[4] 且：语气词。　[5] 菑畬（zī yú）：指耕种，为民生之本，故以喻事物的根本。[6] 潢潦：地上流淌的雨水。　[7] 居诸：语出《诗·邶风·日月》："日居月诸，照临下土。"居诸本是助词，后借指光阴。

元稹：诲侄等书

元稹（779—831），字微之，河南（河南府，今河南洛阳）人，唐朝著名诗人。元稹聪明机智过人，年少即有才名，与白居易同科及第，并结为终生诗友，二人共同倡导新乐府运动，世称“元白”，活动于唐宪“宗元和年”年间，故诗风通俗自然，因其活动于唐宪宗元和年间，故其诗被称为“元和体”。

本文选自中华书局1982版《元稹集》。

告仑等：吾谪窜[1]方始，见汝未期，粗以所怀，贻[2]诲于汝。汝等心志未立，冠岁行登[3]。古人讥十九童心[4]，能不自惧？吾不能远谕他人，汝独不见吾兄之奉家法？吾家世俭贫，先人遗训常恐置产怠[5]子孙，故家无樵苏[6]之地，尔所详也。吾窃见吾兄自二十年来，以下士之禄持窘绝之家，其间半是乞丐羁游以相给足。然而吾生三十二年矣，知衣食之所自始。东都[7]为御史时，吾常自思：尚不省受吾兄正色之训，而况于鞭笞诘责乎！呜呼！吾所以幸而为兄者，则汝等又幸而为父矣！有父如此，尚不足为汝师乎？

吾尚有血诚将告于汝：吾幼乏岐嶷[8]，十岁知文，严毅之训不闻，师友之资尽废。忆得初读书时，感慈旨一言之叹，遂志于学。是时尚在凤翔，每借书于齐仓曹家，徒步执卷就陆姊夫师授，栖栖勤勤，其始也若此。至年十五，得明经及第，因捧先人旧书于西窗下，钻仰沉吟，仅于不窥园井[9]矣。如是者十年，然后粗沾一命[10]，粗成一名。及今思之，上不能及乌鸟之报复[11]，下未能减亲戚之饥寒，抱衅[12]终身，偷活今日。故李密[13]云："生愿为人兄，得奉养之日长。"吾每念此言，无不雨涕。

汝等又见吾自为御史来，效职无避祸之心，临事有致命之志，尚知之乎？吾此意，虽弟兄未忍及此。盖以往岁忝职[14]谏官，不忍小见，妄干朝听，谪弃河南，泣血西归，生死无告。幸余命不殒，重戴冠缨，常誓效死君前，扬名后代，殁有以谢先人于地下耳。呜呼！及其时而不思，既思之而不及，尚何言哉！今汝等父母天地，兄弟成行，不于此时佩服诗书以求荣达，其为人耶？其曰人耶？

吾又以吾兄所职易涉悔尤，汝等出入游从，亦宜切慎。吾诚不宜言及于此。吾生长京城，朋从不少，然而未尝识倡优之门，不曾于喧哗纵观，汝信之乎？吾终鲜姊妹，陆氏诸生，念之倍汝，小婢子等，既抱吾殁身之恨，未有吾克己之诚，日夜思之，若忘生次。汝因便录吾此书寄之，庶其自发，千万努力，无弃斯须。稹付仑、郑等。

【注释】

[1] 谪窜：指贬官。　[2] 贻：给予。　[3] 冠岁行登：刚刚及冠成年就科举登科了。　[4] 十九童心：十九岁还童心未泯。古人二十岁及冠成年，十九，即将成人之年。　[5] 怠：使懈怠。　[6] 樵苏：这里指砍柴。　[7] 东都：指洛阳。　[8] 岐嶷：形容幼年聪慧。　[9] 不窥园井：指在屋中专心读书，不曾探头向外看过。　[10] 粗沾一命：指草草获得一个官职。　[11] 乌鸟之报复：指乌鸦报养父母的典故。　[12] 衅：罪过。　[13] 李密：字令伯，一名虔，犍为武阳（今四川彭山）人。幼年丧父，由祖母抚养成人。后李密以对祖母孝敬甚笃而名扬于乡里。初仕蜀汉为尚书郎，蜀亡，晋武帝召为太子洗马，李密以祖母年老多病、无人供养而力辞。祖母去世后，方出任太子洗马，迁汉中太守。后免官，卒于家中。　[14] 忝职：指迁任。

柳玭：柳氏叙训

柳玭（？—895），柳仲郢之子，柳公绰之孙，京兆华原(今陕西耀县)人，晚唐官员。柳氏为名门望族，其祖柳公绰为晚唐名臣，曾亲率部队平定淮西吴元济的叛乱，且天性至孝，以至于他的亲家也不知道他的母亲薛氏是他的后母。公绰之弟即大书法家柳公权，历仕宪、穆、敬、文、武、宣、懿七朝，官至太子少师，封河东郡公，故世称“柳少师”。其父柳仲郢，字谕蒙，少年时勤读经史，尤对《史记》《汉书》以及魏晋南北朝史做过深入研究，他手抄经史三十多篇，合辑为《柳氏自备》，所著《尚书二十四司箴》深得韩愈的赏识。柳玭作此文，追述家风，以教导子孙以祖先为楷模。本文选自泰山出版社的《中华野史·唐朝卷》。

先祖河东节度使公绰，在公卿间最名有家法。中门东有小斋，自非朝谒之日，每平旦辄出小斋，诸子皆束带[1]晨省于中门之北。公绰决私事，接宾客，与弟公权及群从弟再会食，自旦至暮，不离小斋。烛至，则命子弟一人执经史，躬读一过[2]讫，乃讲议居官治家之法，或论文听琴，至人定钟，然后归寝，诸子复昏定[3]于中门之北。凡二十余年，未尝一日变易。其遇饥岁，则诸子皆蔬食，曰：“昔吾兄弟侍先君为丹州刺史，以学业未成，不听食肉，吾不敢忘也。”祖母韩夫人，相国休之曾孙，相国滉之孙，仆射贞公皋之长女。家法严肃俭约，为搢绅家楷范。归我家三年，无少长，未尝见启齿。贞公在省为仆射，先公于襄阳加端揆[4]，常衣绢素，不用绫罗锦绣。贞公亲仁里有宅，每归觐，不乘金碧舆，祇乘竹兜子，二青衣步屣以随，贞公叹乃[5]御下之俭也。常命粉[6]苦参、黄连、熊胆，和为丸，赐先公及诸叔，每永夜习学含之，以资勤苦。

【注释】

[1] 束带：束起腰带，指穿戴整齐。 [2] 一过：一遍。 [3] 昏定：晚上服侍父母就寝。 [4] 端揆：宰相。 [5] 乃：他的。 [6] 粉：使成粉。

先公居外藩[1]，先公每入境，郡邑未尝知。既至，每出入，常于戟门[2]外下马，呼幕宾为丈，皆许纳拜，未尝笑语款洽。牛相国[3]辟为武昌从事，动遵礼法。奇章公叹曰："非积习名教，不及此。"

【注释】

[1] 外藩：指藩镇。 [2] 戟门：原指军营外的大门，唐代为官员衙署外的常设，代指官衙。 [3] 牛相国：即牛僧孺，字思黯，唐穆宗、唐文宗时宰相，后封奇章郡公，故被人成为"奇章公"。

先公以礼律身，居家无事，亦端坐拱手。出内斋，未尝不束带。三为大镇[1]，厩无良马，衣不熏香。公退必读书，手不释卷。家法在官不奏祥瑞[2]，不度僧道，不贷赃。吏法：凡理藩府，急于济贫卹[3]孤，有水旱必先期假贷，廪粟军食必精丰，逋租必贯免[4]，馆传必增饰，宴宾犒军必华盛，而交代[5]之际，仓储帑藏，必盈溢于始至。境内有孤贫衣缨家女及笄者皆为选婿，出俸金为资装嫁之。

【注释】

[1] 大镇：指出任藩镇节度使。 [2] 在官不奏祥瑞：为官不奏报祥瑞之事

（以博得皇帝欢心）。 [3] 卹：即“恤”，抚恤。 [4] 逋租必贳（shì）免：指欠租税的必定会减免。 [5] 交代：指新旧官员交接职位。

叔祖少保公权[1]，字诚悬。玭兄弟尝从诸季父送别东郊，仆马在门，会阴晦，多雨具。少保因言：“我少时家贫，当房[2]严训。年十六，当房往鲍陂人家致祭处分[3]，先往撰文[4]。时甚雪，只得一驴，女家人清净，随后得一破褥子，披至鲍陂，为庄客所哀，为燔薪，得附火为文，写上板子。当房朝下到庄，呈祝版，此时免科责便满望[5]，岂暇知寒。今日虽散退，还得尔许官。尔等作得祭文者有几人，皆乘马有油衣，吾为尔等忧。”太保晓声律而不好乐，常云：“闻乐令人骄惰。”

【注释】

[1] 公权：即柳公权。 [2] 当房：宗族中的同房，这里指叔伯长辈。 [3] 致祭处分：指吊唁。 [4] 先往撰文：指柳公权自己先去写祭文。 [5] 此时免科责便满望：这个时候能够免除训斥就是全部的愿望了。

先妣韦夫人外王父[1]相国文公贯之，奕世以贞谅峻鲠称[2]。先夫人事君舅君姑凡十一年，晨省于鸡鸣，昏定于初夕，未尝阙。梁国夫人有疾，先夫人一月不下堂，早夜奉养，疾愈始归院。文公及第，登谏科，判入高等，授长安尉，秩满困穷，穴地燔薪，啖豆糜[3]以御冬。

【注释】

[1] 外王父：外祖父。 [2] 奕世以贞谅峻鲠称：处事以正直宽宏耿直著称。 [3] 豆糜：用豆子熬成的粥。

孝公房舅谓余弟兄曰：“尔家虽非鼎甲，然中外名德冠冕之盛，亦可谓华腴右族[1]。”玭自闻此言，刻骨畏惧。夫门地高，可畏不可恃。可畏者，立身行己，一事有坠先训，则罪大于他人。虽生可以苟取爵位，死亦不可见祖先于地下。不可恃者，门高则自骄，族盛则为人窥嫉，实艺懿行[2]，人未必信，纤瑕微累，十手争指矣。所以承地胄者，修己不得不恳，为学不得不坚。

【注释】

[1] 华腴右族：衣着华丽饮食丰盛的豪族。古代豪族富户居于街巷右侧，称为“闾右”。　[2] 实艺懿行：艺，本意是种植，这里是作为的意思。确实做出了美善的行为。

夫士君子生于世，己无能而望他人用之，己无善而望他人爱之，亦犹农夫卤莽种之，而怨大泽之不润，虽欲弗馁[1]，其可得乎！余幼时，每闻先公仆射与太保房叔祖讲论家法，莫不言立己以孝弟为基，以恭默为本，以畏怯为务，以勤俭为法，以交结为末事，以气焰为凶人，肥家[2]以忍顺，保交以简敬，百行备矣。体之未臧[3]，三缄密虑，言之或失，广记如不及，求名如傥来，去吝与骄，庶几寡过。莅官[4]则洁己省事，而后可以言守法，守法而后可以言养人，直不近祸，廉不沽名，廪禄虽微，不可易黎氓之膏血；榎楚[5]虽用，不可恣褊狭之胸襟。忧与祸不偕，洁与富不并。

【注释】

[1] 馁：饥饿。　[2] 肥家：壮大家族。　[3] 臧：善。　[4] 莅官：即当官。
[5] 榎（jiǎ）楚：指楸树和荆棘，古代用来制作刑杖，代指刑罚。

余又比[1]见名家子孙，其祖先正直当官，耿介特立，不畏彊御[2]者，及其衰也，则但有暗劣，莫知所宗，此际几微，非贤不达。

【注释】

[1] 比：接连。　　[2] 彊御：指暴虐的大臣。

夫坏名灾己，辱先丧家，其失有尤大者五，宜深记之：一是自求安逸，靡甘淡泊，苟便于己，不恤人言；二是不知儒术，不闲[1]古道，懵[2]前经而不耻，论当世而解顺，自无学业，恶[3]人有学；三是胜己者厌之，佞己者悦之，唯乐戏谈，莫思古道，闻人之善嫉之，闻人之恶扬之，浸渍颇僻[4]，销刓[5]德义，簪裾[6]徒在，厮养何殊；四是崇好慢游，耽嗜曲蘖[7]，以衔杯[8]为高致，以勤事为俗人，习之易荒，觉已难悔；五是急于名宦，昵近权要，一资半级，虽或得之，众怒群猜，鲜有存者。兹五不韪，甚于痤疽，痤疽则砭石可瘳[9]，五失则神医莫理。前朝炯戒，方册具存；近世覆车，闻见相接。

【注释】

[1] 闲：通“娴”，娴熟。　[2] 懵：无知。　[3] 恶：厌恶。　[4] 浸渍颇僻：指被偏颇邪僻的思想所浸染。　[5] 销刓（wán）：衰微败坏。　[6] 簪裾：古代显贵者的服饰。借指显贵。　[7] 曲蘖：同“麴糵（qū niè）”，即酒曲，代指酒。　[8] 衔杯：举杯饮酒，指宴饮。　[9] 瘳（chōu）：病愈、治愈。

夫中人[1]已下，修词力学者，则躁进患失，思展其用；审命知退者，则业荒文芜，一[2]不足操。唯智者研其虑，博其闻，坚其习，精其业，用之则行，舍之则藏。苟异于斯，孰为君子！

【注释】

[1] 中人：普通人。　[2] 一：全。

余自幼奉严训，实自悬克，不敢以资冒明进。分为州邑冗吏，未尝以一言求伸于公卿间。今优游清切，乃逾心期[1]，至于披阅坟史[2]，研味秘奥，犹惜寸阴，不知老之将至。噫！君臣父子之道，礼乐刑政之规，在于儒术，是乃本源。夫以忧虞疾，有限之年，自少及衰，从旦至暮，孜孜于本教之事，尚不得一二，矧[3]以他事挠之耶？

【注释】

[1] 乃逾心期：已经超过了内心的期望。 [2] 坟史：指典籍。 [3] 矧（shěn）：况且。

《语》[1]曰："不有博奕者乎，为之犹贤乎已[2]。"此一章，意义全在已字。已者，饱食终日，无所用心之人也。如是者，心智昏懒，兼不及于博奕。夫子以博弈为喻者，乃深切于戒劝，明言博奕为鄙事，非许儒学。不务经术，但博奕耳，吴宫[3]之论，可为格言。近者又有叶子戏，或闻其名本起妇女，既鄙于握槊，乃赌钱之流，手执青蚨，坐销白日，进德修业，其若是乎！

【注释】

[1]《语》：《论语》。 [2] 为之犹贤乎已：指下棋还比无所事事强一些。[3] 吴宫：指吴王夫差的宫殿，夫差霸业成就之后，每日在宫中饮乐，终至亡身。

夫世族之源长庆[1]远，与命位之丰约[2]否泰，不假征蓍龟，不假徵星数，处心行事而已。今昭国里崔山南昆弟子孙之盛，乡族罕比。山南曾祖母长孙夫人，年高无齿，祖母唐夫人事姑孝，每旦栉縰笄总[3]，拜于阶下，即升堂乳其姑。长孙夫人不粒食[4]数年而康宁，一日疾病，长幼咸萃，宣言无以报新妇恩，愿新妇有子有孙，皆得如新妇孝敬，则崔之门安得不昌大乎！

【注释】

[1] 庆：福气。 [2] 丰约：即大小。 [3] 栉縰（xǐ）笄总：栉，梳发；縰，束发；笄总，插笄束发。指侍奉父母起居。 [4] 粒食：颗粒状等需要咀嚼的食物，这里指吃这些食物。

今东都仁和里裴尚书宽，子孙众盛，实为名阀。天后[1]时，宰相魏元同选尚书之先为长婿，未成婚而魏陷罗织狱，一家徙于岭表[2]。来俊臣辈既死，始沾恩还北。魏之长女已逾笄，及湖外，其家议北[3]裴必不复求婚，沦落贫窭[4]，无以为衣食资，诣老比邱尼，祈披缁[5]居其寺，女亦甘愿下发有日[6]矣。有客尼自外至，闻其议曰："一见魏氏女，可乎？"见之，曰："此女俗福丰厚，必有令匹，子孙将遍天下，宜事北归。"言讫而去，遂不敢议。及荆门。则裴自京洛赍资聘，俟魏氏之北反，已数月矣。今势利之徒，奉权幸如不及，舍信誓如反掌，则裴之蕃衍，乃天之报施也。郑司徒言于河南文公云：裴某作刺史，儿女皆饭饼饵。人言其为吏清白，与周给[7]亲爱，不可不信矣。

【注释】

[1] 天后：指武则天。 [2] 岭表：指广东地区。 [3] 北：指（女儿）北归。 [4] 贫窭（jù）：贫乏，贫穷。 [5] 披缁：淄衣，指僧衣。披缁，即出家。 [6] 甘愿下发有日：指愿意落发出家很久了。 [7] 周给：接济。

余季妹适弘农杨堪，在蒋相国幕[1]，清刻自持。属吏有馈献，皆不纳。尝言："不唯自清，抑亦内助焉。"余旧府高公先侍郎兄弟三人，俱居清列，非速客不二羹胾[2]，夕食龁[3]葡匏而已，皆保重名于世。

【注释】

[1] 幕：做幕僚。 [2] 非速客不二羹胾（zì）：速，招待；胾，切成的大块肉。

不招待客人不准备两份肉羹。 [3] 龁（hé）：食用。

永宁王相国(按王相涯)方居相位，掌利权。窦氏女归[1]，请曰："玉工货[2]钗奇巧，须七十万钱。"王曰："七十万，我一月俸金尔，岂于女惜，但一股钗七十万，此妖物也，必与祸相随。"女不复敢言。数月，女自婚姻会归，告王曰："前时钗为冯外郎妻首饰矣。"乃冯球也。王叹曰："冯为郎吏，妻之首饰有七十万钱，其可久乎，其善终乎！"冯为贾相门人，最密，（按贾相餗）贾为东户，又取为属郎。贾有苍头[3]，颇张威福，冯于贾忠，将发之未能。贾入相，冯一日遇苍头于门，召而勗[4]之曰："户部中謗词不一，苟不悛[5]，必告相国。"奴泣，拜谢而去。未浃旬[6]，冯晨与贾未兴时，方命设火内斋，曰冠当出。俄有二青衣[7]，赍银罌出曰："相公恐员外寒，命奉地黄酒三杯。"冯悦，尽举之。青衣入，冯出告其仆御曰："渴且咽[8]。"粗能言其事，食顷而终。贾为冯兴叹出涕，竟不知其由。又明年，王、贾皆遘祸。噫！王以珍玩奇货为物之妖，信知言矣，而徒知物之妖，而不知恩权隆赫之妖甚于物邪！冯以卑位贪宝货，已不能正其家，尽忠所事而不能保其身，斯亦不足言矣。贾之臧获，害门客于墙庑之间，而不知欲始终富贵，其可得乎！此虽一事，作戒数端。

【注释】

[1] 归：出嫁。 [2] 货：贩卖。 [3] 苍头：指奴仆。 [4] 勗：同"勖"，勉励，这里指告诫。 [5] 悛（quān）：悔改。 [6] 浃旬：一旬，十天。浃，整。 [7] 青衣：侍者。 [8] 咽（yè）：呼吸困难。

又李相国泌居相位，请征阳道州[1]为谏议大夫。阳既至，亦甚御恩。未几，李薨于相位，其子蘩居丧，与阳并居。阳将献疏斥裴延龄之恶，嗜酒目昏，以恩故子弟待蘩，召之写疏。蘩强记[2]，绝笔诵于口[3]，录以呈延龄，递奏之云："城将此疏行于朝数日矣。"道州疏入，德宗已得延龄稿，震怒，俄斥道州，竟不反。蘩后为谯郡守，虐诛巨盗，不以法。舒相元舆布衣时，以文贽[4]蘩。蘩曰："自此有一舒家。"衔之[5]。及为御史，鞫谯狱[6]，入蘩罪，不可解，数年舒亦及祸。今世人各盛言宿业报应之说，曾不思视履考祥[7]之事，不其惑欤！

【注释】

[1] 阳道州：即下文所说的阳城，晚唐名士，被时任陕虢观察使的李泌举荐为官，所以下文说阳城待李泌之子如恩故子弟。 [2] 强记：记忆力强。[3] 绝笔诵于口：书写完后而口能背诵。 [4] 贽（zhì）：馈赠，这里指献文章。 [5] 衔之：记在心里。 [6] 鞫谯狱：审问谯郡的案件。 [7] 视履考祥：语出《易经》，指检视自己走过的路，以预判未来的新情况。

余又见名门右族，莫不由祖考[1]忠孝勤俭以成立之，莫不由子孙顽率奢傲以覆坠之。成立之难如升天，覆坠之易如燎毛，言之心痛心，尔宜刻骨。

【注释】

[1] 祖考：祖、父辈。

又余家世，本以学识礼法称于士林间，比见诸家于吉凶礼制[1]有疑文者，多取正焉。丧乱以来，门祚[2]衰落，清风素范，有不绝如线之虑。当礼乐崩坏之际，荷[3]祖先名教之训，弟兄两人，年将中寿[4]，基构之重，属于后生，纂续则贫贱为荣，隳坠则富贵可耻。令所纪旧事，十忘三四，昼览而夜思，栖心讲求，触类滋长。夫行道之人，德行文学为根株，正直刚毅为柯叶[5]。有根无叶，或可俟时，有叶无根，膏雨[6]所不能活也。苟懵斯理，欲绍家声，则今之流传，反成灾害，谛听熟念，以保令名。至于孝慈友悌，忠信笃行，乃食之醯酱，不可一日无也，岂必言哉！比史官皆有序传，以纪宗门，余初及行在，尚守左史[7]，故敢以序训为目。

【注释】

[1] 吉凶礼制：指婚丧祭祀礼仪。 [2] 门祚（zuò）：家族福运。 [3] 荷：负荷承担。 [4] 中寿：指满寿命，将死之意。 [5] 柯叶：枝叶。 [6] 膏雨：滋润心雨。 [7] 左史：官名。周代史官有左史、右史，左史记行，右史记言。

范仲淹：告诸子及弟侄

范仲淹（989—1052），字希文，谥文正，北宋著名政治家、文学家、军事家、教育家。他自幼贫苦，但勤奋好学，终成一代名臣。他为政清廉，体恤民情，任参知政事期间，整顿吏治，主持变法，史称“庆历新政”。他正气凛然，文采卓著，所著《岳阳楼记》，其中“先天下之忧而忧，后天下之乐而乐”流传千古。本文为范文正公对其弟弟、儿子、侄儿等所作，并非同时写成，而是经过后人编辑而成。在此文中，他告诫家人要勤奋刻苦，勤俭持家，清廉为官。其报本反始之心，思念亡妻之情，抚恤亲族之意，流露于行文之间，无不体现出一代名臣之做人、持家及为政的卓越风范。本文采用台湾商务印书馆《影印文渊阁四库全书》中由宋代刘清之所编集的《戒子通录》作为选文底本。

吾贫时，与汝母养吾亲，汝母躬执爨，而吾亲甘旨[1]未尝充也。今而得厚禄，欲以养亲，亲不在矣。汝母已早世，吾所最恨者，忍令若曹享富贵之乐也。

【注释】

[1] 甘旨：指对双亲的奉养。

吴中宗族甚众，于吾固有亲疏，然以吾祖宗视之，则均是子孙，固无亲疏也。苟祖宗之意无亲疏，则饥寒者吾安得不恤也。自祖宗来积德百余年，而始发于吾，得至大官，若独享富贵而不恤宗族，异日何以见祖宗于地下，今何颜以入家庙[1]乎？

【注释】

[1] 家庙：祖庙，宗祠。古时有官爵者才能建家庙，作为祭祀祖先的场所。

京师[1]交游，慎于高论，不同常言之地。且温习文字，清心洁行，以自树立平生之称。当见大节，不必窃论曲直，取小名招大悔矣。（《与直讲三哥》）

【注释】

[1] 京师：京城。指北宋时的汴京，今开封。

京师少往还[1]，凡见利处，便须思患。老夫屡经风波，惟能忍穷，方得免祸。（《与宅眷贤弟书》）

大参到任，必受知也。惟勤学奉公，勿忧前路。慎勿作书，求人荐拔，但自充实为妙。（《与集贤学士书》）

将就大对，诚吾道之风采，宜谦下兢畏，以副士望。（《与贤良》）

【注释】

[1] 往还：交游，交往。

青春何苦多病，岂不以摄生[1]为意耶？门才起立，宗族未受赐，有文学称，亦未为国家所用，岂肯循常人之情，轻其身汩[2]其志哉！（《与提点》）

贤弟请宽心将息[3]，虽清贫，但身安为重。家间苦淡，士之常也，省去冗口可矣。请多着功夫看道书，见寿而康者，问其所以，则有所得矣。

【注释】

[1] 摄生：养生，保养身体。　[2] 汩：埋没。　[3] 将息：珍重，保重。

汝守官处小心不得欺事[1]，与同官和睦多礼，有事只与同官议，莫与公人商量，莫纵乡亲来部下兴贩[2]，自家且一向清心做官，莫营私利。当看老叔自来如何，还曾营私否？自家好，家门各为好事，以光祖宗。(《与监薄书》)

【注释】

[1] 欺事：轻慢世事。　[2] 贩：买货出卖。

宋祁：庭诫

宋祁（998—1062），字子京，雍丘（今河南杞县）人。北宋史学家，文学家，因与欧阳修共同编撰《新唐书》闻名于世。此篇家训是宋祁为其儿子所作。宋祁一生崇尚儒学，故本文中，他训诫儿子要以儒学为业，师法儒学，不可以笃信道家和佛家的学说。他告诫儿子，要谨守儒家的孝悌忠信，慈孝为本，勤俭持家，兄弟之间要团结无间，这样才能保持家业的繁盛不息。本文义理深刻，行文流畅，为阐述儒家家庭义理的经典名篇。本文采用台湾商务印书馆《影印文渊阁四库全书》中由宋代刘清之所编集的《戒子通录》作为选文底本。

吾世为儒，今华吾体[1]者，衣冠也；荣吾私[2]者，官禄也；谨吾履[3]者，礼法也；睿吾识[4]者，诗书也。入以事亲，出以事君，生以养，死以葬，莫非儒也。由终日戴天不知天之高，终日跖[5]地而不知地之厚。故天下蚩蚩[6]终无谢生于其本者，德大而不可见也。吾没后，不得做道佛二家斋醮[7]，此吾生平所志，若等不得违命作之，违命作之是死吾也，是以吾为遂无知也。孔子称天下有至德要道之孝，故自作经一篇以教后人必到于善，谓曰“至莫不切于事”，谓曰“要举一孝，百行罔不该焉”。故吾以此教若等，凡孝与亲，则悌于长、友于少、慈于幼，出于事君则为忠，于朋友则为信，于事为无不敬，无不敬则庶乎成人[8]矣。若等兄弟十四人，虽有异母者，但古人谓“四海之内皆兄弟”也，况同父均气乎？《诗》称“死丧之威，兄弟孔怀”[9]，不可不念也。兄弟之不怀，求合他人，他人渠[10]肯信哉！纵阳合之彼，应背憎也。若等视吾事莒公，莒公及吾云："何可以为法矣？大抵人不可以无学，至于奏章笺记随宜为之，天分自有所禀，不可强也。要得数百卷书在胸中，则不为人所轻诮矣。"

【注释】

[1] 华吾体：使我身体华丽。　[2] 荣吾私：使我私人荣显。　[3] 谨吾履：使我操持谨慎。　[4] 睿吾识：使我睿智。　[5] 跖：踏。　[6] 蚩蚩：昏聩无知的状态。　[7] 斋醮：请僧道设斋坛，祈祷神佛。　[8] 成人：道德完善的人。　[9] 死丧之威，兄弟孔怀：出自《诗·小雅·常棣》，形容兄弟情深。　[10] 渠：岂。

欧阳修：书示子侄

欧阳修（1007—1072），字永叔，号醉翁，六一居士，吉州永丰（今江西省吉安市）人，北宋政治家、史学家、文学家。官至枢密副使，参知政事等职。纂修《新唐书》《新五代史》等史书，北宋古文运动的代表，唐宋八大家之一。在家书中，欧阳修教诲子侄动静养生之道，勤勉为学之法，而在为官方面，他劝戒子侄清正奉公，持守节义。本文义理通澈，简约典雅。本文采用台湾商务印书馆《影印文渊阁四库全书》中由宋代刘清之所编集的《戒子通录》作为选文底本。

藏精于晦[1]则明，养神于静则安。晦，所以畜用[2]；静，所以应动。善畜者不竭，善应者无穷。此君子修身治人之术，然性近者得之易也。

勉诸子：玉不琢不成器，人不学不知道。玉之为物，有不变之常，虽不琢以为器，犹不害[3]为玉也。人之性因物则迁，不学则舍君子而为小人，可不念哉！

【注释】

[1] 晦：微暗之处。　[2] 畜用：贮藏精神以待使用。　[3] 不害：不妨碍。

与侄通理：自南方多事以来，日夕忧汝。得昨日递中书，顿解优。想欧阳氏自江南归明[1]，累世蒙朝廷官禄，吾今又被荣显，致汝等并列官品，当思报效。偶此多事，如有差使，尽心向前，不得避事。至于临难死节[2]亦是汝荣事。但存心尽公，神明自佑，汝慎不可思避事也。昨中书言：欲买朱砂来。吾不缺此物，汝于官下，宜守廉，何得买官下物。吾在官所，除饮食外，不曾买一物，汝可观此为戒也。

【注释】

[1] 归明：归于圣明的朝廷。　　[2] 临难死节：指危难之时舍生取义。

邵雍：诫子孙

邵雍（1011—1077），字尧夫，谥号康节，北宋儒者，思想家。代表著作有《皇极经世》。邵雍是北宋著名的象数论思想家，其对后世宋明理学的发展有着深远影响。在此篇家训中，邵雍劝诫子孙亲贤远佞，不做违礼之事，为善务正，这样才能保证家族事业安定，生生不息。此文行文流畅，语言朴实，意蕴深远。本文采用中华书局整理出版的《邵雍集》作为选文底本。

上品之人[1]不教而善，中品之人教而后善，下品之人教亦不善。不教而善，非圣而何？教而后善，非贤而何？教亦不善，非愚而何？是知善者，吉之谓也；不善者，凶之谓也。吉也者，目不观非礼之色，耳不听非礼之声，口不道非礼之言，足不践非礼之地，人非善不交，物非义不取，亲贤如就芝兰[2]，避恶如畏蛇蝎。或曰不谓之吉人，则吾不信也。凶也者，语言诡谲，动止阴险，好利饰非，贪淫乐祸，疾良善如雠隙[3]，犯刑宪如饮食，小则殒身灭性，大则覆宗绝嗣。或曰不谓之凶人，则吾不信也。

《传》有之曰："吉人为善，惟日不足；凶人为不善，亦惟日不足。"汝等欲为吉人乎？欲为凶人乎？

【注释】

[1] 上品之人：品性良善的人。　[2] 芝兰：芝草和兰草皆香草名。古时比喻君子德操之美。　[3] 雠隙：仇恨，怨恨。

吕大钧等：吕氏乡约

《吕氏乡约》是宋初吕大钧等儒者于神宗熙宁九年（1076）所制定和实施的中国历史上最早的乡约。内容主要包含：德业相劝、过失相规、礼俗相交、患难相恤。乡约是一种村落自治的规章，其中深刻体现了儒家的治理智慧。《吕氏乡约》按照中国古典儒家伦理规范，对参与乡约的民众进行教化和规导，以达到扬善抑恶、移风易俗的治理效果。后来，明代大儒冯从吾评价：自《吕氏乡约》在关中（今陕西）推行以后，“关中风俗为之一变”。中国古代的乡村治理是以家庭为基本单位，家在乡村的治理中居于中心的位置。因此，乡约的很多内容都是关于如何修身、如何齐家和如何落实孝悌之义等伦理规范。从这个意义上来说，《吕氏乡约》是一种特殊类型的家训，它以家庭伦理为核心向外拓展，进而形成良善的基层共同体治理秩序。其中含有很多关于治理家庭、慎交朋友以及和睦邻里等规约，至今仍对当代家庭有很强的借鉴意义。本文采用中华书局版的《蓝田吕氏遗著辑校》作为选文底本。

德业相劝

德，谓见善必行，闻过必改，能治其身[1]，能治其家，能事父兄[2]，能教子弟[3]，能御僮仆[4]，能事长上，能睦亲故，能择交游[5]，能守廉介[6]，能广施惠，能受寄托，能救患难，能规过失[7]，能为人谋，能为众集事，能解斗争，能决是非，能兴利除害，能居官举职。凡随善为众所推者，皆书于籍[8]，以为善行。业[9]，谓居家则事父兄、教子弟、待妻妾，在外则事长上、接朋友、教后生、御僮仆。至于读书治田、营家济物、好礼乐射御书数之类，皆可为之，非此之类，皆为无益。

【注释】

[1] 能治其身：能够修养自身的德行。　[2] 能事父兄：对长辈能尽孝悌之道。　[3] 子弟：子与弟；亦泛指子侄辈。　[4] 僮仆：仆役。　[5] 交游：交际；结交朋友。　[6] 廉介：清廉耿介。　[7] 规：规导、劝诫。　[8] 籍：书，书册；登记。　[9] 业：事物。

过失相规

过失谓：犯义之过六，犯约之过四，不修之过五。

犯义之过：一曰酗博斗讼[1]。酗谓恃酒喧竞[2]，博谓博赌财物，斗谓斗殴骂詈，讼谓告人罪慝、意在害人者。若事干负累[3]，及为人侵损而诉之者非。

二曰行止踰违[4]。踰违多端，众恶皆是。

三曰行不恭孙[5]。侮慢有德有齿者，持人短长及恃强犯众人者，知过不改闻谏愈甚者。

四曰言不忠信。为人谋事、陷人于不善，与人要约，过即背之，及诬妄百端皆是。

五曰造言[6]诬毁。诬人过恶，以无为有，以小为大，面是皆非，或作嘲咏匿名文书，及发扬人之私隐[7]，无状可求，及喜谈人之旧过者。

六曰管私太甚。与人交易伤于掊克[8]者，专务进取不卹余事者，无故而好干求假贷者，受人寄托而有所欺者。

【注释】

[1] 酗博斗讼：沉迷于酒、赌博、斗殴和诬告。 [2] 喧竞：喧闹相争。

[3] 事干负累：事干，谓事已了结；负累，连累。 [4] 踰违：踰通“逾”。

[5] 行不恭孙：孙，通“逊”；谦让，恭顺。 [6] 造言：捏造谣言。

[7] 发扬人之私隐：在公共场合暴露别人的隐私。 [8] 掊克：聚敛，搜括。

犯约之过：一曰德业不相劝，二曰过失不相规，三曰礼俗不相成，四曰患难不相恤。

不修之过：一曰交非其人。所交不限士庶，但凶恶及游惰无行，众所不齿者，若与之朝夕游从，则为交非其人。若不得已暂往还者非。

二曰游戏怠惰。游谓无故出入，及谒见人，止务闲适者。戏谓戏笑无度，及意在侵侮，或驰马击鞠[1]之类，不赌财物者。怠惰谓不修事业及家事不治，门庭不洁者。

三曰动作无仪。进退太疏、野及不恭者，不当言而言、当言而不言者，衣冠太饰，及全不完整者，不衣冠入街市者。

四曰临事不恪[2]。主事废忘，期会后时，临事怠慢者。

五曰用度不节约。不计家之有无，过为侈费者，不能安贫而非道营求者。

已上不修之过，每犯皆书于籍，三犯则行罚。

【注释】

[1] 鞠：古代的一种皮球。 [2] 恪：恭敬，谨慎。

礼俗相交

凡行婚姻、丧葬、祭祀之礼，《礼经》具载，亦当讲求。如未能遽[1]行，且从家传旧仪，甚不经者当渐去之。

凡与乡人相接，及往还书问[2]，当众议一法共行之。

凡遇庆吊[3]，每家只家长一人与同约者皆往，其书问亦如之。若家长有故，或与所庆吊者不相识，则其次者当之。所助之事，所遗之物[4]，亦临时聚议，各量其力，裁定名物及多少之数。若契[5]分浅深不同，则各从其情之厚薄。

凡遗物婚嫁及庆贺，用币帛羊酒蜡烛雉兔果实之类，计所直多少，多不过三千，少至一二百。丧葬始丧，则用衣服或衣段以为襚礼[6]，以酒脯为奠礼，计直多不过三千，少至一二百。至葬则用钱帛为赙礼[7]，用猪羊酒蜡烛为奠礼，计直多不过五千，少至三四百。灾患如水火、盗贼、疾病、刑狱之类，助济者以钱帛米谷薪炭等物，计直多不过三千，少至二三百。

凡助事谓助其力所不足者，婚嫁则借助器用，丧葬则又借助人夫及为之营干。

【注释】

[1]遽（jù）：遂，就。 [2]书问：书信；音问。 [3]庆吊：庆贺与吊慰。亦指喜事与丧事。 [4]所遗之物：赠予的财物。 [5]契：相合，相投；[6]襚（suì）礼：指吊丧者赠送死者的衣衾等物。 [7]赙（fù）礼：送给丧家的礼物；亦指赠送礼物以助人治丧。

患难相恤

患难之事七：

一曰水火。小则遣人救之，大则亲往，多率人救之，并吊之耳。

二曰盗贼。居之近者，同力捕之。力不能捕，则告于同约者，及白于官司[1]，尽力防捕之。

三曰疾病。小则遣人问之，稍甚则亲为博访医药。贫无资者，助其养疾之费。

四曰死丧。阙人干则往助其事，阙财则赙物及与借贷吊问。

五曰孤弱。孤遗无所依者，若其家有财可以自赡，则为之处理，或闻于官，或择近亲与邻里可托者主之；无令人欺罔。可教者，为择人教之，及为求婚姻；无财不能自存者，叶力济之[2]，无令失所。若为人所欺罔，众人力与办理；若稍长而放逸不检，亦防察约束之，无令陷于不义也。

六曰诬枉。有为诬枉过恶，不能自申者，势可以闻于官府，则为言之，有方略可以解，则为解之，或其家因而失所者，众以财济之。

七曰贫乏。有安贫守分而生计大不足者，众以财济之，或为之假贷置产[3]，以岁月偿之。凡同约者，财物、器用、车马、人仆，皆有无相假。若不急之用，及有所妨者，亦不必借。可借而不借，及踰期不还，及损坏借物者，皆有罚。凡事之急者，自遣人徧告[4]；同约事之缓者，所居相近及知者，告于主事，主事徧告之。凡有患难，虽非同约，其所知者，亦当救恤，事重则率同约者共行之。

【注释】

[1] 白于官府：向官府陈述、陈词。 [2] 叶力济之：力所能及周济财物。

[3] 假贷置产：借贷财物为其置办产业。 [4] 徧（biàn）告：通告。

罚式

犯义之过，其罚五百，轻者或损至四百三百[1]。不修之过及犯约之过，其罚一百，重者或增至二百三百。凡轻过，规之而听，及能自举者[2]，止书于籍，皆免罚。若再犯者，不免。其规之不听，听而复为，及过之大者，皆即罚之。其不义已甚，非士论所容者，及累犯重罚而不悛者，特聚众议，若决不可容，则皆绝之。

【注释】

[1] 损至：减少到。 [2] 自举：自我检举。

聚会

每月，一聚，具食[1]。每季一会，具酒食，所费率钱[2]，令当事者主之。聚会则书其善恶，行其赏罚。若约有不便之事，共议更易。

【注释】

[1] 具食：准备酒和食物。 [2] 率（lǜ）钱：凑钱，募钱。

主事

约正[1]一人或二人，众推正直不阿者为之，专主平决[2]赏罚当否。直月一人，同约中不以高下，依长少轮次为之，一月一更，主约中杂事。

人之所赖于邻里乡党者，犹身有手足，家有兄弟，善恶利害皆与之同，不可一日而无之，不然，则秦越其视[3]，何与于我哉？大忠素病于此，且不能勉，愿与乡人共行斯道。惧德未信，动或取咎，敢举其目，先求同志[4]，苟以为可，愿书其诺，成吾里仁之美，有望于众君子焉。

【注释】

[1] 约正：主持乡约之人。 [2] 平决：裁定。 [3] 秦越其视：先秦时秦越两国，一在西北，一在东南，相去极远。后因称疏远隔膜、互不相关为“视同秦越”。 [4] 同志：志同道合之人。

司马光：温公家范

司马光（1019—1086），字君实，号迂叟，陕州夏县（今山西夏县）涑水乡人，世称涑水先生。北宋著名政治家、史学家、文学家，历仕仁宗、英宗、神宗、哲宗四朝，死后追赠太师衔、追封温国公，谥号文正，后世亦称其为“司马温公”或“司马文正公”。司马光为官期间，一直为朝中“旧党”领袖，与以王安石为首的，提倡新政的“新党”政见相左，认为新政违反了他一直坚守的儒家治国、为政之道，并针对新政的种种弊端，上疏条陈，据理力争，一度令新法全面废止，其用心虽好，然新旧党争过剧，最终仍于国家有损。

司马光的另一重要历史贡献，即编纂《资治通鉴》。宋英宗治平三年（1066），司马光编成《通志》一书，以《史记》为主，编成《周纪》五卷，《秦纪》三卷，记载的历史从周烈王二十三年三家分晋事起，至秦二世三年秦朝灭亡为止。司马光将《通志》进呈英宗，英宗看后，大加赞赏，命其延续《通志》，继续向下编纂。因此，司马光在《通志》的基础上，编成《通鉴》一书，其内容接续《春秋》，一直延续到五代，当时在位的宋神宗认为此书“有鉴于往事，以资于治道”，故赐名《资治通鉴》。

《温公家范》一书，为司马光援引经典以及历代故事，汇集而成，以修身、治家为纲领，以家族中种种伦理关系为条目，详细阐述了一个人的自我修养与在家族中应当如何处理种种不同伦理关系的原则。本文以《四库全书》所收版本为基础，并参考了其他通行版本。

《周易》：☲☴ 离下巽上。家人，利女贞。

彖曰：家人，女正位乎内，男正位乎外。男女正，天地之大义也。家人有严君焉，父母之谓也。父父，子子，兄兄，弟弟，夫夫，妇妇，而家道正。正家而天下定矣。

象曰：风自火出，家人。君子以言有物而行有恒。

初九：闲有家，悔亡。象曰："闲有家"，志未变也。

六二：无攸遂，在中馈，贞吉。象曰：六二之"吉"，顺以巽也。

九三：家人嗃嗃，悔厉，吉。妇子嘻嘻，终吝。象曰："家人嗃嗃"，未失也。"妇子嘻嘻"，失家节也。

六四：富家，大吉。象曰："富家大吉"，顺在位也。

九五：王假有家，勿恤，吉。象曰："王假有家"，交相爱也。

上九：有孚，威如，终吉。象曰："威如"之吉，反身[16]之谓也。

【注释】

参见《周易·家人》。

《大学》曰："古之欲明明德[1]于天下者，先治其国；欲治其国者，先齐其家[2]；欲齐其家者，先修其身；欲修其身者，先正其心；欲正其心者，先诚其意；欲诚其意者，先致其知；致知在格物[3]。物格而后知至，知至而后意诚，意诚而后心正，心正而后身修，身修而后家齐，家齐而后国治，国治而后天下平。自天子以至于庶人，一是皆以修身为本。其本乱而末治者，否矣，其所厚者薄，而其所薄者厚[4]，未之有也！"此谓知本，此谓知之至也。所谓治国必先齐其家者，其家不可教而能教人者，无之。故君子不出家而成教于国。孝者所以事君也，弟[5]者所以事长也，慈爱者所以使众也。"《诗》云："桃之夭夭，其叶蓁蓁。之子于归，宜其家人。"宜其家人，而后可以教国人。《诗》云："宜兄宜弟。"宜兄宜弟，而后可以教国人。《诗》云："其仪不忒，正是四国。"其为父子，兄弟足法，而后民法之也。此谓治国在齐其家。

【注释】

[1] 明明德：明，显明、彰明；明德，光辉的德行。 [2] 齐其家：整齐、治理他的家族。 [3] 格物：格，至、到；物，事。到事情中去，指获得处理具体事务的经验。 [4] 其所厚者薄，而其所薄者厚：指一个人在自己应该下功夫的地方积累不足，却希望自己的薄弱方面得到加强。 [5] 弟：即悌，指恭敬自己兄长。

《孝经》曰：闺门之内具礼[1]矣乎！严父，严兄[2]。妻子臣妾[3]，犹百姓[4]徒役也。

【注释】

[1] 闺门之内具礼：闺门，指家门。家族之中设立礼仪。 [2] 严父，严兄：确立父、兄的威严，即家族中以父、兄为长。 [3] 妻子臣妾：妻子、儿女、仆人、侍女。 [4] 百姓：这里应指诸侯百姓，古代只有贵族才有姓氏，故统称贵族为百姓。

昔四岳[1]荐舜于尧，曰："瞽[2]子，父顽、母嚚、象傲[3]。克谐以孝，烝烝乂，不格奸[4]。"帝曰："我其试哉！女于时[5]，观厥刑[6]于二女。"厘降二女于妫汭，嫔于虞[7]。帝曰："钦[8]哉！"

【注释】

[1] 四岳：四方诸侯之长。 [2] 瞽：盲人。 [3] 父顽、母嚚（yín）、象傲：父亲顽固、母亲（继母）奸诈、弟弟傲慢。 [4] 克谐以孝，烝烝乂，不格奸：烝，进；乂，治理，这里指有秩序。舜能用自己的孝行使自己的家和睦，进入到有秩序的状态，不至于作恶。 [5] 女于时：时，通"是"。

把女儿嫁给他。 [6] 厥刑：厥，其；刑，通“型”，规范、作楷模。 [7] 厘降二女于妫汭（guī ruì），嫔于虞：厘，治理；降，下；妫汭，妫水，舜居住的地方；嫔于虞，指安心做舜的妻子。舜能依礼对待尧的两个女儿，使她们自愿降低身份和舜生活在一起，并安心做合格的妻子。 [8] 钦：恭敬。

《诗》称文王之德曰：“刑于寡妻，至于兄弟，以御于家邦[1]。”此皆圣人正家以正天下者也。降及后世，爰自卿士以至匹夫[2]，亦有家行隆美可为人法者，今采集以为《家范》。

【注释】

[1] 刑于寡妻，至于兄弟，以御于家邦：寡妻，正妻；御，面对着。这里是说文王的德行美好，可以为妻子乃至兄弟作楷模，甚至可以用来治理国家。 [2] 匹夫：普通人。

治家

卫石碏[1]曰：“君义、臣行、父慈、子孝、兄爱、弟敬，所谓六顺也。”

【注释】

[1] 石碏（què）：春秋时卫国人。卫庄公有宠妾所生子州吁，有宠而好武，庄公不禁。他进谏，庄公不听。他的儿子石厚与州吁交好，劝戒亦不听。卫桓公十六年，州吁弑桓公而自立为君，臣民不服。石厚向其父请教安定君位之法，他假意建议石厚跟随州吁去陈国求助，通过陈桓公朝觐周天子，以获得天子的认可。同时暗中派人去陈国，请求陈拘留两人，最后令州吁和石厚伏法诛杀。“大义灭亲”的典故即来源于此。

齐晏婴[1]曰：“君令[2]臣共[3]、父慈子孝、兄爱弟敬、夫和妻柔、姑[4]慈妇听，礼也。”君令而不违，臣共而不二，父慈而教，子孝而箴，兄爱而友，弟敬而顺，夫和而义，妻柔而正，姑慈而从，妇听而婉，礼之善物[5]也。

【注释】

[1] 晏婴：即晏子，春秋时齐国宰相。 [2] 令：贤德。 [3] 共：通“恭”。 [4] 姑：指婆婆。 [5] 善物：指礼达到的好的效果。

夫治家莫如礼。男女之别，礼之大节也，故治家者必以为先。《礼》：男女不杂坐，不同椸枷[1]，不同巾栉[2]，不亲授受[3]；嫂叔不通问[4]，诸母不漱裳[5]；外言不入于阃[6]，内言不出于阃；女子许嫁，缨[7]。非有大故不入其门。姑姊妹、女子子，已嫁而反[8]，兄弟弗与同席而坐，弗与同器而食。男女非有行媒不相知名[9]，非受币不交不亲[10]，故日月以告君[11]，斋戒以告鬼神，为酒食以召乡党僚友，以厚其别也。

【注释】

[1] 椸枷（yí jiā）：衣架。 [2] 巾栉（zhì）：栉，梳子。毛巾和梳子，泛指洗漱用具。 [3] 不亲授受：不亲手交接物品。 [4] 不通问：不相互（像普通平辈人那样随意）问候。 [5] 诸母不漱裳：诸母，父亲的妾，即所谓姨娘。不能让诸母为自己洗内衣。 [6] 阃（kǔn）：指内宅。 [7] 缨：女子出嫁时佩戴的香囊，提醒女子自己已经成为人妻，要自重。 [8] 反：回娘家。 [9] 男女非有行媒不相知名：男女之间没有媒人作中介，不能互相打听名字。 [10] 非受币不交不亲：不是交接过聘礼后不能有交往、接触。[11] 日月以告君：指确定婚期来告诉君长。

又，男女非祭非丧，不相授器[1]。其相授，则女受以篚[2]。其无篚，则皆坐奠之，而后取之[3]。外内不共井，不共湢浴[4]，不通寝席，不通乞假[5]。

【注释】

[1] 不相授器：相互递送器具。 [2] 篚（fěi）：圆形的盛物竹器。 [3] 其无篚，则皆坐奠之，而后取之：如果没有篚，就都坐下来，把东西放在地方，然后让对方来拿。 [4] 不共湢（bì）浴：湢，浴室。不使用同一个浴室洗浴。 [5] 乞假：借东西。

男子入内，不啸不指[1]；夜行以烛，无烛则止。女子出门，必拥蔽其面[2]；夜行以烛，无烛则止。道路[3]，男子由右，女子由左。

【注释】

[1] 不啸不指:（男子进内宅）不吹口哨，不指指点点。 [2] 拥蔽其面：遮挡面容。 [3] 道路：走在道路上。

又，子生七年，男女不同席[1]，不共食。男子十年，出就外傅，居宿于外[2]。女子十年不出。

又，妇人送迎[3]不出门，见兄弟不逾阈[4]。

又，国君夫人，父母在，则有归宁。没，则使卿宁[5]。

【注释】

[1] 男女不同席：指七岁大的子女就不能坐在一张席子上。 [2] 出就外傅，居宿于外：男孩跟着照顾自己的仆人在外院居住。 [3] 送迎：送、迎客人。 [4] 见兄弟不逾阈（yù）：见自己的兄弟不能越过门坎。 [5] 使卿宁：让卿大夫代替自己回娘家。

鲁公父文伯之母如[1]季氏[2]，康子在其朝[3]，与之言，弗应；从之及寝门[4]，弗应而入。康子辞于朝而入见，曰："肥也不得闻命[5]，无乃罪乎[6]？"曰："寝门之内，妇人治其业焉[7]，上下同之。夫外朝，子将业君之官职[8]焉；内朝，子将庀季氏之政[9]焉，皆非吾所敢言也。"

公父文伯之母，季康子之从祖叔母也。康子往焉，门[10]而与之言，皆不逾阈。仲尼闻之，以为别于男女之礼矣。

【注释】

[1]如：去、到。　[2]季氏：即三桓中的季孙氏，鲁桓公小儿子季友的后代，鲁国国君的同姓大族。　[3]康子在其朝：季康子在自己的家朝中。　[4]寝门：古代贵族的住所，外为朝，处理日常公共事务；内为寝，是日常生活起居的地方。寝门，即寝的正门。　[5]肥也不得闻命：肥，季康子的名字。季康子认为自己向敬姜（即公父文伯之母）问候，没有得到对方垂教，即回应。[6]无乃罪乎：是有什么犯错的地方吗？　[7]寝门之内，妇人治其业焉：内寝，是妇人主持日常生活事务的地方。　[8]夫外朝，子将业君之官职：外朝，君主的朝堂。外朝，是你（指季康子）履行君王赋予的官职的义务的地方。　[9]内朝，子将庀季氏之政焉：庀，治理。内朝，是你处理季孙家族政务的地方。　[10]门：指在寝门内。

汉万石君石奋[1]，无文学[2]，恭谨，举无与比。奋长子建、次甲、次乙、次庆，皆以驯行[3]孝谨，官至二千石。于是景帝曰："石君及四子皆二千石，人臣尊宠乃举[4]集其门。"故号奋为万石君。孝景季年[5]，万石君以上大夫禄归老于家，子孙为小吏，来归谒，万石君必朝服见之，不名[6]。子孙有过失，不诮让，为便坐[7]，对案不食。然后诸子相责，因长老肉袒固谢罪[8]，改之，乃许。子孙胜冠者[9]在侧，虽燕必冠，申申如[10]也。僮仆欣欣如也，唯谨。其执丧，哀戚甚。子孙遵教，亦如之。万石君家以孝谨闻乎郡国，虽齐、鲁诸儒质行，皆自以为不及也。

建元二年，郎中令王臧以文学获罪皇太后。太后以为儒者文多质少，今万石君家不言而躬行，乃以长子建为郎中令，少子庆为内史。建老，白首，万石君尚无恙。每五日洗沐归谒亲，入子舍，窃问侍者，取亲[11]中裙厕牏[12]，身自浣洒[13]，复与侍者，不敢令万石君知之，以为常。万石君徙居陵里。内史庆醉归，入外门不下车。万石君闻之，不食。庆恐，肉袒谢罪，不许。举宗及兄建肉袒。万石君让曰："内史贵人，入闾里，里中长老皆走匿，而内史坐车自如，固当！"乃谢罢庆[14]。庆及诸子入里门，趋[15]至家。万石君元朔五年卒。建哭泣哀思，杖[16]乃能行。岁余，建亦死。诸子孙咸孝，然建最甚。

【注释】

[1] 石奋：西汉大臣。　[2] 文学：指学问。　[3] 驯行：行为恭顺。　[4] 举：全。　[5] 季年：末年。　[6] 不名：不（因为他们是自己的晚辈而且官职比自己低）直接称呼他们的名字。　[7] 不诮让，为便坐：不批评，只是弄一个便座（坐在那），对着案几不吃饭。　[8] 因长老肉袒固谢罪：脱光膀子，通过其他长辈向石奋表示悔过。　[9] 胜冠者：指到了能戴帽子的年纪的人。　[10] 申申如：端正的样子。　[11] 亲：对自己父母的敬称，这里指石奋。　[12] 中裙厕牏：指内衣。　[13] 浣：清洗。　[14] 乃谢罢庆：才原谅了石庆。　[15] 趋：小跑。　[16] 杖：扶着手杖。

樊重，字君云。世善农稼，好货殖。重性温厚，有法度，三世共财[1]，子孙朝夕礼敬，常若公家。其营经产业，物无所弃；课役童隶，各得其宜。故能上下勠力，财利岁倍[2]，乃至开广田土三百余顷。其所起庐舍，皆重堂高阁，陂渠灌注[3]。又池鱼牧畜，有求必给。尝欲作器物，先种梓漆[4]，时人嗤之。然积以岁月，皆得其用。向之笑者，咸求假焉。赀至巨万，而赈赡宗族，恩加乡闾。外孙何氏，兄弟争财，重耻之，以田二顷解其忿讼。县中称美，推为三老。年八十余终，其素[5]

所假贷人间数百万，遗令焚削文契。债家闻者皆惭，争往偿之。诸子从敕[6]，竟不肯受。

【注释】

[1] 三世共财：指三代没分家。 [2] 财利岁倍：财产获的利润每年都翻倍。
[3] 陂渠灌注：指水渠环绕房舍。 [4] 梓漆：梓树和漆树，作漆器的原料。
[5] 素：平素。 [6] 从敕：听从（樊重的）遗嘱。

南阳冯良，志行高洁，遇[1]妻子如君臣。

【注释】

[1] 遇：对待。

宋侍中谢弘微从叔混，以刘毅党见诛，混妻晋阳公主，改适琅邪王练。公主虽执意不行，而诏与谢氏离绝。公主以混家委[1]之弘微。混仍世[2]宰相，一门两封[3]，田业十余处，童役千人，唯有二女，年并数岁。弘微经纪生业，事若在公。一钱、尺帛，出入皆有文簿。宋武受命，晋阳公主降封东乡君，节义可嘉，听[4]还谢氏。自混亡至是九年，而室宇修整，仓廪充盈，门徒不异平日。田畴垦辟有加于旧。东乡叹曰："仆射[5]生平重此一子，可谓知人，仆射为不亡矣。"中外亲姻、里党、故旧，见东乡之归者，入门莫不叹息，或为流涕，感弘微之义也。弘微性严正，举止必修礼度，婢仆之前不妄言笑，由是尊卑大小，敬之若神。及东乡君薨，遗财千万，园宅十余所，及会稽、吴兴、琅邪诸处。太傅安、司空琰时事业[6]，奴僮犹数百人。公私或谓：室内资财，宜归二女；田宅僮仆应属弘微。弘微一物不取，自以私禄营葬。混女夫殷睿素好樗蒲[7]，闻弘微不取财物，乃滥夺其妻妹及伯母两姑之分[8]，以还戏责[9]。内人皆化弘微之让[10]，一无所争。弘微舅子[11]领军将军刘湛谓弘微曰："天下事宜有裁衷[12]，卿此不问，何以居官？"弘微笑而不答。或有讥以谢氏累世财产充殷，君一朝弃掷，譬弃物江海，以为廉耳？弘微曰："亲戚争财，为鄙之甚。今内人尚能无言，岂可道之使争！今分多共少不至有乏[13]，身死之后，岂复见关[14]！"

【注释】

[1] 委：托付。 [2] 仍世：仍，再。几代。 [3] 两封：两次受封公侯。 [4] 听：判。 [5] 仆射：谢混的职位，代指谢混。 [6] 事业：产业。 [7] 樗蒲：一种游戏，可用来赌博。 [8] 滥夺其妻妹及伯母两姑之分：很过分地强多了他妻子的妹妹、伯母和两位姑姑应得的家产。 [9] 戏责：即赌债。 [10] 内人皆化弘微之让：内人，指女子。指上文提到的女子们都被谢弘微的谦让感化了。 [11] 舅子：舅舅的儿子，即表兄弟。 [12] 裁衷：裁定的标准。 [13] 今分多共少不至有乏：现在财产很多，需要供养的人却很少，还不至于有缺乏。 [14] 岂复见关：指人死之后，财产难道还和自己有关系吗？

刘君良，瀛州乐寿人，累世同居，兄弟至四从，皆如同气。尺布斗粟，相与共之。隋末，天下大饥，盗贼群起，君良妻欲其异居[1]，乃密取庭树鸟雏交置巢中[2]，于是群鸟大相与斗，举家怪之。妻乃说君良，曰："今天下大乱，争斗之秋，群鸟尚不能聚居，而况人乎？"君良以为然，遂相与析居。月余，君良乃知其谋，夜揽妻发，骂曰："破家贼，乃汝耶！"悉召兄弟，哭而告之，立逐其妻，复聚居如初。乡里依之，以避盗贼，号曰义成堡。宅有六院，共一厨。子弟数十人，皆以礼法，贞观六年，诏旌表其门[3]。

【注释】

[1] 欲其异居：想让他搬出来单独住。 [2] 密取庭树鸟雏交置巢中：暗中

把庭院中树上的雏鸟混置在一个巢中。 [3] 旌表其门：（朝廷）赐给牌匾、牌坊表彰他的家族。

张公艺，郓州寿张人，九世同居，北齐、隋、唐，皆旌表其门。麟德中，高宗封[1]泰山，过寿张，幸其宅，召见公艺，问所以能睦族之道。公艺请纸笔以对，乃书“忍”字百余以进。其意以为宗族所以不协，由尊长衣食，或者不均；卑幼礼节，或有不备。更相责望，遂成乖争。苟能相与忍之，则常睦雍矣。

【注释】

[1] 封：封禅。

唐河东节度使柳公绰，在公卿间最名。有家法，中门东有小斋，自非朝谒之日，每平旦辄出，至小斋，诸子仲郢等皆束带。晨省于中门之北。公绰决公私事，接宾客，与弟公权及群从弟再食，自旦至暮，不离小斋。烛至，则以次命子弟一人执经史立烛前，躬读一过毕，乃讲议居官治家之法。或论文，或听琴，至人定钟，然后归寝，诸子复昏定于中门之北。凡二十余年，未尝一日变易。其遇饥岁，则诸子皆蔬食，曰：“昔吾兄弟侍先君为丹州刺史，以学业未成不听食肉，吾不敢忘也。”

姑姊妹侄有孤嫠[1]者，虽疏远，必为择婿嫁之，皆用刻木妆奁，缬文绢为资装。常言，必待资装丰备，何如嫁不失时。及公绰卒，仲郢一遵其法。国朝公卿能守先法久而不衰者，唯故李相昉家。子孙数世二百余口，犹同居共爨。田园邸舍所收及有官者俸禄，皆聚之一库，计口日给饼饭，婚姻丧葬所费皆有常数。分命子弟掌其事，其规模大抵出于翰林学士宗谔所制也。

【注释】

[1] 嫠（lí）：寡妇。

夫人爪之利，不及虎豹；膂力之强，不及熊罴；奔走之疾，不及麋鹿；飞飏之高，不及燕雀。苟非群聚以御外患，则反为异类食矣。是故圣人教之以礼，使之知父子兄弟之亲。人知爱其父，则知爱其兄弟矣；爱其祖，则知爱其宗族矣。如枝叶之附于根干，手足之系于身首，不可离也。岂徒使其粲然[1]条理以为荣观哉！乃实欲更相依庇，以捍外患也。

【注释】

[1] 粲然：即灿然。

吐谷浑阿豺有子二十人，病且[1]死，谓曰："汝等各奉吾一支箭，将玩之。"俄而命母弟慕利延曰："汝取一支箭折之。"慕利延折之。又曰："汝取十九支箭折之。"慕利延不能折。阿豺曰："汝曹知否？单者易折，众者难摧。勠力一心，然后社稷可固。"言终而死。彼戎狄也，犹知宗族相保以为强，况华夏乎？圣人知一族不足以独立也，故又为之甥舅、婚媾、姻娅以辅之。犹惧其未[2]也，故又爱养百姓以卫之。故爱亲者，所以爱其身也；爱民者，所以爱其亲也。如是则其身安若泰山，寿如箕翼[3]，他人安得而侮之哉！故自古圣贤，未有不先亲其九族，然后能施及他人者也。彼愚者则不然，弃其九族，远其兄弟，欲以专利其身。殊不知身既孤，人斯戕之矣，于利何有哉？昔周厉王弃其九族，诗人刺之曰："怀德惟宁，宗子惟城；毋俾城坏，毋独斯畏；苟为独居，斯可畏矣[4]。"

【注释】

[1] 且：将要。　[2] 未：不能。　[3] 箕翼：传说商代的贤相傅说，死后升天，化为一星，在箕星尾星之间。这里代指寿命与星辰一样长。　[4] 怀

德惟宁，宗子惟城；毋俾城坏，毋独斯畏；苟为独居，斯可畏矣：大意是说人的德行在于令安宁众人，家族中继承者需要大众的保卫，不要让支持自己的人离散，被人孤立是最可怕的。

宋昭公将去[1]群公子，乐豫曰："不可。公族，公室之枝叶也。若去之则本根无所庇荫矣。葛藟[2]犹能庇其根本，故君子以为比，况国君乎？此谚所谓'庇焉而纵寻斧焉[3]'者也，必不可君。其图之，亲之以德，皆股肱也。谁敢携贰[4]！若之何去之？"昭公不听，果及于乱。

【注释】

[1] 去：驱逐。　[2] 葛藟：藤蔓。　[3] 庇焉而纵寻斧焉：庇护（林木）却又放纵那些在这里寻找使用斧子的机会的人（指任由人砍伐）。　[4] 携贰：有二心。

华亥欲代其兄合比为右师，谮于平公[1]而逐之。左师曰："汝亥也，必亡。汝丧而宗室[2]，于人何有？人亦于汝何有？"既而，华亥果亡。

【注释】

[1] 谮于平公：向宋平公进谗言。　[2] 丧而宗室：指破坏自己的家族。

孔子曰："不爱其亲而爱他人者，谓之悖德；不敬其亲而敬他人者，谓之悖礼。以顺则[1]逆，民无则焉，不在于善，而皆在于凶。德虽得之，君子不贵也。故欲爱其身而弃其宗族，乌[2]在其能爱身也？"

【注释】

[1] 则：效法。　[2] 乌：怎么。

孔子曰："均无贫，和无寡，安无倾。"善为家者，尽其所有而均之，虽粝食[1]不饱，敝衣不完，人无怨矣。夫怨之所生，生于自私及有厚薄也。

【注释】

[1] 粝食：粗糙的饮食。

汉世谚曰："一尺布尚可缝，一斗粟尚可舂。"言尺布可缝而共衣，斗粟可舂而共食。讥文帝以天下之富，不能容其弟也[1]。

【注释】

[1] 讥文帝以天下之富，不能容其弟也：指汉文帝诛杀自己弟弟淮南厉王刘长的故事。

梁中书侍郎裴子野，家贫，妻子常苦饥寒。中表贫乏者，皆收养之。时逢水旱，以二石米为薄粥，仅得遍焉，躬自同之，曾[1]无厌色。此得睦族之道者也。

【注释】

[1] 曾：最终，一直。

祖

为人祖者，莫不思利其后世。然果能利之者，鲜矣。何以言之？今之为后世谋者，不过广营生计以遗之。田畴连阡陌，邸肆跨坊曲[1]，粟麦盈囷仓，金帛充箧笥，慊慊然[2]求之犹未足，施施然自以为子子孙孙累世用之莫能尽也。然不知以义方训其子，以礼法齐其家。自于数十年中勤身苦体以聚之，而子孙于时岁之间奢靡游荡以散之，反笑其祖考之愚不知自娱，又怨其吝啬，无恩于我，而厉虐之也。始则欺绐攘窃[3]，以充其欲；不足，则立券举债于人，俟其死而偿之。观其意，惟患其考之寿也。甚者至于有疾不疗，阴行鸩毒[4]，亦有之矣。然则向之所以利后世者，适足以长子孙之恶而为身祸也。顷尝有士大夫，其先亦国朝名臣也，家甚富而尤吝啬，斗升之粟、尺寸之帛，必身自出纳[5]，锁而封之。昼而佩钥于身，夜则置钥于枕下，病甚，困绝[6]不知人，子孙窃其钥，开藏室，发箧笥，取其财。其人后苏，即扪枕下，求钥不得，愤怒遂卒。其子孙不哭，相与争匿其财，遂致斗讼。其处女蒙首执牒[7]，自讦于府庭，以争嫁资，为乡党笑。盖由子孙自幼及长，惟知有利，不知有义故也。夫生生之资，固人所不能无，然勿求多余，多余希不为累矣。使其子孙果贤耶，岂蔬粝布褐不能自营，至死于道路乎？若其不贤耶，虽积金满堂，奚益哉？多藏以遗子孙，吾见其愚之甚也。然则贤圣皆不顾子孙之匮乏邪？

【注释】

[1] 邸肆跨坊曲：指房屋店铺横跨街道。 [2] 慊（qiàn）慊然：不满足的样子。 [3] 欺绐（dài）攘窃：指欺骗偷盗家中财物。绐，同“诒”，欺诈。[4] 阴行鸩毒：暗中毒害。 [5] 出纳：指输出、收纳。 [6] 困绝：昏迷。[7] 其处女蒙首执牒：他没出嫁的女儿蒙着脸拿着诉讼书。

曰：何为其然也？昔者圣人遗子孙以德以礼，贤人遗子孙以廉以俭。舜自侧微积德至于为帝，子孙保之，享国百世而不绝。周自后稷、公刘、太王、王季、文王，积德累功，至于武王而有天下。其《诗》曰：“诒厥孙谋，以燕翼子[1]。”言丰德泽，明礼法，以遗后世而安固之也。故能子孙承统八百余年，其支庶犹为天下之显，诸侯棋布于海内。其为利岂不大哉！

【注释】

[1] 诒厥孙谋，以燕翼子：留给他的子孙谋略，让他们能够宴乐、保卫自己。

孙叔敖为楚相，将死，戒其子曰："王数封[1]我矣，吾不受也。我死，王则封汝，必无受利地[2]。楚越之间有寝邱者，此其地不利而名甚恶，可长有者唯此也。"孙叔敖死，王以美地封其子。其子辞，请寝邱，累世不失。

【注释】

[1] 数封：几次赐予封地。　　[2] 利地：富饶的土地。

汉相国萧何，买田宅必居穷僻处，为家不治垣屋，曰："今后世贤，师吾俭；不贤，无为势家[1]所夺。"

【注释】

[1] 势家：有势力的人家。

太子太傅疏广乞骸骨[1]归乡里，天子赐金二十斤，太子赠以五十斤。广日令家具设[2]酒食，请族人、故旧、宾客，相与娱乐。数问其家金余尚有几何，趣[3]卖以共具[4]。居岁余，广子孙窃谓其昆弟、老人、广所爱信者曰："子孙冀及君时颇立产业基址，今日饮食费且尽，宜从大人所劝，说君买田宅。"老人即以闲暇时为广言此计。广曰："吾岂老悖不念子孙哉！顾自有旧田庐，令子孙勤力其中，足以共衣食，与凡人齐。今复增益之，以为赢余，但教子孙怠惰耳。贤而多财则损其志，愚而多财则益其过。且夫富者，众之怨也。吾既亡，以教化子孙，不欲益其过而生怨。"

【注释】

[1]乞骸骨：请求辞职。　[2]具设：准备。　[3]趣：通“促”。　[4]共：通“供”，供应。

涿郡太守杨震，性公廉，子孙常蔬食步行。故旧长者，或欲令为开产业。震不肯，曰：“使后世称为清白吏子孙[1]，以此遗之，不亦厚乎！”

【注释】

[1]使后世称为清白吏子孙：让后代人称呼我的后人为清白官吏的子孙。

南唐德胜军节度使兼中书令周本，好施[1]。或劝之曰：“公春秋[2]高，宜少留余赀以遗子孙。”本曰：“吾系草屩[3]，事吴武王，位至将相，谁遗之乎？”

【注释】

[1]施：施舍。　[2]春秋：年纪。　[3]吾系草屩（juē）：我穿着草鞋。

近故张文节公为宰相，所居堂室，不蔽风雨；服用饮膳，与始为河阳书记时无异。其所亲或规[1]之曰：“公月入俸禄几何，而自奉俭薄如此。外人不以公清俭为美，反以为有公孙布被[2]之诈。”文节叹曰：“以吾今日之禄，虽侯服王食，何忧不足？然人情由俭入奢则易，由奢入俭则难。此禄安能常恃，一旦失之，家人既习于奢，不能顿[3]俭，必至失所，曷[4]若无失其常！吾虽违世，家人犹如今日乎！”闻者服其远虑。此皆以德业遗子孙者也，所得顾不多乎？

【注释】

[1] 规：规劝。　[2] 公孙布被：公孙，指汉代的公孙弘。他生活节俭，睡觉盖布被子。　[3] 顿：立刻。　[5] 曷：通“何”。

晋光禄大夫张澄，当葬父，郭璞为占墓地曰：“葬某处，年过百岁，位至三司，而子孙不蕃[1]；某处，年几[2]减半，位裁乡校，而累世贵显。”澄乃葬其劣处，位止光禄，年六十四而亡。其子孙昌炽，公侯将相，至梁陈不绝，虽未必因葬地而然，足见其爱子孙厚于身矣。先公[3]既登侍从，常曰：“吾所得已多，当留以子孙。”处心如此，其顾念后世不亦深乎！

【注释】

[1] 蕃：指子孙繁衍兴旺。　[2] 年几：寿命。　[3] 先公：指司马光的亡父。

父母

陈亢问于伯鱼曰：“子亦有异闻[1]乎？”对曰：“未也。尝独立，鲤趋而过庭。曰：‘学诗乎？’对曰：‘未也。’‘不学诗无以言。’鲤退而学诗。他日，又独立，鲤趋而过庭。曰：‘学礼乎？’对曰：‘未也。’‘不学礼无以立。’鲤退而学礼，闻斯[2]二者。”陈亢退而喜曰：“问一得三，闻诗，闻礼，又闻君子之远其子也。”

【注释】

[1] 异闻：指孔鲤是否从孔子那里得到了额外的教导。　[2] 斯：这。

曾子曰：“君子之于子，爱之而勿面[1]，使之而勿貌[2]，遵之以道而勿强言；心虽爱之不形于外，常以严庄莅之，不以辞色悦之也。不遵之以道，是弃之也。然强之，或伤恩，故以日月渐摩[3]之也。”

【注释】

[1] 面：指表现在脸面上。 [2] 貌：通“藐”，轻视。 [3] 渐摩：渐，浸润；摩，砥砺。

北齐黄门侍郎颜之推《家训》曰：“父子之严，不可以狎；骨肉之爱，不可以简。简则慈孝不接，狎则怠慢生焉。由命士以上，父子异宫，此不狎之道也；抑搔痒痛，悬衾箧枕，此不简之教也。”

【注释】

详见《颜氏家训》。

石碏谏卫庄公曰：“臣闻爱子教之以义方，弗纳于邪。骄奢淫逸，所自邪也。四者之来[1]，宠禄[2]过也。”自古知爱子不知教，使至于危辱乱亡者，可胜数哉！夫爱之，当教之使成人。爱之而使陷于危辱乱亡，乌在其能爱子也？人之爱其子者多曰：“儿幼，未有知耳，俟其长而教之。”是犹养恶木之萌芽，曰‘俟其合抱而伐之’，其用力顾[3]不多哉？又如开笼放鸟而捕之，解缰放马而逐之，曷若勿纵勿解之为易也！

【注释】

[1] 来：由来。 [2] 宠禄：宠爱和赐予的俸禄。 [3] 顾：岂。

《曲礼》：“幼子常视毋诳[1]。”

“立必正方，不倾[2]听。”

“长者与之提携，则两手奉[3]长者之手。负剑辟咡诏之，则掩口而对[4]。”

【注释】

[1] 常视毋诳：经常示范正确的东西而不能欺骗他。　[2] 倾：倾斜身体。　[3] 奉：通“捧”。　[4] 负剑辟咡（èr）诏之，则掩口而对：负，指长者从童子背后低头与之言语，就像童子背负着长者的样子；剑，指长者把童子抱在肋下，就像带着剑一样；辟，侧身；咡，耳语。长辈和晚辈耳语，晚辈应该挡着嘴和长辈应答。

《内则》：“子能食食，教以右手。能言，男唯女俞[1]。男鞶革，女鞶丝[2]。六年，教之数与方名[3]；七年，男女不同席，不共食；八年，出入门户及即席饮食，必后长者，始教之让；九年，教之数日。十年，出就外傅，居宿于外，学书计。十有三年，学乐、诵诗、舞勺。成童，舞象、学射御。”

【注释】

[1] 男唯女俞：指男孩女孩能咿咿呀呀的说话。　[2] 男鞶（pán）革，女鞶丝：指男女衣着有皮革和丝绸的分别。鞶，小囊。　[3] 方名：事物名称。

曾子之妻出外，儿随而啼。妻曰：“勿啼！吾归，为尔杀豕。”妻归，以语曾子。曾子即烹豕以食儿，曰：“毋教儿欺[1]也。”

【注释】

[1] 毋教儿欺：不要用欺骗教孩子。

贾谊言：古之王者，太子始生，固举以礼，使士负之，过阙则下[1]，过庙则趋，孝子之道也。故自为赤子，而教固已行矣。提孩有识，三公三少，固明孝、仁、礼、义。以道习之，逐去邪人，不使见恶行。于是皆选天下之端士、孝弟、博闻、有道术者，以卫翼之。使与太子居处出入。故太子乃生而见正事，闻正言，行正道，左右前后皆正人也。夫习与正人居之，不能毋正。犹生长于齐，不能不齐言也；习与不正人居之，不能毋不正，犹生长于楚，不能不楚言也。

【注释】

[1] 过阙则下：路过宫阙就要（把太子从背上）放下。

《颜氏家训》曰：古者圣王，子生孩提，师保固明仁孝礼义，道习之矣。凡庶纵不能尔，当及婴稚，识人颜色，知人喜怒，便加教诲，使为则为，使止则止。比及数岁，可省笞罚，父母威严而有慈，则子女畏慎而生孝矣。吾见世间，无教而有爱，每不能然。饮食运为，恣其所欲，宜诫翻奖，应呵反笑，至有识知，谓法当尔。骄慢已习，方乃制之，捶挞至死而无威，忿怒日隆而增怨。逮于长成，终为败德。孔子云："少成若天性，习惯如自然"是也。谚云："教妇初来，教儿婴孩。"诚哉斯语！

凡人不能教子女者，亦非欲陷其罪恶；但重于诃怒，伤其颜色，不忍楚挞惨其肌肤尔。当以疾病为喻，安得不用汤药针艾救之哉？又宜思勤督训者，岂愿苛虐于骨肉乎？诚不得已也。

王大司马母卫夫人，性甚严正。王在湓城，为三千人将，年逾四十，少不如意，犹捶挞之，故能成其勋业。

梁元帝时，有一学士，聪敏有才，少为父所宠，失于教义。一言之是，遍于行路，终年誉之；一行之非，掩藏文饰，冀其自改。年登婚宦，暴慢日滋，竟以语言不择，为周逖抽肠衅鼓云。然则爱而不教，适所以害之也。《传》称鸤鸠之养其子，朝从上下，暮从下上，平均如一。至于人，或不能然。《记》曰：父之于子也，亲贤而下无能。使其所亲果贤也，所下果无能也，则善矣。其溺于私爱者，往往亲其无能，而下其贤，则祸乱由此而兴矣。

《颜氏家训》曰：人之爱子，罕亦能均。自古及今，此弊多矣。贤俊者自可赏爱，顽鲁者亦当矜怜。有偏宠者，虽欲以厚之，更所以祸之。共叔之死，母实为之；赵王之戮，父实使之。刘表之倾宗覆族，袁绍之地裂兵亡，可谓灵龟明鉴。此通论也。

曾子出其妻，终身不取妻。其子元请焉，曾子告其子曰："高宗以后妻杀孝己，尹吉甫以后妻放伯奇。吾上不及高宗，中不比吉甫，庸知其得免于非乎？"

【注释】

详见《颜氏家训》。

后汉尚书令朱晖，年五十失妻。昆弟[1]欲为继室。晖叹曰："时俗希[2]不以后妻败家者。"遂不娶。今之人年长而子孙具[3]者，得不以先贤为鉴乎！

【注释】

[1] 昆弟：兄弟。　　[2] 希：少有。　　[3] 具：齐全。

《内则》曰："子妇未孝未敬，勿庸疾怨，姑教之。若不可教，而后怒之。不可怒，子放妇出而不表礼焉[1]。"

【注释】

[1] 不可怒，子放妇出而不表礼焉：指对儿媳妇发怒仍不奏效，儿子就可以休妻但不要宣扬对方的过失。

君子之所以治其子妇，尽于是而已矣。今世俗之人，其柔懦者，子妇之过尚小，则不能教而嘿藏[1]之。及其稍著，又不能怒而心恨之。至于恶积罪大，不可禁遏，则喑呜郁悒[2]，至有成疾而终者。如此，有子不若无子之为愈也。其不仁者，则纵其情性，残忍暴戾，或听后妻之谗，或用嬖宠之计，捶扑过分，弃逐冻馁，必欲置之死地而后已。《康诰》称："子弗祗服厥父事，大伤厥考心；于父不能字厥子，乃疾厥子[3]。"谓之元恶大憝[4]，盖言不孝不慈，其罪均也。

【注释】

[1] 嘿藏：即默藏隐藏。 [2] 喑呜郁悒：指悲伤抑郁。 [3]"子弗"句：大意是儿子不能继承父亲的事业，就会伤父亲的心；父亲不能教好自己的儿子，就会怨恨自己的儿子。 [4] 憝（duì）：恶。

为人母者，不患不慈，患于知爱而不知教也。古人有言曰："慈母败子。"爱而不教，使沦于不肖，陷于大恶，入于刑辟，归于乱亡。非他人败之也，母败之也。自古及今，若是者多矣，不可悉数。

周大任之娠文王也，目不视恶色，耳不听淫声，口不出敖言。文王生而明圣，卒为周宗。君子谓大任能胎教。古者妇人任[1]子，寝不侧，坐不边，立不跸，不食邪味，割不正不食[2]，席不正不坐，目不视邪色，耳不听淫声。夜则令瞽诵诗，道正事。如此，则生子形容端正，才艺博通矣。彼其子尚未生也，固已教之，况已生乎！

【注释】

[1] 任：怀孕。 [2] 割不正不食：肉切得不周正不吃。

孟轲之母，其舍近墓，孟子之少也，嬉戏为墓间之事，踊跃筑埋。孟母曰："此非所以居之也。"乃去。舍市傍，其嬉戏为衒卖之事。孟母又曰："此非所以居之也。"乃徙。舍学宫之傍，其嬉戏乃设俎豆揖让进退。孟母曰："此真可以居子矣！"遂居之。孟子幼时问东家杀猪何为，母曰："欲啖汝。"既而悔曰："吾闻古有胎教，今适有知而欺之，是教之不信。"乃买猪肉食。既长就学，遂成大儒。彼其子尚幼也，固已慎其所习，况已长乎！

汉丞相翟方进继母随方进之长安，织履，以资方进游学。

晋太尉陶侃，早孤贫，为县吏番阳，孝廉范逵尝过[1]侃，时仓卒无以待宾。其母乃截发，得双髲[2]以易酒肴。逵荐侃于庐江太守，召为督邮，由此得仕进。

【注释】

[1] 过：指到陶侃家做客。　　[2] 髲（bì）：假发。

后魏钜鹿魏缉母房氏，缉生未十旬，父溥卒。母鞠育不嫁，训导有母仪法度。缉所交游，有名胜[1]者，则身具酒馔。有不及己者，辄屏卧不餐，须其悔谢乃食。

【注释】

[1] 名胜：有名望的。

唐侍御史赵武孟，少好田猎，尝获肥鲜[1]以遗母。母泣曰："汝不读书，而田猎如是，吾无望矣！"竟不食其膳。武孟感激勤学，遂博通经史，举进士，至美官。

【注释】

[1] 肥鲜：肥大鲜美的猎物。

天平节度使柳仲郢母韩氏，常粉苦参、黄连和以熊胆以授诸子，每夜读书使噙[1]之，以止睡。

【注释】

[1] 噙：含着。

太子少保李景让母郑氏，性严明，早寡家贫，亲教诸子。久雨，宅后古墙颓陷，得钱满缸。奴婢喜，走告郑。郑焚香祝之曰："天盖以先君余庆，愍[1]妾母子孤贫，赐以此钱。然妾所愿者，诸子学业有成，他日受俸，此钱非所欲也。"亟命掩之。此唯患其子名不立也。

【注释】

[1] 愍：通"悯"。

齐相田稷子受下吏金百镒[1]，以遗其母。母曰："夫为人臣不忠，是为人子不孝也。不义之财，非吾有也。不孝之子，非吾子也。子起矣。"稷子遂惭而出，反其金而自归于宣王，请就诛。宣王悦其母之义，遂赦稷子之罪，复其位，而以公金赐母。

【注释】

[1] 镒（yì）：古代重量单位，合二十两。

汉京兆尹隽不疑，每行县录[1]囚徒，还，其母辄问不疑，有所平反，活几何人耶？不疑多有所平反，母喜，笑为饮食，言语异于它时。或亡[2]所出，母怒，为不食。故不疑为吏严而不残。

【注释】

[1] 录：审问。　　[2] 亡：通"无"。

吴司空孟仁尝为监鱼池官，自结网捕鱼作鲊[1]寄母。母还之曰："汝为鱼官，以鲊寄母，非避嫌也！"

【注释】

[1] 鲊（zhǎ）：腌鱼。

晋陶侃为县吏，尝监鱼池，以一坩[1]鲊遗母。母封鲊责曰："尔以官物遗我，不能益我，乃增吾忧耳。"

【注释】

[1] 坩：罐子。

隋大理寺卿郑善果母翟氏，夫郑诚讨尉迟迥战死。母年二十而寡，父欲夺其志[1]。母抱善果曰："郑君虽死，幸有此儿。弃儿为不慈，背死夫为无礼。"遂不嫁。善果以父死王事，年数岁拜持节大将军，袭爵开封县公，年四十授沂州刺史，寻为鲁郡太守。母性贤明，有节操，博涉书史，通晓政事。每善果出听事，母辄坐胡床，于障[2]后察之。闻其剖断合理，归则大悦，即赐之坐，相对谈笑；若行事不允，或妄嗔怒，母乃还堂，蒙袂而泣，终日不食。善果伏于床前不敢起。母方起，谓之曰："吾非怒汝，乃惭汝家耳。吾为汝家妇，获奉洒扫，知汝先君忠勤之士也，守官清恪，未尝问私，以身殉国，继之以死。吾亦望汝副[3]其此心。汝既年小而孤，吾寡耳，有慈爱无威，使汝不知礼训，何可负荷忠臣之业乎？汝自童稚袭茅土[4]，汝今位至方岳[5]，岂汝身致之邪？不思此事而妄加嗔怒，心缘骄乐，堕于公政，内则坠尔家风，或失亡官爵；外则亏天子之法，以取辜戾。吾死日，何面目见汝先人于地下乎？"母恒自纺绩，每至夜分而寝。善果曰："儿封侯开国，位居三品，秩俸幸足，母何自勤如此？"答曰："吁！汝年已长，吾谓汝知天下理，今闻此言，故犹未也。至于公事，何由济乎？今此秩俸，乃天子报汝先人之殉命也，当散赡六姻，为先君之惠，奈何独擅其利，以为富贵乎？又丝枲纺绩，妇人之务，上自王后，下及大夫士妻，各有所制，若堕业者，是为骄逸。吾虽不知礼，其可自败名乎？”自初寡，便不御脂粉，常服大练，性又节俭，非祭祀、宾客之事，酒肉不妄陈其前；静室端居，未尝辄出门阁。内外姻戚有吉凶事，但厚加赠遗，皆不诣其门。非自手作，及庄园禄赐所得，虽亲族礼遗，悉不许入门。善果历任州郡，内自出馔，于衙中食之，公廨所供皆不许受，悉用修理公宇及分僚佐。善果亦由此克己，号为清吏，考为天下最。

【注释】

[1] 夺其志：令改嫁。 [2] 障：屏障，屏风。 [3] 副：对得起。 [4] 袭茅土：茅土，代指爵位封地，继承爵位。 [5] 方岳：指一方之长。

唐中书令崔玄，初为库部员外郎，母卢氏尝戒之曰：“吾尝闻姨兄辛玄驭云：‘儿子从官于外，有人来言其贫窭[1]不能自存，此吉语也；言其富足，车马轻肥，此恶语也。’吾尝重其言。比见中表仕宦者，多以金帛献遗其父母。父母但知忻悦，不问金帛所从来。若以非道得之，此乃为盗而未发者耳，安得不忧而更喜乎？汝今坐食俸禄，苟不能忠清，虽日杀三牲，吾犹食之不下咽也。”玄由是以廉谨著名。

【注释】

[1] 贫窭（jù）：贫寒。

李景让，宦已达[1]，发斑白，小有过，其母犹挞之。景让事之，终日常兢兢。及为浙西观察使，有左右都押牙忤[2]景让意，景让杖之而毙。军中愤怒，将为变。母闻之。景让方视事，母出，坐厅事，立景让于庭下而责之曰："天子付汝以方面[3]，国家刑法，岂得以为汝喜怒之资，妄杀无罪之人乎？万一致一方不宁，岂惟上负朝廷，使垂老之母衔羞入地，何以见汝先人乎？"命左右褫[4]其衣坐之，将挞其背。将佐皆至，为之请。不许。将佐拜且泣，久乃释之。军中由是遂安。此惟恐其子之入于不善也。

【注释】

[1]达：发达。 [2]忤：忤逆，触怒。 [3]方面：指一方之地。 [4]褫（chǐ）：脱去。

汉汝南功曹范滂坐党人被收，其母就与诀[1]曰："汝今得与李杜齐名，死亦何恨！既有令名，复求寿考[2]，可兼得乎？"滂跪受教，再拜而辞。

【注释】

[1]诀：诀别。 [2]寿考：长寿。

魏高贵乡公将讨司马文王，以告侍中王沈、尚书王经、散骑常侍王业。沈、业出走告文王，经独不往。高贵乡公既薨，经被收。辞母，母颜色不变，笑而应曰："人谁不死，但恐不得死所，以此并命，何恨之有？"

唐相李义府专横，侍御史王义方欲奏弹之，先白其母曰："义方为御史，视奸臣不纠则不忠，纠之则身危而忧及于亲，为不孝；二者不能自决，奈何？"母曰："昔王陵之母杀身以成子之名，汝能尽忠以事君，吾死不恨。"此非不爱其子，惟恐其子为善之不终也。然则为人母者，非徒鞠育其身使不罹水火，又当养其德使不入于邪恶，乃可谓之慈矣！

汉明德马皇后无子，贾贵人生肃宗。显宗命后母养之，谓曰："人未必当自生子，但患爱养不至耳。"后于是尽心抚育，劳瘁过于所生。

肃宗亦孝性淳笃，恩性天至，母子慈爱，始终无纤介[1]之间。古今称之，以为美谈。

【注释】

[1] 纤介：指微小的嫌隙。

隋番州刺史陆让母冯氏，性仁爱，有母仪。让即其孽[1]子也，坐赃当死。将就刑，冯氏蓬头垢面诣朝堂，数让罪，于是流涕呜咽，亲持杯粥劝让食，既而上表求哀，词情甚切。上愍然为之改容，于是集京城士庶于朱雀门，遣舍人宣诏曰："冯氏以嫡母之德，足为世范，慈爱之道，义感人神。特宜矜免，用奖风俗。让可减死，除名。"复下诏褒美之，赐物五百段，集命妇[2]与冯相识，以旌宠异。

【注释】

[1] 孽（niè）：指庶出。　　[2] 命妇：指受封的妇人。

齐宣王时，有人斗[1]死于道，吏讯[2]之。有兄弟二人，立其傍，吏问之。

兄曰："我杀之。"弟曰："非兄也，乃我杀之。"期年，吏不能决，言之于相。相不能决，言之于王。王曰："今皆舍[3]之，是纵有罪也；皆杀之，是诛无辜也。寡人度其母能知善恶。试问其母，听其所欲杀活。"相受命，召其母问曰："母之子杀人，兄弟欲相代死。吏不能决，言之于王。王有仁惠，故问母何所欲杀活。"其母泣而对曰："杀其少者。"相受其言，因而问之曰："夫少子者，人之所爱，今欲杀之，何也？"

其母曰："少者，妾之子也；长者，前妻之子也。其父疾且死之时属于妾曰：'善养视之。'妾曰：'诺！'今既受人之托，许人以诺，岂可忘人之托而不信其诺耶？且杀兄活弟，是以私爱废公义也。背言忘信，是欺死者也。失言忘约，已诺不信，何以居于世哉？予虽痛子，独谓行何！”泣下沾襟。相入，言之于王。王美其义，高其行，皆赦。不杀其子，而尊其母，号曰“义母”。

【注释】

[1] 斗：争斗。　[2] 讯：审讯。　[3] 舍：赦免。

魏芒慈母者，孟杨氏之女，芒卯之后妻也，有三子。前妻之子有五人，皆不爱慈母。遇之甚异，犹[1]不爱慈母。乃令其三子不得与前妻之子齐衣服、饮食。进退、起居甚相远。前妻之子犹不爱。于是，前妻中子[2]犯魏王令，当死。慈母忧戚悲哀，带围[3]减尺。朝夕勤劳，以救其罪。人有谓慈母曰：“子不爱母至甚矣，何为忧惧勤劳如此？”慈母曰：“如妾亲子，虽不爱妾，妾犹救其祸而除其害。独假子[4]而不为，何以异于凡人？且其父为其孤也，使妾而继母。继母如母，为人母而不能爱其子，可谓慈乎？亲其亲而偏其假，可谓义乎？不慈且无义，何以立于世？彼虽不爱妾，妾可以忘义乎？”遂讼之。魏安厘王闻之，高其义，曰：“慈母如此，可不赦其子乎？”乃赦其子而复其家。自此之后，五子亲慈母雍雍若一。慈母以礼义渐之，率导八子，咸为魏大夫卿士。

【注释】

[1] 犹：更。　[2] 中子：中间的儿子。　[3] 带围：衣带周长。　[4] 假子：继子。

汉安众令汉中程文矩妻李穆姜有二男，而前妻四子以母非所生，憎毁日积。而穆姜慈爱温仁，抚字[1]益隆，衣食资供，皆兼倍所生。或谓母曰：“四子不孝甚矣，何不别居以远之？”对曰：“吾方以义相导，使其自迁善也。”及前妻长子兴疾困笃，母恻隐，亲自为调药膳，恩情笃密。兴疾久乃瘳，于是呼三弟谓曰：“继母慈仁，出自天爱，吾兄弟不识恩养，禽兽其心。虽母道益隆，我曹过恶亦已深矣！”遂将三弟诣南郑狱，陈母之德，状已之过，乞就刑辟。县言之于郡。郡守表异其母，蠲除[2]家徭，遣散四子，许以修革。自后训导愈明，并为良士。今之人，为人嫡母而疾其孽子，为人继母而疾其前妻之子者，闻此四母之风，亦可以少愧矣？

【注释】

[1] 抚字：抚养。　[2] 蠲（juān）除：免除。

鲁师春姜嫁其女，三往而三逐[1]。春姜问其故。以轻侮其室人[2]也。春姜召其女而笞之，曰：“夫妇人以顺从为务，贞悫[3]为首。今尔骄溢不逊以见逐，曾不悔前过。吾告汝数矣，而不吾用[4]。尔非吾子也。”笞之百，而留之三年。乃复嫁之。女奉守节义，终知为人妇之道。今之为母者，女未嫁，不能诲也。既嫁，为之援[5]，使挟己以凌其婿家。及见弃逐，则与婿家斗讼。终不自责其女之不令也。如师春姜者，岂非贤母乎？

【注释】

[1] 三往而三逐：指三次将女儿送到夫家又被三次赶回。　[2] 轻侮其室人：轻蔑欺侮夫家的家人。　[3] 悫（què）：恭谨。　[4] 不吾用：即不用吾，不听我的话。　[5] 援：意为靠山。

子上

《孝经》曰：“夫孝，天之经也，地之义也，民之行也。天地之经，而民是则之。”又曰：“不爱其亲而爱他人者，谓之悖德；不敬其亲而敬他人者，谓之悖礼。以顺则逆，民无则焉。不在于善，而皆在于凶德。虽得之，君子不贵也。”又曰：“五刑之属[1]三千，而罪莫大于不孝。”

【注释】

[1] 五刑之属：指五刑所能惩罚的范围。

孟子曰："不孝有五：惰其四支[1]，不顾父母之养，一不孝也；博弈好饮酒，不顾父母之养，二不孝也；好货财，私[2]妻子，不顾父母之养，三不孝也；从耳目之欲，以为父母戮[3]，四不孝也；好勇斗狠以危父母，五不孝也。"夫为人子，而事亲或亏，虽有他善累百，不能掩也，可不慎乎！

【注释】

[1] 四支：即四肢。　[2] 私：私爱。　[3] 戮：屈辱。

《经》曰："君子之事亲也，居则致其敬，养则致其乐，病则致其忧，丧则致其哀，祭则致其严[1]。"

【注释】

[1] 严：严肃。

孔子曰："今之孝者，是谓能养。至于犬马，皆能有养。不敬，何以别乎？"《礼》：子事父母，鸡初鸣，咸盥漱，盛容饰以适父母之所。父母之衣衾、簟席、枕几不传[1]，杖、履袛敬之，勿敢近。敦、牟、卮、匜[2]，非馂[3]莫敢用。在父母之所，有命之，应唯敬对，进退周旋慎齐。升降、出入揖逊。不敢哕噫、嚏、咳、欠、伸、跛、倚、睇视[4]，不敢唾洟。寒不敢袭，痒不敢搔。不有敬事，不敢袒裼[5]。不涉不撅[6]。为人子者，出必告，反必面[7]。所游必有常，所习必有业，恒[8]言不称老。

又："为人子者，居不主奥[9]，坐不中席，行不中道，立不中门。

食飨不为概[10]，祭祀不为尸[11]。听于无声，视于无形。不登高，不临深，不苟呰[12]，不苟笑。孝子不服暗[13]，不登危，惧辱亲也。”

【注释】

[1] 父母之衣衾、簟席、枕几不传：指父母用过的衣服、被褥、坐席、手杖、几案等用具不再传给后代使用。 [2] 敦、牟、卮、匜：盛放食物和酒浆的器具，指父母用来饮食的器具。 [3] 馂（jùn）：剩饭，这里指吃父母剩下的事物。 [4] 哕（yuě）噫、嚏、咳、欠、伸、跛、倚、睇视：打嗝、打喷嚏、咳嗽、打哈欠、伸懒腰、站不正、倚靠、斜视。 [5] 袒裼（xī）：脱去衣服，袒露身体。 [6] 不涉不撅：不涉水不撩衣襟。 [7] 出必告，反必面：外出一定要禀告，归来一定要面见。 [8] 恒：即常言，平常讲话。 [9] 奥：房间的西南角，是尊位。 [10] 食飨不为概：招待宾客不能苛刻限制。 [11] 尸：指祭祀祖先时由子充当祖先的神主，代表祖先接受祭祀。这里指儿子为父亲作神主。 [12] 呰（zī）：指责。 [13] 不服暗：不做暗事。

宋武帝即大位，春秋已高，每旦朝[1]继母萧太后，未尝失时刻。彼为帝王尚如是，况士民乎！

【注释】

[1] 朝：拜见。

梁临川静惠王宏，兄懿为齐中书令，为东昏侯所杀，诸弟皆被收。僧慧思藏宏，得免。宏避难潜伏，与太妃异处，每遣使恭问起居。或谓：“逃难须密[1]，不宜往来。”宏衔泪答曰：“乃可无我，此事不容暂废。”彼在危难尚如是，况平时乎！

【注释】

[1] 密：保密。

为子者不敢自高贵，故在《礼》："三赐不及车马[1]。"不敢以富贵加于父兄。

【注释】

[1] 三赐不及车马：三赐，周代册封的一个等级；及，接受。受三赐的册封时不能接受车马，意思是不在父兄面前奔驰炫耀。

国初[1]，平章事王溥，父祚有宾客，溥常朝服侍立。客坐不安席。祚曰："豚犬[2]，不足为之起。"此可谓居则致其敬矣。

【注释】

[1] 国初：指宋初。　[2] 豚犬：对自己儿子的蔑称。

《礼》："子事父母，鸡初鸣而起，左右佩服以适父母之所。及所，下气怡声，问衣燠[1]寒，疾痛疴痒，而敬抑搔之。出入则或先或后，而敬扶持之。进盥，少者奉槃[2]，长者奉水，请沃盥，卒，授巾。问所欲而敬进之，柔色以温之。"父母之命勿逆勿怠。若饮之食之，虽不嗜，必尝而待；加之衣服，虽不欲，必服而待。

又，"子妇无私货，无私畜，无私器。不敢私假，不敢私与。"

又，为人子之礼，冬温而夏凊，昏定而晨省，在丑夷[3]不争。

【注释】

[1] 燠（yù）：暖。　[2] 槃：通"盘"，用来接水的器具。　[3] 丑夷：丑，众；夷，指平辈。

孟子曰："曾子养曾皙，必有酒肉；将彻[1]，必请所与[2]。问有余，必曰：'有。'曾皙死，曾元养曾子，必有酒肉。将彻，不请所与，问有余，曰：'亡矣。'将以复进也。此所谓养口体者也。若曾子，则可谓养志也。事亲若曾子者，可也。"

【注释】

[1] 彻：通"撤"，撤走。　[2] 必请所与：一定问要拿给谁吃。

老莱子孝奉二亲，行年七十，作婴儿戏[1]，身服五采斑斓之衣。尝取水上堂，诈跌仆卧地，为小儿啼，弄雏于亲侧，欲亲之喜。

【注释】

[1] 作婴儿戏：装作婴儿的样子嬉戏。

汉谏议大夫江革，少失父，独与母居。遭天下乱，盗贼并起，革负母逃难，备经险阻，常采拾以为养，遂得俱全于难。革转客下邳，贫穷裸跣行[1]，佣[2]以供母，便身之物，莫不毕给。建武末年，与母归乡里，每至岁时，县当案比[3]，革以老母不欲摇动，自在辕中挽车，不用牛马。由是乡里称之曰"江巨孝"。

【注释】

[1] 跣行：光着脚走路。　[2] 佣：给人做佣人。　[3] 案比：又称案户比民，汉代的户口登记与核查。

晋西河人王延，事亲色养[1]，夏则扇枕席，冬则以身温被，隆冬盛寒，体无全衣，而亲极滋味。

【注释】

[1] 色养：指事亲神情怡悦，语出《论语》。

宋会稽何子平，为扬州从事吏，月俸得白米，辄货市粟麦。人曰："所利无几，何足为烦？"子平曰："尊老在东，不办[1]得米，何心独飨白粲！"每有赠鲜肴者，若不可寄至家，则不肯受。后为海虞令，县禄唯供养母一身，不以及妻子。人疑其俭薄。子平曰："希禄[2]本在养亲，不在为己。"问者惭而退。

【注释】

[1] 办：买。　　[2] 希禄：希求俸禄。

同郡郭原平养亲，必以己力，佣赁以给供养。性甚巧，每为人佣作，止取散夫价。主人设食，原平自以家贫，父母不办有肴饭，唯餐盐饭而已。若家或无食，则虚中竟日[1]，义不独饱，须日暮作毕，受直[2]归家，于里籴买，然后举爨。

【注释】

[1] 虚中竟日：指饿着肚子过一天。　　[2] 直：通"值"，指佣金。

唐曹成王皋为衡州刺史，遭诬在治，念太妃老，将惊而戚，出则囚服就辟，入则拥笏垂鱼[1]，坦坦施施，贬潮州刺史，以迁入贺。既而事得直[2]，复还衡州，然后跪谢告实。此可谓养则致其乐矣。

【注释】

[1] 鱼：金鱼袋，唐代大臣腰间的饰物之一，用以标志身份。　　[2] 直：指辨明曲直。

《礼》：父母有疾，冠者不栉，行不翔[1]，言不惰，琴瑟不御。食肉不至变味，饮酒不至变貌，笑不至矧[2]，怒不詈，疾止复故。

【注释】

[1] 翔：悠闲的意思。　　[2] 矧（shěn）：齿龈。

文王之为世子，朝于王季，日三[1]。鸡初鸣而衣服，至于寝门外，问内竖[2]之御者曰："今日安否？何如？"内竖曰："安。"文王乃喜。及日中，又至。亦如之。及莫[3]又至，亦如之。其有不安节，则内竖以告文王。文王色忧，行不能正履。王季复膳，然后亦复初。武王帅[4]而行之，不敢有加焉。文王有疾，武王不脱冠带而养。文王一饭亦一饭，文王再饭亦再饭。旬有二日，乃间[5]。

【注释】

[1] 日三：一日三次。　　[2] 内竖：宫内小臣。　　[3] 莫：即暮。　　[4] 帅：效仿。　　[5] 间：痊愈。

汉文帝为代王时，薄太后常病。三年，文帝目不交睫[1]，衣不解带，汤药非口所尝弗进。

【注释】

[1] 交睫：上下睫毛碰在一起，指睡觉。

晋范乔父粲，仕魏，为太宰中郎。齐王芳被废，粲遂称疾阖门不出，阳[1]狂不言，寝所乘车，足不履地。子孙常侍左右，候其颜色，以知其旨。如此三十六年，终于所寝之车。乔与二弟并弃学业，绝人事，侍疾家庭。至粲没，不出里邑。

【注释】

[1] 阳：通“佯”，假装。

南齐庾黔娄为陵川令，到县未旬，父易在家遘疾[1]，黔娄忽心惊，举身流汗。即日弃官归家，家人悉惊其忽至。时易病始二日。医云：“欲知差剧[2]，但尝粪甜苦。”易泄利，黔娄辄取尝之。味转甜滑，心愈忧苦。至夕，每稽颡[3]北辰，求以身代。俄闻空中有声，曰：“徵君寿命尽，不可延，汝诚祷既至，改得至月末。”晦，而易亡。

【注释】

[1] 遘（gòu）疾：遭遇疾病，即生病。 [2] 差剧：指病愈和病情加剧。[3] 稽颡（sǎng）：叩拜。

后魏孝文帝幼有至性，年四岁时，献文患痈[1]，帝亲自吮脓。

【注释】

[1] 痈（yōng）：脓疮。

北齐孝昭帝，性至孝。太后不豫，出居南宫。帝行不正履，容色憔悴，衣不解带，殆将四旬。殿去南宫五百余步，鸡鸣而出，辰时方还；来去徒行，不乘舆辇。太后所苦[1]小增，便即寝伏阁外，食饮药物，尽皆躬亲。太后惟常心痛，不自堪忍。帝立侍帷前，以爪掐手心，血流出袖。此可谓病则致其忧矣。

【注释】

[1] 所苦：指病痛。

《经》曰：孝子之丧亲也，哭不哀[1]，礼无容，言不文，服美不安，闻乐不乐，食旨不甘[2]，此哀戚之情也。三日而食，教民无以死伤生，毁不灭性，此圣人之政也。丧不过三年，示民有终也。为之棺椁衣衾而举之，陈其簠簋[3]而哀戚之。擗踊[4]哭泣，哀以送之；卜其宅兆而安厝之；为之宗庙，以鬼享[5]之；春秋祭祀，以时思之。生事爱敬，死事哀戚，生民之本尽矣，死生之义备矣，孝子之事亲终矣。君子之于亲丧固所以自尽也，不可不勉。丧礼备在方册，不可悉载。

【注释】

[1] 哀：气竭而声息不婉转。 [2] 食旨不甘：饮食没有滋味。 [3] 簠簋（fǔ guǐ）：盛放粮食的器具，这里指祭祀器具。 [4] 擗踊（pǐ yǒng）：捶胸顿足。 [5] 享：祭祀。

孔子曰："少连、大连善居丧，三日不怠[1]，三月不解[2]，期[3]悲哀，三年忧，东夷之子也。"高子皋执亲之丧也，泣血三年，未尝见齿，君子以为难。

【注释】

[1] 不怠：指不饮食。 [2] 三月不解：指为下葬前，早晚祭祀，念极而哭之事不废。 [3] 期：指一周年。

颜丁善居丧，始死[1]，皇皇[2]焉，如有求而弗得；及殡，望望[3]焉，如有从而弗及；既葬，慨[4]焉，如不及其反而息[5]。

【注释】

[1] 始死：指父母刚刚去世时。 [2] 皇皇：即惶惶。 [3] 望望：依依不舍的样子。 [4] 慨：怅惘。 [5] 如不及其反而息：如像担心先人的亡灵来不及跟他一起回家，因而且行且止息。

唐太常少卿苏颋遭父丧，睿宗起复为工部侍郎，颋固辞。上使李日知谕旨，日知终坐[1]不言而还，奏曰："臣见其哀毁，不忍发言，恐其殒绝[2]。"上乃听其终制[3]。

【注释】

[1] 终坐：一直坐着。　[2] 殒绝：去世。　[3] 终制：丧期终了。

左庶子李涵为河北宣慰使，会丁母忧，起复本官而行[1]。每州县邮驿公事之外，未尝启口。蔬饭饮水，席地而息。使还，请罢官，终丧制。代宗以其毁瘠[2]，许之。自余能尽哀竭力以丧其亲，孝感当时，名光后来者，世不乏人。此可谓丧则致其哀矣。

【注释】

[1] 起复本官而行：指官复原职，处理事务。　[2] 毁瘠：因居丧过哀而极度瘦弱。

古之祭礼详矣，不可遍举。孔子曰："祭如在[1]。"君子事死如事生，事亡如事存。斋三日，乃见其所为斋者。祭之日，乐与哀半，飨之必乐，已至必哀。外尽物，内尽志；入室，僾然[2]必有见乎其位；周还出户，肃然必有闻乎其容声。是故先王之孝也，色不忘乎目，声不绝乎耳，心志嗜欲不忘乎心。致爱则存，致悫则著，著存不忘乎心，夫安得不敬乎！齐齐乎其敬也，愉愉乎其忠也，勿勿乎其欲其飨之也。《诗》曰："神之格思，不可度思，矧可射思。[3]"此其大略也。

【注释】

[1] 祭如在：祭祀时要好像被祭祀的对象就在眼前一样。　[2] 僾（ài）然：仿佛。　[3] 神之格思，不可度思，矧可射思：大意是，神之降临，不可

臆测，又怎能懈怠不敬呢？格，来临；思，语辞；矧，况且；射，厌倦。

孟蜀太子宾客李郸，年七十余，享祖考，犹亲涤器[1]。人或代之，不从，以为无以达追慕之意。此可谓祭则致其严矣。

【注释】

[1] 犹亲涤器：还亲自洗涤器具。

《经》曰：身体发肤，受之父母，不敢毁伤，孝之始也。

曾子有疾，召门弟子曰："启予足，启予手[1]。《诗》云：'战战兢兢，如临深渊，如履薄冰。'而今而后吾知免[2]夫，小子。"

【注释】

[1] 启予足，启予手：看看我的手足（有没有损伤）。　[2] 免：指身体免于伤害。

乐正子春下堂而伤足，数月不出，犹有忧色。门弟子曰："夫子之足瘳矣，数月不出，犹有忧色，何也？"乐正子春曰："善，如尔之问也！善，如尔之问也！吾闻诸曾子，曾子闻诸夫子曰：'天之所生，地之所养，惟人为大。父母全而生之，子全而归之，可谓孝矣；不亏其体，不辱其身，可谓全矣。故君子顷步而弗敢忘孝也，今予忘孝之道，予是以有忧色也。一举足而不敢忘父母，一出言而不敢忘父母。一举足而不敢忘父母，是故道而不径[1]，舟而不游，不敢以先父母之遗体行殆[2]；一出言而不敢忘父母，是故恶言不出于口，忿言不反于身。不辱其身，不羞其亲，可谓孝矣。"

【注释】

[1] 道而不径：走大路而不走险僻小径。　[2] 行殆：做危险的事。

或曰：亲有危难则如之何？亦忧身而不救乎？曰：非谓其然也。孝子奉父母之遗体，平居一毫不敢伤也；及其徇仁蹈义[1]，虽赴汤火无所辞，况救亲于危难乎！古以死徇其亲者多矣。

【注释】

[1] 徇仁蹈义：遵照仁义行事。

晋末乌程人潘综遭孙恩乱，攻破村邑。综与父骠共走避贼，骠年老行迟，贼转逼。骠语综："我不能去，汝走可脱，幸勿俱死。"骠困乏坐地，综迎贼叩头曰："父年老，乞赐生命。"贼至，骠亦请贼曰："儿少自能走，今为老子[1]不去。老子不惜死，可活此儿。"贼因斫[2]骠，综乃抱父于腹下。贼斫综头面，凡四创[3]，综当时闷绝。有一贼从傍来会曰："卿举大事，此儿以死救父，云何可杀？杀孝子不祥。"贼乃止，父子并得免。

【注释】

[1] 老子：老人自称。　[2] 斫：砍。　[3] 创：创伤。

齐射声校尉庾道愍所生母漂流交州，道愍尚在襁褓。及长，知之，求为广州绥宁府佐。至府，而去交州尚远，乃自负担[1]，冒崄自达。及至州，寻求母，经年不获，日夜悲泣。尝入村，日暮雨骤，乃寄止一家。有妪负薪自外还，道愍心动，因访之，乃其母也。于是俯伏号泣。远近赴之，莫不挥泪。

【注释】

[1] 负担：背着行李。

梁湘州主簿吉翂，父天监初为原乡令，为吏所诬，逮诣廷尉。翂年十五，号泣衢路，祈请公卿。行人见者，皆为陨涕。其父理虽清白，而耻为吏讯，乃虚自引咎[1]，罪当大辟。翂乃挝[2]登闻鼓，乞代父命。武帝嘉异之，尚以其童稚，疑受教于人，敕廷尉蔡法度严加胁诱，取其款实[3]。法度乃还寺，盛陈徽纆[4]，厉色问曰："尔求代父死，敕已相许，便应伏法。然刀锯至剧，审能死不？且尔童孺，志不及此，必人所教，姓名是谁？若有悔异，亦相听许。"对曰："囚虽蒙弱，岂不知死可畏惮？顾诸弟幼藐，唯囚为长，不忍见父极刑，自延视息。所以内断胸臆，上干万乘[5]。今欲殉身不测，委骨泉壤。此非细故[6]，奈何受人教耶？"法度知不可屈挠，乃更和颜诱，语之曰："主上知尊侯无罪行，当释。亮观君神仪明秀，足称佳童。今若转辞，幸父子同济。奚以此妙年，苦求汤镬[7]？"曰："凡鲲鲕蝼蚁，尚惜其生，况在人斯岂愿齑粉。但父挂深劾，必正刑书。故思殒仆，冀延父命。"翂初见囚，狱掾依法备加桎梏。法度矜之，命脱其二械，更令著一小者。翂弗听，曰："翂求代父死，死囚岂可减乎？"竟不脱械。法度以闻，帝乃宥其父子。丹阳尹王志求其在廷尉故事并诸乡居，欲于岁首，举充纯孝。翂曰："异哉王尹，何量翂之薄也[8]！夫父辱子死，斯道固然。若翂有腼面目[9]，当其此举，则是因父买名，一何甚辱！"拒之而止。此其章章[10]尤著者也。

【注释】

[1] 虚自引咎：指委屈自己认罪。　[2] 挝（zhuā）：敲打。　[3] 款实：真实情况。　[4] 徽纆（mò）：绳索，这里代指刑具。　[5] 上干万乘：万乘，指皇帝。向上打扰皇帝，指向皇帝奏事。　[6] 细故：小事。[7] 汤镬（huò）：滚开的水锅或油锅，古代刑罚，以此烹煮人，这里指死刑。[8] 异哉王尹，何量翂之薄也：尹，官员。王的官员真奇怪，怎么把我吉翂看得这么浅薄。　[9] 有腼面目：指不知羞耻，腼着脸。　[10] 章章：即彰彰，显明。

子下

《书》称舜“烝烝乂，不格奸”，何谓也？曰：言能以至孝，和顽嚚昏傲，使进进以善自治，不至于大恶也。

曾子耘瓜，误斩其根。皙[1]怒，挺[2]大杖以击其背。曾子仆地而不知人。久之乃苏，欣然而起，进于曾皙曰：“向[3]也参得罪于大人，用力教参，得无疾[4]乎？”退而就房，援琴而歌，欲令曾皙闻之，知其体康也。孔子闻之而怒，告门弟子曰：“参来勿内[5]。”曾参自以为无罪，使人请于孔子。孔子曰：“汝不闻乎，昔舜之事瞽瞍，欲使之，未尝不在于侧；索而杀之，未尝可得。小捶则待过，大杖则逃走，故瞽瞍不犯不父[6]之罪，而舜不失烝烝之孝。今参事父，委身以待暴怒，殪[7]而不避，身既死而陷父于不义，其不孝孰大焉？汝非天子之民乎？杀天子之民，其罪奚若？”曾参闻之，曰：“参罪大矣！”遂造孔子而谢过，此之谓也。

【注释】

[1] 皙：曾子的父亲曾皙。　[2] 挺：举。　[3] 向：以前。　[4] 得无疾：现在觉得您力气小了，莫非您病了？　[5] 内：通“纳”，指进门。　[6] 不父：指违背作父亲的原则。　[7] 殪（yì）：杀伤，指曾皙差点误杀曾子。

或曰：“孔子称色难[1]。色难者，观父母之志趣，不待发言而后顺之者也。然则《经》何以贵于谏争乎？”曰：“谏者，为救过也。亲之命可从而不从，是悖戾[2]也；不可从而从之，则陷亲于大恶。然而不谏是路人，故当不义则不可不争也。”或曰：“然则争之能无咈[3]亲之意乎？”曰：“所谓争者，顺而止之，志在必于从也。孔子曰：‘事父母几谏[4]。见志不从，又敬不违，劳而不怨。’《礼》：‘父母有过，下气怡色，柔声以谏。谏若不入，起敬起孝。说[5]，则复谏；不说，则与其得罪于乡党州闾[6]，宁熟谏[7]。父母怒，不说而挞之流血，不敢疾怨，起敬起孝。'" 又曰："事亲有隐[8]而无犯。" 又曰："父母有过，谏而不逆。" 又曰："三谏而不听则号泣而随之，言穷无所之也。" 或曰："谏则彰亲之过，奈何？" 曰："谏诸内，隐诸外者也，谏诸内则亲过不远，隐诸外故人莫得而闻也。且孝子善则称亲，过则归己。《凯风》曰：'母氏圣善，我无令人。' 其心如是，夫又何过之彰乎？"

【注释】

[1] 色难：事亲和颜悦色很难。 [2] 悖戾：违背。 [3] 咈（fú）：通"拂"，违背。 [4] 几谏：微谏。 [5] 说：通"悦"。 [5] 则与其得罪于乡党州闾：指与其让父母做错事得罪乡里邻居。 [6] 宁熟谏：宁可反复劝谏。[7] 隐：隐藏，指不在外人面前说自己父母的过失。

或曰："子孝矣而父母不爱，如之何？" 曰："责己而已。昔舜父顽、母嚚、象傲，日以杀舜为事。舜往于田，日[1]号泣于旻天。于父母负罪引慝，祗载见瞽瞍，夔夔斋栗[2]，瞽瞍亦允[3]。若诚之至也，如瞽瞍者犹信而顺之，况不至是者乎？"

【注释】

[1] 日：每天。 [2] 夔夔斋栗：形容战战兢兢，惶恐不安。 [3] 允：允许，接纳，指父子和好。

曾子曰："父母爱之，喜而不忘；父母恶之，惧而弗怨。"

汉侍中薛包，好学笃行。丧母，以至孝闻。及父娶后妻而憎包，分出之。包日夜号泣，不能去。至被殴杖，不得已，庐于舍外，旦入而洒扫。父怒，又逐之。乃庐于里门，晨昏不废。积岁余，父母惭而还之。

【注释】

详见《颜氏家训》。

晋太保王祥至孝，早丧亲，继母朱氏不慈，数谮之，由是失爱于父，每使扫除牛下，祥愈恭敬。父母有疾，衣不解带，汤药必亲尝。有丹柰结实，母命守[1]之，每风雨，祥辄抱树而泣。其笃孝纯至如此。母终，居丧毁悴，杖而后起。

【注释】

[1] 守：看守。

西河人王延，九岁丧母，泣血三年，几至灭性。每至忌月，则悲泣三旬。继母卜氏，遇之无道，恒以蒲穰及败麻头与延贮衣。其姑闻而问之，延知而不言，事母弥谨。卜氏尝盛冬思生鱼，敕延求而不获，杖之流血。延寻汾凌而哭，忽有一鱼长五尺，踊出冰上，延取以进母。卜氏心悟，抚延如己生。

齐始安王谘议刘沨父绍仕宋，位中书郎。沨母早亡，绍被敕纳路太后兄女为继室。沨年数岁，路氏不以为子，奴婢辈捶打之无期度。沨母亡日，辄悲啼不食，弥为婢辈所苦。路氏生溓，沨怜爱之，不忍舍，常在床帐侧。辄被驱捶，终不肯去。路氏病，经年，沨昼夜不离左右。每有增加，辄流涕不食。路氏病瘥[1]，感其意，慈爱遂隆。路氏富盛，一旦为沨立斋宇，筵席不减侯王。

【注释】

[1] 瘥（chài）：病愈。

唐宣歙观察使崔衍父伦为左丞，继母李氏不慈于衍。衍时为富平尉，伦使于吐蕃，久方归。李氏衣敝衣以见伦，伦问其故，李氏称伦使于蕃中，衍不给衣食。伦大怒，召衍责诟，命仆隶拉于地，袒其背，将鞭之。衍泣涕终不自陈[1]。伦弟殷闻之，趋往以身蔽衍，杖不得下，因大言曰："衍每月俸钱皆送嫂处，殷所具知，何忍乃言衍不给衣食？"伦怒乃解。由是伦遂不听李氏之谮。及伦卒，衍事李氏益谨。李氏所生次子郃，每多取母钱，使其主以书契征负于衍，衍岁为偿之。故衍官至江州刺史而妻子衣食无所余。子诚孝而父母不爱，则孝益彰矣，何患乎？

【注释】

[1] 陈：陈述，辩白。

或曰："妻子失亲之意则如之何？"曰："《礼》：'子甚宜[1]其妻，父母不说，出[2]。子不宜其妻，父母曰：是[3]善事我。子行夫妇之礼焉，没身不衰。'"

【注释】

[1] 宜：爱。　[2] 出：休妻。　[3] 是：她，指妻子。

汉司隶校尉鲍永，事后母至孝。妻尝于母前叱[1]狗，永去[2]之。

【注释】

[1] 叱：呵斥。　[2] 去：指休妻。

齐征北司徒记室刘瓛[1]，母孔氏，甚严明。年四十余未有婚对，建元中，高帝与司徒褚彦回为娶王氏女。王氏穿壁[2]挂履，土落孔氏床上，孔氏不悦，即出其妻。

【注释】

[1] 轘：音“环”。　[2] 穿壁：凿墙。

唐凤阁舍人李迥秀，母氏庶贱[1]，其妻崔氏尝叱媵婢，母闻之不悦，迥秀即时出妻。或止之曰：“贤室[2]虽不避嫌疑，然过非出状[3]，何遽如此？”迥秀曰：“娶妻本以养亲，今违忤颜色，何敢留也！”竟不从。

【注释】

[1] 庶贱：指出身妾室。　[2] 贤室：对别人妻子的敬称。　[3] 状：理由。

后汉郭巨家贫，养老母，妻生一子三岁，母常减食与之。巨谓妻曰：“贫乏不能供给，共汝埋子。子可再有，母不可再得。”妻不敢违，巨遂掘坑二尺余，得黄金一釜。或曰：“郭巨非中道[1]。”曰：然以此教民，民犹厚于慈[2]而薄于孝。

【注释】

[1] 中道：中正之道。　[2] 慈：慈爱，指爱子女。

或曰：“五母[1]在礼，律皆同服。凡人事嫡、继、慈、养之情，乌能比于所生？或者疑于伪与？”曰：“是何言之悖也？在《礼》：为人后者，斩衰三年。《传》曰：何以三年也？受重者必以尊服服之。何如而可为之后？同宗则可为之后。如何而可以为人后？支子可也。为所后者之祖、父母、妻、妻之父母、昆弟、昆弟之子若子。继母如母。《传》曰：继母何以如母？继母之配父与因母[2]同，故孝子不敢殊也。慈母如母。《传》曰：慈母者，何也？妾之无子者，妾子之无母者，父命妾曰：‘以为子。’命子曰：‘女[3]以为母。’若是，则生养之，终其身如母，死则丧之三年如母，贵父之命也。况嫡母，子之君也，其尊至矣。梁中军田曹行参军庾沙弥嫡母刘氏寝疾。沙弥晨昏侍侧，衣不解带。或应针灸，辄以身先试。及母亡，水浆不入口累日。初进大麦薄饮，经十旬，方为薄粥，终丧不食盐酱。冬日不衣绵纩[4]，夏日不解衰绖[5]，不出庐[6]户，昼夜号恸，邻人不忍闻。所坐荐[7]泪沾为烂。墓在新林，忽有旅松百许株枝叶郁茂，有异常松。刘好啖甘蔗，沙弥遂不复食之。汉丞相翟方进，既富贵，后母犹在，进供养甚笃。太尉胡广年八十，继母在堂，朝夕瞻省，旁无几杖，言不称老。汉显宗命马皇后母养肃宗，肃宗孝性纯笃，母子慈爱，始终无纤介之间。帝既专以马氏为外家，故所生[8]贾贵人不登极位。贾氏亲宗，无受宠荣者。及太后崩，乃策书加贵人玉赤绶而已。古人有丁兰者，母早亡，不及养，乃刻木而事之。彼贤者，孝爱之心发于天性，失其亲而无所施，至于刻木，犹可事也，况嫡继慈养之存乎？圣人顺贤者之心而为之礼，岂有圣人而教人为伪者乎？”

【注释】

[1] 五母在礼：指在礼法规定中五种可以被称为母亲的人，即下文所说的嫡母（指庶出子女对父亲正妻的称呼）、继母（父亲续娶的正妻）、慈母（过继的母亲）、养母和生母。 [2] 因母：新母。 [3] 女：通汝。 [4] 绵纩（kuàng）：指絮丝棉的衣服。 [5] 衰绖（cuī dié）：丧服。 [6] 庐：指父母墓旁搭的草庐，守丧时的临时居所。 [7] 荐：坐垫。 [8] 所生：即生母。

葬者，人子之大事。死者以窀穸[1]为安宅，兆[2]而未葬，犹行而未有归也。是以孝子虽爱亲，留之不敢久也。古者天子七月，诸侯五月，大夫三月，士逾月。诚由礼物有厚薄，奔赴有远近，不如是不能集也。国家诸令王公以下，皆三月而葬，盖以待同位[3]。外姻[4]之会葬者适时之宜，更为中制也。《礼》：未葬不变服，啜粥，居倚庐，寝苫[5]枕块，既虞而后有所变，盖孝子之心，以为亲未获所安，已不敢即安也。

【注释】

[1] 窀穸（zhūn xī）：墓穴。　[2] 兆：指占卜挑选墓地。　[3] 同位：同等。　[4] 外姻：指姻亲。　[5] 苫（shān）：草帘子。

汉蜀郡太守廉范，王莽大司徒丹之孙也。父遭丧乱，客死于蜀汉，范遂流寓西州。西州平，归乡里。年五十，辞母西迎父丧。蜀都太守张穆，丹之故吏，重资送范。范无所受，与客步负丧[1]归葭萌。载船触石破没，范抱持棺柩，遂俱沉溺。众伤其义，钩求得之，疗救仅免于死，卒得归葬。

【注释】

[1] 丧：指棺椁。

宋会稽贾恩，母亡未葬，为邻火所逼，恩及妻栢氏号泣奔救。邻近赴助，棺榇得免，恩及栢氏俱烧死。有司奏，改其里为“孝义里”，蠲租布[1]三世，追赠恩显亲左尉。

【注释】

[1] 租布：指赋税。

会稽郭原平，父亡，为茔圹凶功[1]不欲假人，己虽巧而不解作墓，乃访邑中有茔墓者，助之运力，经时展勤，久乃闲练。又自卖丁夫[2]以供众费。窀穸之事，俭而当礼，性无术学，因心自然。葬毕，诣所买主，执役无懈，与诸奴分务，让逸取劳，主人不忍使，每遣之。原平服勤，未尝暂替。佣赁养母，有余聚以自赎。

【注释】

[1] 为茔圹凶功：指造坟墓。　[2] 自卖丁夫：指卖身为奴。

海虞令何子平，母丧去官，哀毁逾礼，每至哭踊，顿绝方苏。属大明[1]末，东土饥荒，继以师旅，八年不得茔葬。昼夜号哭，常如袒括之日[2]，冬不衣絮，暑不就清凉，一日以数合米为粥，不进盐菜。所居屋败，不蔽风日，兄子伯与欲为葺理，子平不肯，曰："我情事未伸，天地一罪人耳，屋何宜覆？"蔡兴宗为会稽太守，甚加矜赏，为营冢圹。

【注释】

[1] 大明：南朝宋孝武皇帝刘骏的年号。　[2] 常如袒括之日：指总是像丧礼小敛时的样子。

新野庾震丧父母，居贫无以葬，赁书以营事，至手掌穿，然后成葬事。贤者于葬，何如其汲汲[1]也。今世俗信术者妄言，以为葬不择地及岁月日时，则子孙不利，祸殃总至，乃至终丧除服，或十年，或二十年，或终身，或累世，犹不葬，至为水火所漂焚，他人所投弃，失亡尸柩，不知所之者，岂不哀哉！人所贵有子孙者，为死而形体有所付[2]也。而既不葬，则与无子孙而死道路者奚以异乎？《诗》云："行有死人，尚或墐之。"况为人子孙，乃忍弃其亲而不葬哉！

【注释】

[1] 汲汲：形容急切的样子。　[2] 付：托付。

唐太常博士吕才叙《葬书》曰："《孝经》云，卜其宅兆而安厝之。盖以窀穸既终，永安体魄，而朝市迁变，泉石[1]交侵，不可前知，故谋之龟筮。近代或选年月，或相墓田，以为一事失所，祸及死生。按

《礼》，天子、诸侯、大夫葬，皆有月数，则是古人不择年月也。《春秋》：九月丁巳葬宁公，雨，不克葬；戊午日中，乃克葬。是不择日也。郑简公司墓之室，当道，毁之则朝而窆[2]，不毁则日中而窆，子产不毁。是不择时也。古之葬者，皆于国都之北，域有常处，是不择地也。今葬者，以为子孙富贵贫贱夭寿，皆因卜所致。夫子文为令尹而三已，柳下惠为士师而三黜，讨其邱垅[3]，未尝改移。而野俗无识，妖巫妄言，遂于擗踊之际，择葬地而希官爵；荼毒之秋，选葬时而规财利，斯言至矣。夫死生有命，富贵在天，固非葬所能移。就使能移，孝子何忍委其亲不葬而求利己哉？世又有用羌胡法，自焚其柩收烬骨而葬之者，人习为常，恬莫之怪。呜呼！讹俗悖戾，乃至此乎？"或曰："旅宦远方，贫不能致其柩[4]，不焚之何以致其就葬？"曰："如廉范辈，岂其家富也？延陵季子有言：骨肉归复于土，命也，魂气则无不之也。舜为天子，巡狩至苍梧而殂，葬于其野。彼天子犹然，况士民乎！必也无力不能归其柩，即所亡之地而葬之，不犹愈于毁焚乎？"或曰："生事之以礼，死葬之以礼，祭之以礼，具此数者，可以为大孝乎？"曰："未也。天子以德教加于百姓，刑于四海为孝；诸侯以保社稷为孝；卿大夫以守其宗庙为孝；士以保其禄位为孝。皆谓能成其先人之志，不坠其业者也。"

【注释】

[1] 泉石：指地下的水流和土石，代指地下的地理状况。　[2] 窆（biǎn）：下葬。　[3] 邱垅：指坟丘。　[4] 致其柩：把棺木运回家乡。

晋庾衮父戒衮以酒[1]，衮尝醉，自责曰："余废先人之戒，其何以训人？"乃于父墓前自杖三十。可谓能不忘训辞矣。

【注释】

[1] 戒衮以酒：指在饮酒的问题上告诫庾衮。

《诗》云："题彼脊令[1]，载飞载鸣。我日斯迈，而月斯征[2]。夙兴夜寐，无忝尔所生。"

【注释】

[1]题彼脊令：题，通"睇"，看；脊令，即鹡鸰，一种鸟。　[2]我日斯迈，而月斯征：指日月穿梭，时间流逝。　[3]无忝尔所生：不要辜负你的生命。

《经》曰：立身行道，扬名于后世，以显父母，孝之终也。又曰：事亲者，居上不骄[1]，为下不乱[2]，在丑不争。居上而骄则亡，为下而乱则刑，在丑而争则兵。三者不除，虽日用三牲之养，犹为不孝也。

【注释】

[1]骄：骄横。　[2]乱：作乱。

《内则》曰："父母虽没，将为善，思贻[1]父母令名，必果；将为不善，思贻父母羞辱，必不果。"

【注释】

[1]贻：带给。

公明仪问于曾子曰："夫子可以为孝乎？"曾子曰："是何言欤！是何言欤！君子之所谓孝者，先意承志，谕父母于道。参直[1]养者也，安能为孝乎。"

【注释】

[1]直：通"只"，仅仅。

曾子曰："身也者，父母之遗体也。行父母之遗体，敢不敬乎？居处不庄非孝也，事君不忠非孝也，莅官不敬非孝也，朋友不信非孝也，战陈[1]无勇非孝也。五者不备，灾及其亲，敢不敬乎？亨熟膻芗[2]，尝而荐之[3]，非孝也。君子之所谓孝也，国人称愿然，曰：幸哉，有子如此！所谓孝也已。"为人子能如是，可谓之孝有终矣。

【注释】

[1] 陈：通"阵"。　[2] 亨熟膻芗（shān xiāng）：膻芗，煮熟的牛羊肉气味，代指牛羊肉。煮熟的牛羊肉。　[3] 尝而荐之：品尝之后献给父母。

女、孙、伯叔父、侄

《礼》：女子十年不出[1]，姆教婉娩听从，执麻枲，治丝茧，织纴组紃，学女事以供衣服。观于祭祀，纳酒浆笾豆菹醢[2]，礼相助奠。十有五年而笄，二十而嫁。古者妇人先嫁三月，祖庙未毁[3]，教于公宫；祖庙既毁，教于宗室。教以妇德、妇言、妇容、妇功，教成祭之。牲用鱼，芼[4]之以蘋藻，所以成妇顺也。

【注释】

[1] 不出：指不离开内宅。　[2] 笾（biān）豆菹醢（zū hǎi）：笾豆，祭祀是用来盛放祭品的器具；菹醢，肉酱。　[3] 祖庙未毁：指家族中某一支祖先的庙没被拆毁，古代依身份不同可以为祖先设立数量不等的庙，除祭祀共同祖先的宗庙之外，只能为最近的几代先人单独立庙，超过这个数量就要毁庙，将牌位迁入宗庙，与祖宗共祭，不在单独享受祭祀。　[4] 芼（mào）：做羹汤之菜。

曹大家[1]《女诫》曰：今之君子徒知训其男，检其书传，殊不知夫主之不可不事，礼义之不可不存。但教男而不教女，不亦蔽于彼此之教乎？《礼》：八岁始教之书，十五而志于学矣！独不可依此以为教哉。夫云妇德，不必才明绝异也；妇言，不必辩口利辞也；妇容，不必颜色美丽也；妇功，不必工巧过人也。清闲、贞静、守节、整齐，行已有耻，动静有法，是谓妇德。择辞而说，不道恶语，时然后言[2]，不厌于人[3]，是谓妇言。盥浣尘秽，服饰鲜洁，沐浴以时，身不垢辱，是谓妇容。专心纺绩，不好戏笑，洁斋酒食，以奉宾客，是谓妇功。此四者，女之大德，而不可乏者也。然为之甚易，唯在存心耳。凡人，不学则不知礼义。不知礼义，则善恶是非之所在皆莫之识也。于是乎有身为暴乱而不自知其非也，祸辱将及而不知其危也。然则为人，皆不可以不学，岂男女之有异哉？是故女子在家，不可以不读《孝经》《论语》及《诗》《礼》，略通大义。其女功，则不过桑麻织绩、制衣裳、为酒食而已。至于刺绣华巧，管弦歌诗，皆非女子所宜习也。古之贤女无不好学，左图右史，以自儆戒。

【注释】

[1] 曹大家（gū）：大家即大姑，即班昭，其夫曹世叔，故尊称其为曹大家。

[2] 时然后言：在合适的时机才说话。　　[3] 不厌于人：不被人讨厌。

汉和熹邓皇后，六岁能史书，十二通《诗》《论语》。诸兄每读经传，辄下意难[1]问，志在典籍，不问居家之事。母常非之，曰："汝不习女工，以供衣服，乃更务学，宁当举博士耶？"后重违母言，昼修妇业，暮诵经典，家人号曰"诸生"。其余班婕妤、曹大家之徒，以学显当时，名垂后来者多矣。

【注释】

[1] 难：诘难。

汉珠崖令女名初，年十三。珠崖多珠，继母连大珠[1]以为系臂。及令死，当还葬。法，珠入于关者，死[2]。继母弃其系臂珠，其男年九岁，好而取之，置母镜奁中，皆莫之知。遂与家室奉丧归，至海关。海关候吏搜索，得珠十枚于镜奁中。吏曰："嘻！此值法[3]，无可奈何，谁当坐者[4]？"初在左右，心恐继母去置奁中，乃曰："初坐之。"吏曰："其状如何？"初对曰："君子不幸，夫人解系臂去之。初心惜之，取置夫人镜奁中，夫人不知也。"吏将初劾之。继母意以为实，然怜之。因谓吏曰："愿且待，幸无劾儿。儿诚不知也。儿珠，妾系臂也。君不幸，妾解去之，心不忍弃，且置镜奁中。迫奉丧，忽然忘之。妾当坐之。"初固曰："实初取之。"继母又曰："儿但让耳，实妾取之。"因涕泣不能自禁。女亦曰："夫人哀初之孤，强名之以活初身，夫人实不知也。"又因哭泣，泣下交颈。送丧者尽哭哀恸，傍人莫不为酸鼻挥涕。关吏执笔劾，不能就一字。关候垂泣，终日不忍决，乃曰："母子有义如此，吾宁生之，不忍加文。母子相让，安知孰是？"遂弃珠而遣之。既去，乃知男独取之。

【注释】

[1] 连大珠：穿大珠。　[2] 法，珠入于关者，死：法律规定，私自携带珍珠入关的，死罪。　[3] 此值法：这触犯了法令。　[4] 谁当坐者：谁来承担这个罪名。

宋会稽寒人陈氏，有女无男。祖父母年八九十，老无所知。父笃癃疾[1]，母不安其室[2]。遇岁饥，三女相率于西湖采菱莼，更日至市货卖，未尝亏怠，乡里称为义门，多欲娶为妇。长女自伤茕独，誓不肯行。祖父母寻相继卒，三女自营殡葬，为庵舍居墓侧。

【注释】

[1] 父笃癃（lóng）疾：癃，小便不利，指年老衰病。癃疾：身形伛偻，年老衰微之形。 [2] 母不安其室：母亲改嫁了。

又诸暨东浛里屠氏女，父失明，母痼疾，亲戚相弃，乡里不容。女移父母，远住纻舍[1]，昼采樵，夜纺绩，以供养。父母俱卒，亲营殡葬，负土成坟。乡里多欲娶之，女以无兄弟，誓守坟墓不嫁。

【注释】

[1] 纻（zhù）舍：绩麻之所。

唐孝女王和子者，徐州人，其父及兄为防狄卒[1]，戍泾州。元和中，吐蕃寇边[2]，父兄战死，无子，母先亡。和子年十七，闻父兄殁于边，披发徒跣缞裳[3]，独往泾州，行丐，取父兄之丧归徐营葬，植松柏，剪发坏形，庐于墓所。节度使王智兴以状奏之，诏旌表门闾。此数女者，皆以单事其父母，生则能养，死则能葬，亦女子之英秀也。

【注释】

[1] 防狄卒：防备戎狄的兵卒，即边防兵。 [2] 寇边：在边境为寇，指侵犯边境。 [3] 披发徒跣缞裳：披散头发，光脚徒步，穿着孝服。

唐奉天窦氏二女，虽生长草野[1]，幼有志操。永泰中，群盗数千人剽掠其村落。二女皆有容色，长者年十九，幼者年十六，匿岩穴间。盗曳[2]出之，驱逼以前。临壑谷，深数百尺，其姊先曰："吾宁就死，义不受辱！"即投崖下而死。盗方惊骇，其妹从之自投，折足败面，血流被体。盗乃舍之而去。京兆尹第五琦嘉其贞烈，奏之，诏旌表门闾，永蠲其家丁役。二女遇乱，守节不渝，视死如归，又难能也。

【注释】

[1] 草野：指出身普通，没受过良好教育。　　[2] 曳：拖、拽。

汉文帝时，有人上书，齐太仓令淳于意有罪，当刑，诏狱逮系长安。意有五女，随而泣。意怒，骂曰："生女不生男，缓急[1]无可使者。"于是少女缇萦伤父之言，乃随父西，上书曰："妾父为吏，齐中称其廉平，今坐法当刑。妾切痛死者不可复生，而刑者不可复属，虽欲改过自新，其道莫由，终不可得。妾愿入身为官婢，以赎父刑罪，便得改行自新也。"书闻，上悲其意。此岁中亦除肉刑[2]法。缇萦一言而善，天下蒙其泽，后世赖其福，所及远哉。

【注释】

[1] 缓急：指发生事情。　　[2] 肉刑：摧残人肉体的刑罚，如宫刑、刖刑。

后魏孝女王舜者，赵邹人也。父子春与从兄长忻不协[1]。齐亡之际，长忻与其妻同谋，杀子春。舜时年七岁。又二妹，粲年五岁，璠年二岁，并孤苦，寄食亲戚。舜抚育二妹，恩义甚笃。而舜阴有复仇之心，长忻殊不备。姊妹俱长，亲戚欲嫁，辄拒不从。乃密谓二妹曰："我无兄弟，致使父仇不复，吾辈虽女子，何用生为？我欲共汝报复，何如？"二妹皆垂涕曰："唯姊所命。"夜中，姊妹各持刀逾墙入，手杀长忻夫妇，以告父墓。因诣县请罪，姊妹争为谋首，州县不能决。文帝闻而嘉叹，原罪[2]。《礼》："父母之仇，不与共戴天。"舜以幼女，蕴志发愤，卒袖白刃以揕[3]仇人之胸，岂可以壮男子反不如哉！

【注释】

[1] 不协：不和。　　[2] 原罪：宽赦罪过。　　[3] 揕（zhèn）：用刀剑等刺。

《书》曰：“辟不辟，忝厥祖[1]。”《诗》云：“无忘尔祖，聿修厥德[2]。”然则为人而怠于德，是忘其祖也，岂不重哉！

【注释】

[1] 辟不辟，忝厥祖：辟，君；忝，辱；厥，其。君主不像个君主，令你的祖先蒙羞。　[2] 无忘尔祖，聿修厥德：不要忘记你的祖先，学习他们的德行。

晋李密，犍为人，父早亡，母何氏改醮。密时年数岁，感恋弥至，烝烝之性，遂以成疾。祖母刘氏躬自抚养。密奉事，以孝谨闻。刘氏有疾则泣，侧息，未尝解衣。饮膳汤药，必先尝后进。仕蜀为郎，蜀平，泰始初诏征为太子洗马。密以祖母年高，无人奉养，遂不应命。上疏曰：“臣无祖母，无以至今日；祖母无臣，无以终余年。母孙二人更相为命，是以私情区区，不敢弃远。臣密今年四十有四，祖母刘氏今年九十有六，是臣尽节于陛下之日长，而报养刘氏之日短也。乌鸟私情，乞愿终养。”武帝矜而许之。

齐彭城郡丞刘，有至性，祖母病疽经年，手持膏药，渍指为烂。

后魏张元，芮城人，世以纯至为乡里所推。元年六岁，其祖以其夏中热甚，欲将元就井浴，元固不肯。祖谓其贪戏，乃以杖击其头曰：“汝何为不肯浴？”元对曰：“衣以盖形，为覆其亵[1]。元不能亵露其体于白日之下。”祖异而舍之。年十六，其祖丧明[2]三年，元恒忧泣，昼夜读佛经礼拜，以祈福佑。每言“天人师[3]乎？元为孙不孝，使祖丧明，今愿祖目见明，元求代暗。”夜梦见一老翁，以金鎞[4]疗其祖目，元于梦中喜跃，遂即惊觉，乃遍告家人。三日，祖目果明。其后，祖卧疾再周，元恒随祖所食多少，衣冠不解，旦夕扶侍。及祖没，号踊，绝而复苏。复丧其父，水浆不入口三日。乡里咸叹异之。县博士杨辄等二百余人上其状，有诏表其门闾。此皆为孙能养者也。

【注释】

[1] �：指身体，古人以裸露身体为不敬。 [2] 丧明：失明。 [3] 天人师：佛的十种称号之一。 [4] 金鎞（pī）：古代治眼病的工具。形如箭头，用来刮眼膜。据说可使盲者复明。

唐仆射李公，有居第[1]在长安修行里，其密邻即故日南阳相也。丞相早岁与之有旧，及登庸[2]，权倾天下。相君选妓数辈，以宰府不可外馆[3]，栋宇无便事[4]者，独书阁东邻乃李公冗舍[5]也，意欲吞之。垂涎少俟，且迟迟于发言。忽一日，谨致一函，以为必遂。及复札，大失所望。又逾月，召李公之吏得言者[6]，欲以厚价购之。或曰："水竹别墅交质[7]。"李公复不许。又逾月，乃授公之子弟官，冀其稍动初意，竟亡回命。有王处士者，知书善棋，加之敏辩，李公寅夕与之同处，丞相密召，以诚告之，托其讽谕。王生忭奉其旨，勇于展效。然以李公褊直，伺良便者久之。一日，公遘病，生独侍前，公谓曰："筋衰骨虚，风气因得乘间而入，所谓空穴来风，枳枸来巢也。"生对曰："然，向聆西院，枭集树杪，某心忧之，果致微恙。空院之来妖禽，犹枳枸来巢矣。且如赍器换缗，未如鬻之，以赡医药。"李公卞急，揣知其意，怒发上植，厉声曰："男子寒死，馁死，鵩[8]窥而死，亦其命也。先人之敝庐，不忍为权贵优笑之地。"挥手而别。自是，王生及门，不复接矣。

【注释】

[1] 居第：住所。 [2] 登庸：被任用。 [3] 宰府不可外馆：宰相府不可以修建客舍，指供歌妓居住的地方。 [4] 便事：方便行事。 [5] 冗舍：闲房。 [6] 得言者：能说得上话的。 [7] 水竹别墅交质：用临水的竹楼别墅交换。水竹别墅：美池修竹之别墅。 [8] 鵩（fú）：猫头鹰，古人以为不祥。

平庐节度使杨损，初为殿中侍御史，家新昌里，与路岩第接。岩方为相，欲易其厩以广第。损宗族仕者十余人议曰："家世盛衰，系权者喜怒，不可拒也。"损曰："今尺寸土，皆先人旧物，非吾等所有，安可奉权臣邪！穷达，命也。"卒不与。岩不悦，使损按狱黔中[1]。年余还。彼室宅，尚以家世旧物，不忍弃失，况诸侯之于社稷，大夫之于宗庙乎？为人孙者，可不念哉！

【注释】

[1] 按狱黔中：去贵州巡察审理案件。

《礼》："服[1]，兄弟之子，犹子也。"盖圣人缘情制礼，非引而进之也。

【注释】

[1] 服：穿丧服。

汉第五伦性至公。或问伦曰："公有私乎？"对曰："吾兄子尝病，一夜十往，退而安寝。吾子有病，虽不省视，而竟夕不眠。若是者，岂可谓无私乎？"伯鱼贤者，岂肯厚其兄子不如其子哉？直以数往视之，故心安；终夕不视，故心不安耳。而伯鱼更以此语人，益所以见其公也。

宗正刘平，更始时天下乱，平弟仲为贼所杀。其后贼复忽然而至，平扶侍其母奔走逃难。仲遗腹女始一岁，平抱仲女而弃其子。母欲还取，平不听，曰："力不能两活，仲不可以绝类[1]。"遂去而不顾。

【注释】

[1] 绝类：绝后。

侍中淳于恭兄崇卒，恭养孤幼，教诲学问，有不如法，辄反用杖自箠[1]以感悟之。儿惭而改过。

【注释】

[1] 箠：通“棰”，击打。

侍中薛包，弟子求分财异居，包不能止，乃中分其财。奴婢引其老者，曰：“与我共事久，若不能使也。”田庐取其荒顿者，曰：“吾少时所理，意所恋也。”器物取其朽败者，曰：“我素所服食，身口所安也。”弟子数破其产，辄复赈给。

晋右仆射邓攸，永嘉末，石勒过泗水，攸以牛马负妻子而逃。又遇贼，掠其牛马。步走，担其儿及其弟子绥。度不能两全，乃谓其妻曰：“吾弟早亡，唯有一息[1]，理不可绝，止应自弃我儿耳。幸而得存，我后当有子。”妻泣而从之。乃弃其子而去，卒以无嗣。时人义而哀之，为之语曰：“天道无知，使邓伯道无儿。”弟子绥服攸丧三年。

【注释】

[1] 息：子息。

太尉郄鉴，少值永嘉乱，在乡里，甚穷馁。乡人以鉴名德，传共饭之[1]。时兄子迈、外甥周翼并小，常携之就食。乡人曰：“各自饥困，以君贤，欲共相济耳！恐不能兼有所存。”鉴于是独往，食讫，以饭着两颊边还，吐与二儿。后并得存，同过江。迈位至护军，翼为剡县令。鉴之薨也，翼追抚育之恩，解职而归，席苦心丧三年。世有杀其孤规财利者[2]，独何心哉！

【注释】

[1] 传共饭之：轮流招郄鉴共同吃饭。　[2] 杀其孤规财利者：杀害兄弟的子嗣而谋夺他的财产。

宋义兴人许昭先，叔父肇之坐事系狱，七年不判。子侄二十许人，昭先家最贫薄，专独申诉，无日在家。饷馈[1]肇之，莫非珍新[2]。资产既尽，卖宅以充之。肇之诸子倦怠，惟昭先无有懈息，如是七载。尚书沈演之嘉其操行，肇之事由此得释。

【注释】

[1] 饷馈：指供养。　[2] 珍新：珍贵新鲜。

唐柳泌叙其父天平节度使仲郢行事，云事季父太保如事元公，非甚疾，见太保未尝不束带。任大京兆盐铁使，通衢遇太保，必下马端笏，候太保马过方登车。每暮束带迎太保马首，候起居。太保屡以为言[1]，终不以官达稍改。太保常言于公卿同云：“元公之子，事某如事严父。”

【注释】

[1] 屡以为言：屡次和他说这件事。

古之贤者，事诸父如父，礼也。

兄、弟、姑姊妹、夫

凡为人兄不友其弟者，必曰：“弟不恭于我。”自古为弟而不恭者孰若象？万章问于孟子，曰：“父母使舜完廪[1]，捐阶[2]，瞽瞍焚廪；使浚[3]井，出，从而掩[4]之。象曰：‘谟盖都君咸我绩[5]。牛羊父母，仓廪父母。干戈朕[6]、琴朕、弤朕、二嫂使治朕栖。’象往入舜宫，舜在床琴。象曰：‘郁陶[7]思君尔！’忸怩。舜曰：‘惟兹臣庶，汝其于予治[8]。’不识舜不知象之将杀己与？”曰：“奚而不知也？象忧亦忧，象喜亦喜[9]。”曰：“然则舜伪喜者与！”曰：“否！昔者有馈生鱼[10]于郑子产。子产使校人畜之池。校人烹之，反命曰：‘始舍[11]之，圉圉[12]焉，少则洋洋[13]焉，攸然而逝。’子产曰：‘得其所哉！得其所哉！’故君子可欺以其方[14]，难罔以非其道。彼以爱兄之道来，故诚信而喜之，奚伪焉！”万章问曰：“象日以杀舜为事，立为天子，则放[15]之，何也？”孟子曰：“封之也。或曰放焉。”

【注释】

[1] 完廪：修粮仓。[2] 捐阶：撤走梯子。[3] 浚：疏通。[4] 掩：掩埋。[5] 谟盖都君咸我绩：谋划掩埋兄长都是我的功劳。[6] 朕：我的自称。[7] 郁陶：有忧有喜，指象为了解释自己脸上的喜色，欺骗舜说自己刚才忧伤，看见哥哥没事又很高兴。[8] 汝其于予治：你来参与我的治理吧，指舜封象。[9] 象忧亦忧，象喜亦喜：指象表现出忧、喜，舜就认为他真的忧、喜。[10] 生鱼：活鱼。[11] 舍：指在池子里养。[12] 圉圉：被困不得舒展的样子。[13] 洋洋：迟缓的样子。[14] 君子可欺以其方：君子可以看似合理的理由欺骗。[15] 放：流放。

万章曰：“舜流共工于幽州，放驩兜于崇山，杀三苗于三危，殛鲧于羽山，四罪而天下咸服，诛不仁也。象至不仁，封之有庳。有庳之人奚罪焉？仁人固如是乎？在他人则诛之，在弟则封之。”曰：“仁人之于弟也，不藏怒[1]焉，不宿怨[2]焉，亲爱之而已矣。亲之欲其贵也，爱之欲其富也。封之有庳，富贵之也。身为天子，弟为匹夫，可谓亲爱之乎？”“敢问，或曰放者何谓也？”曰：“象不得有为于其国，天子使吏治其国，而纳其贡赋焉，故谓之放，岂得暴彼民哉！虽然，欲常常而见之，故源源而来。不及贡，以政接于有庳。”

【注释】

[1] 不藏怒：不掩藏自己的愤怒。 [2] 不宿怨：没有隔夜的怨恨。

汉丞相陈平，少时家贫，好读书，有田三十亩，独与兄伯居。伯常耕田，纵平使游学。平为人长，美色[1]。人或谓陈平：“贫，何食而肥若是？”其嫂嫉平之不视[2]家产，曰：“亦食糠核耳。有叔如此，不如无有。”伯闻之，逐其妇而弃之。

【注释】

[1] 美色：指长得很健康。 [2] 视：打理。

御史大夫卜式，本以田畜为事，有少弟。弟壮，式脱身出，独取畜羊百余，田宅财物尽与弟。式入山牧，十余年，羊致千余头，买田宅。而弟尽破其产，式辄复分与弟者数矣。

隋吏部尚书牛弘弟弼，好酒，酗，尝醉，射杀弘驾车牛。弘还宅，其妻迎谓曰：“叔射杀牛。”弘闻，无所怪问，直答曰：“作脯[1]。”坐定，其妻又曰：“叔忽射杀牛，大是异事！”弘曰：“已知。”颜色自若，读书不辍。

【注释】

[1] 脯：肉干。

唐朔方节度使李光进，弟河东节度使光颜先娶妇，母委以家事。及光进娶妇，母已亡。光颜妻籍[1]家财，纳管钥于光进妻。光进妻不受，曰：“娣妇逮事先姑，且受先姑之命，不可改也。”因相持而泣，卒令光颜妻主之矣。

【注释】

[1] 籍：记录在册。

平章事韩滉，有幼子，夫人柳氏所生也。弟湟戏于掌上，误坠阶而死。滉禁约[1]夫人勿悲啼，恐伤叔郎意。为兄如此，岂妻妾他人所能间哉？

【注释】

[1] 禁约：禁止约束。

弟之事兄，主于敬爱。齐射声校尉刘琎，兄夜隔壁呼琎。琎不答，方下床着衣，立，然后应。怪其久。琎曰："向束带未竟。"

梁安成康王秀，于武帝布衣昆弟，及为君臣，小心畏敬，过于疏贱者[1]。帝益以此贤之。若此，可谓能敬矣。

【注释】

[1] 过于疏贱者：超过了那些身份疏远、地位的人（对梁武帝的态度）。

后汉议郎郑均，兄为县吏，颇受礼遗[1]，均数谏止，不听，即脱身为佣。岁余，得钱帛归，以与兄，曰："物尽可复得。为吏坐赃，终身捐弃。"兄感其言，遂为廉洁。均好义笃实，养寡嫂孤儿，恩礼甚至。

【注释】

[1] 礼遗：指贿赂。

晋咸宁中疫[1]颍川，庾衮二兄俱亡。次兄毗复危殆。疠[2]气方炽，父母诸弟皆出次[3]于外，衮独留不去。诸父兄强之，乃曰：“衮性不畏病。”遂亲自扶持，昼夜不眠。其间复抚柩哀临不辍。如此十有余旬，疫势既歇，家人乃反。毗病得差，衮亦无恙[4]。父老咸曰：“异哉此子！守人所不能守，行人所不能行，岁寒然后知松柏之后凋，始知疫疠之不相染也。”

【注释】

[1] 疫：发生瘟疫。　[2] 疠（lì）：瘟疫。　[3] 次：居住。　[4] 差：通“瘥”，病愈。

右光禄大夫颜含，兄畿，咸宁中得疾，就医自疗，遂死于医家。家人迎丧，旐每绕树而不可解[1]，引丧者颠仆，称畿言曰：“我寿命未死，但服药太多，伤我五脏耳，今当复活，慎无葬也。”其父祝之曰：“若尔有命复生，岂非骨肉所愿？今但欲还家，不尔葬也。”乃解。及还，其妇梦之曰：“吾当复生，可急开棺。”妇颇说之。其夕，母及家人又梦之，即欲开棺，而父不听。含时尚少，乃慨然曰：“非常之事，古则有之。今灵异至此，开棺之痛，孰与不开相负[2]？”父母从之，乃共发棺，有生验以手刮棺，指抓尽伤，气息甚微，存亡不分矣。饮哺将护，累月犹不能语。饮食所须，托之以梦。阖家营视，顿废生业，虽在母妻，不能无倦也。含乃绝弃人事，躬亲侍养，足不出户者，十有三年。石崇重含淳行，赠以甘旨，含谢而不受。或问其故，答曰：“病者绵昧，生理未全，既不能进噉，又未识人惠，若当谬留，岂施者之意也？”畿竟不起。含二亲既终，两兄既殁，次嫂樊氏因疾失明，含课励家人，尽心奉养。日自尝省药馔，察问息耗，必簪屦束带，以至病愈。

【注释】

[1] 旐（zhào）每绕树而不可解：引魂幡总是缠绕树木不能解开。旐，引魂幡。

[2] 孰与不开相负：和不开棺相比哪个更令人悲痛？

后魏正平太守陆凯兄琇，坐咸阳王禧谋反事，被收，卒于狱。凯痛兄之死，哭无时节，目几失明，诉冤不已，备尽人事。至正始初，世宗复琇官爵。凯大喜，置酒集诸亲曰："吾所以数年之中抱病忍死者，顾门户计尔。逝者不追[1]，今愿毕矣。"遂以其年卒。

【注释】

[1] 逝者不追：过去的时光不追还。

唐英公李勣[1]，贵为仆射，其姊病，必亲为燃火煮粥，火焚其须鬓。姊曰："仆射妾多矣，何为自苦如是？"曰："岂为无人耶？顾今姊年老，勣亦老，虽欲久为姊煮粥，复可得乎？"若此，可谓能爱矣！

【注释】

[1] 李勣：即徐勣，徐茂公，唐王赐姓李。

夫兄弟至亲，一体而分，同气异息。《诗》云："凡今之人，莫如兄弟。"又云："兄弟阋于墙，外御其侮。"言兄弟同休戚，不可与他人议之也。若己之兄弟且不能爱，何况他人？己不爱人，人谁爱己？人皆莫之爱，而患难不至者，未之有也。《诗》云"毋独斯畏"，此之谓也。兄弟，手足也。今有人断其左足，以益右手，庸何利乎？虺一身两口，争食相龁，遂相杀也。争利而害，何异于虺乎？

《颜氏家训》论兄弟曰："方其幼也，父母左提右挈，前襟后裾，食则同案，衣则传服，学则连业，游则共方，虽有悖乱之人，不能不相爱也。及其壮也，各妻其妻，各子其子，虽有笃厚之人，不能不少衰也。娣姒之比兄弟，则疏薄矣。今使疏薄之人而节量亲厚之恩，犹方底而圆盖，必不合也。唯友悌深至，不为旁人之所移者，可免夫。兄弟之际，异于他人，望深虽易怨，比他亲则易弭。譬犹居室，一穴则塞之，一隙则涂之，无颓毁之虑。如雀鼠之不恤，风雨之不防，壁陷楹沦，无可救矣。仆妾之为雀鼠，妻子之为风雨，甚哉！兄弟不睦，则子侄不爱。子侄不爱，则群从疏薄。群从疏薄，则童仆为仇敌矣。如此，则行路皆踖其面而蹈其心，谁救之哉？人或交天下之士，皆有欢爱，而失敬于兄者，何其能多而不能少也？人或将数万之师，得其死力，而失恩于弟者，何其能疏而不能亲也？娣姒者，多争之地也。所以然者，以其当公务而就私情，处重责而怀薄义也。若能恕己而行，换子而抚，则此患不生矣。人之事兄不同于事父，何怨爱弟不如爱子乎？是反照而不明矣。

【注释】

详见《颜氏家训》。

吴太伯及弟仲雍，皆周太王之子，而王季历之兄也。季历贤，而有圣子昌，太王欲立季历以及昌。于是太伯、仲雍二人乃奔荆蛮，文身断发，示不可用[1]，以避季历。季历果立，是为王季，而昌为文王。太伯之奔荆蛮，自号句吴。荆蛮义之，从而归之千余家，立为吴太伯。子曰：“太伯，其可谓至德也已矣，三以天下让，民无得而称焉。”

【注释】

[1] 示不可用：指表示自己已残伤发肤，归化蛮俗，不可即位。

伯夷、叔齐，孤竹君之二子也。父欲立叔齐。及父卒，叔齐让伯夷。伯夷曰：“父命也。”遂逃去。叔齐亦不肯立而逃之。国人立其中子[1]。

【注释】

[1] 中子：伯夷为长子，叔齐为三子；中子，即中间的第二子。

宋宣公舍其子与夷而立穆公[1]。穆公疾，复舍其子冯而立与夷。君子曰：“宣公可谓知人矣！主穆公，其子飨之，命以义夫！”

【注释】

[1] 穆公：宋穆公是宋宣公的弟弟。

吴王寿梦卒，有子四人，长曰诸樊，次曰余祭，次曰夷昧，次曰季札。季札贤，而寿梦欲立之。季札让，不可，于是乃立长子诸樊。诸樊卒，有命授弟余祭，欲传以次[1]，必致国于季札而止。季札终逃去，不受。

【注释】

[1] 欲传以次：指按兄弟次序传位。

汉扶阳侯韦贤病笃，长子太常丞弘坐宗庙事系狱，罪未决。室家问贤当为后者[1]。贤恚恨，不肯言。于是贤门下生博士义倩等与室家计，共矫贤令，使家丞上书言大行，以大河都尉玄成为后。贤薨，玄成在官闻丧，又言当为嗣，玄成深知其非贤雅意，即阳[2]为病狂，卧便利[3]中，笑语昏乱。征至长安，既葬，当袭爵，以病狂不应召。大鸿胪奏状，章下丞相御史案验，遂以玄成实不病劾奏之。有诏勿劾，引拜，玄成不得已受爵。宣帝高其节，时上欲淮阳宪王为嗣，然因太子起于细微，又早失母，故不忍也。久之，上欲感风[4]宪王，辅以礼让之臣，乃召拜玄成为淮阳中尉。

【注释】

[1] 室家问贤当为后者：妻子问韦贤谁继承他的爵位。　[2] 阳：通“佯”。[3] 便利：屎尿。　[4] 感风：感化。

陵阳侯丁綝卒，子鸿当袭封，上书让国于弟成，不报。既葬，挂衰绖于冢庐而逃去。鸿与九江人鲍骏相友善，及鸿亡封[1]，与骏遇于东海，阳狂不识骏。骏乃止而让之曰：“春秋之义，不以家事废王事；今子以兄弟私恩而绝父不灭之基[2]，可谓智乎？”鸿感语垂涕，乃还就国。

【注释】

[1] 亡封：逃避受封。　[2] 不灭之基：指父亲的封爵功业。

居巢侯刘般卒，子恺当袭爵，让于弟宪，遁逃避封。久之，章和中，有司奏请绝恺国。肃宗美其义，特优假之，恺犹不出。积十余岁，至永元十年，有司复奏之。侍中贾逵上书称：“恺有伯夷之节，宜蒙矜宥，全其先公，以增圣朝尚德之美。”和帝纳之，下诏曰：“王法崇善，成人之美，其听宪嗣爵。遭事之宜[1]，后不得以为比。”乃征恺，拜为郎。

【注释】

[1] 遭事之宜：临事变通。

后魏高凉王孤，平文皇帝之第四子也，多才艺，有志略。烈帝元年，国有内难，昭成为质[1]于后赵。烈帝临崩，顾命迎立昭成。及崩，群臣咸以新有大故，昭成来，未可果，宜立长君。次弟屈，刚猛多变，不如孤之宽和柔顺。于是大人梁盖等杀屈，共推孤为嗣。孤不肯，乃自诣邺奉迎，请身留为质。石季龙义而从之。昭成即王位，乃分国半部以与之。然兄弟之际，宜相与尽诚，若徒事形迹，则外虽友爱而内实乖离矣。

【注释】

[1] 质：人质。

宋祠部尚书蔡廓，奉兄轨如父，家事大小皆咨而后行。公禄赏赐，一皆入轨。有所资须，悉就典者请焉。从武帝在彭城，妻郄氏书求夏服。时轨为给事中，廓答书曰："知须夏服，计给事自应相供[1]，无容别寄。"向使廓从妻言，乃乖离之渐[2]也。

【注释】

[1] 计给事自应相供：指生活供给的事物应当自己供应。　[2] 渐：苗头。

梁安成康王秀与弟始兴王憺友爱尤笃，憺久为荆州刺史，常以所得中分[1]秀。秀称心受之，不辞多[2]也。若此，可谓能尽诚矣！

【注释】

[1] 中分：平分。　[2] 不辞多：不以东西多而推辞。

卫宣公恶其长子急子，使诸齐[1]，使盗待诸莘，将杀之。弟寿子告之使行[2]，不可，曰："弃父之命，恶用子矣！有无父之国则可也。"及行，饮以酒[3]，寿子载其旌以先，盗杀之。急子至，曰："我之求也，此何罪，请杀我乎！"又杀之。

【注释】

[1] 使诸齐：让他出使齐国。　[2] 使行：让他逃亡。　[3] 饮以酒：指用酒灌醉。

王莽末，天下乱，人相食。沛国赵孝弟礼，为饿贼所得，孝闻之，即自缚诣贼曰："礼久饿羸瘦，不如孝肥。"饿贼大惊，并放之，谓曰："且可归，更持米来。"孝求不能得，复往报贼，愿就烹。众异之，遂不害。乡党服其义。

北汉淳于恭兄崇将为盗所烹，恭请代，得俱免。又，齐国倪萌、梁郡车成二人，兄弟并见执于赤眉[1]，将食之。萌、成叩头，乞以身代，贼亦哀而两释焉。

【注释】

[1] 赤眉：赤眉军，王莽时的起义军，因两眉涂赤得名。

宋大明五年，发三五丁，彭城孙棘弟萨应充行，坐违期不至。棘诣郡辞列："棘为家长，令弟不行，罪应百死，乞以身代萨。"萨又辞列自引。太守张岱疑其不实，以棘、萨各置一处，报云："听其相代，颜色并悦，甘心赴死。"棘妻许又寄语属棘："君当门户，岂可委罪小郎[1]？且大家[2]临亡，以小郎属君，竟未妻娶，家道不立，君已有二儿，死复何恨？"岱依事表上。孝武诏，特原罪，州加辟命，并赐帛二十匹。

【注释】

[1] 委罪小郎：把罪过推诿给小弟。　[2] 大家：指公公。

梁江陵王玄绍、孝英、子敏，兄弟三人，特相友爱，所得甘旨新异，非共聚食，必不先尝。孜孜色貌，相见如不足者，及西台陷没，玄绍以须面魁梧，为兵所围，二弟共抱，各求代死，解不可得，遂并命云。贤者之于兄弟，或以天下国邑让之，或争相为死；而愚者争锱铢之利，一朝之忿，或斗讼不已，或干戈相攻，至于破国灭家，为他人所有，乌在其能利也哉？正由智识褊浅，见近小而遗远大故耳，岂不哀哉！《诗》云："彼令兄弟，绰绰有裕。不令兄弟，交相为瘉。"其是之谓欤？子产曰："直钧，幼贱有罪[1]。"然则兄弟而及于争，虽俱有罪，弟为甚矣！世之兄弟不睦者，多由异母或前后嫡庶更相憎嫉，母既殊情，子亦异党。

【注释】

[1] 直钧，幼贱有罪：指双方都有错，那么责任在于年幼位低的一方。

晋太保王祥，继母朱氏遇祥无道。朱子览，年数岁，见祥被楚挞，辄涕泣抱持。至于成童，每谏其母，少止凶虐。朱屡以非理使祥，览辄与祥俱。又虐使祥妻，览妻亦趋而共之。朱患之，乃止。祥丧父之后，渐有时誉，朱深疾之，密使鸩[1]祥。览知之，径起取酒。祥疑其有毒，争而不与。朱遽夺，反之。自后，朱赐祥馔，览先尝。朱辄惧览致毙，遂止。览孝友恭恪，名亚于祥，仕至光禄大夫。

【注释】

[1] 鸩：毒杀。

后魏仆射李冲，兄弟六人，四母所出，颇相忿阋[1]。及冲之贵，封禄恩赐，皆与共之，内外辑睦。父亡后，同居二十余年，更相友爱，久无间然，皆冲之德也。

【注释】

[1] 忿阋：矛盾争斗。

北齐南汾州刺史刘丰，八子俱非嫡妻所生。每一子所生丧，诸子皆为制服三年。武平、仲所生丧，诸弟并请解官，朝廷义而不许[1]。

【注释】

[1] 朝廷义而不许：朝廷认可他们的义举但没有允许。

唐中书令韦嗣立，黄门侍郎承庆异母弟也。母王氏遇承庆甚严，每有杖罚，嗣立必解衣请代，母不听，辄私[1]自杖。母察知之，渐加恩贷[2]。

兄弟苟能如此，奚异母之足患哉！

【注释】

[1] 私：私下。　　[2] 恩贷：指宽待。

齐攻鲁，至其郊，望见野妇人抱一儿、携一儿而行。军且及之，弃其所抱，抱其所携而走于山。儿随[1]而啼，妇人疾行不顾。齐将问儿曰："走者尔母耶？"曰："是也。""母所抱者谁也？"曰："不知也。"齐将乃追之。军士引弓将射之，曰："止！不止，吾将射尔。"妇人乃还。齐将问之曰："所抱者谁也？所弃者谁也？"妇人对曰："所抱者，妾兄之子也；弃者，妾之子也。见军之至，将及于追，力不能两护，故弃妾之子。"齐将曰："子之于母，其亲爱也，痛甚于心，令释之而反抱兄之子，何也？"妇人曰："己之子，私爱也。兄之子，公义也。夫背公义而向私爱，亡兄子而存妾子，幸而得免，则鲁君不吾畜，大夫不吾养，庶民国人不吾与也[2]。夫如是，则胁肩无所容，而累足无所履也[3]。子虽痛乎，独谓义何？故忍弃子而行义。不能无义而视鲁国。"于是齐将案兵而止，使人言于齐君曰："鲁未可伐。乃至于境，山泽之妇人耳，犹知持节行义，不以私害公，而况于朝臣士大夫乎？请还。"齐君许之。鲁君闻之，赐束帛百端，号曰"义姑姊"。

【注释】

[1] 随：跟随。　　[2] 鲁君不吾畜，大夫不吾养，庶民国人不吾与也：鲁君

不会庇护我，大夫不会养护我，国民不会赞同我。[3]胁肩无所容，而累足无所履也：耸起肩膀也不能容身，一只脚踏在另一只上面也不能立足。

梁节姑姊之室失火，兄子与己子在室中，欲取其兄子，辄得其子，独不得兄子。火盛，不得复入。妇人将自趣[1]火，其友止之曰："子本欲取兄之子，惶恐卒误得尔子，中心谓何？何至自赴火？"妇人曰："梁国岂可户告人晓[2]也，被[3]不义之名，何面目以见兄弟国人哉？吾欲复投吾子，为失母之恩。吾势不可生。"遂赴火而死。

【注释】

[1]趣：通"趋"，趋向。[2]户告人晓：挨户告诉人家知道。[3]被：背负。

汉郃阳任延寿妻季儿，有三子。季儿兄季宗与延寿争葬父事，延寿与其友田建阴[1]杀季宗。建独坐死。延寿会[2]赦，乃以告季儿。季儿曰："嘻！独今乃语我乎？"遂振衣欲去，问曰："所与共杀吾兄者，为谁？"曰："与田建。田建已死，独我当坐之，汝杀我而已。"季儿曰："杀夫不义，事兄之仇[3]亦不义。"延寿曰："吾不敢留汝，愿以车马及家中财物尽以送汝，惟汝所之。"季儿曰："吾当安之？兄死而仇不报，与子同枕席而使杀吾兄，内不能和夫家，外又纵兄之仇，何面目以生而戴天履地乎？"延寿惭而去，不敢见季儿。季儿乃告其大女曰："汝父杀吾兄，义不可以留，又终不复嫁矣。吾去汝而死，汝善视汝两弟。"遂以繦[4]自经而死。左冯翊王让闻之，大其义，令县复[5]其三子而表其墓。

【注释】

[1]阴：暗中。[2]会：遇到。[3]仇：仇人。[4]繦（qiǎng）：绳索。[5]复：免除赋役。

唐冀州女子王阿足，早孤，无兄弟，唯姊一人。阿足初适同县李氏，未有子而亡，时年尚少，人多聘之。为姊年老孤寡，不能舍去，乃誓不嫁，以养其姊。每昼营田业，夜便纺绩，衣食所须，无非阿足出者，如此二十余年。及姊丧，葬送以礼。乡人莫不称其节行，竞令妻女求与相识。后数岁，竟终于家。

夫妇之道，天地之大义，风化之本原也，可不重[1]欤！《易》："艮下兑上，咸。彖曰：止而说[2]，男下女，故取女吉也。巽下震上，恒。彖曰：刚上而柔下，雷风相与。"盖久常之道也。是故礼，婿冕而亲迎，御轮三周，所以下之也。既而婿乘车先行，妇车从之，反尊卑之正也。《家人》："初九，闲有家，悔亡。"正家之道，靡不在初，初而骄之，至于狼狁[3]，浸不可制[4]，非一朝一夕之所致也。昔舜为匹夫，耕渔于田泽之中，妻[5]天子之二女，使之行妇道于翁姑，非身率以礼义，能如是乎？

【注释】

[1] 重：重视。 [2] 止而说：组成咸卦的艮，代表山，止息的意思；说，同“悦”。组成咸卦的兑，代表泽、湖泊，兑为悦，喜悦的意思。 [3] 狼狁（kàng）：指行为像野兽一样。 [4] 浸不可制：指熏染日久难以约束。 [5] 妻：娶妻。

汉鲍宣妻桓氏，字少君。宣尝就少君父学，父奇其清苦，故以女妻[1]之，装送资贿[2]甚盛。宣不悦，谓妻曰："少君生富骄，习美饰，而吾实贫贱，不敢当礼。"妻曰："大人以先生修德守约，故使贱妾侍执巾栉，既奉承君子，惟命是从。"宣笑曰："能如是，是吾志也。"妻乃悉归侍御服饰，更着短布裳，与宣共挽鹿车，归乡里，拜姑毕，提瓮出汲[3]，修行妇道，乡邦称之。

【注释】

[1] 妻：指把女儿嫁给他。　[2] 资贿：指嫁妆。　[3] 提瓮出汲：提着水罐外出取水。

扶风梁鸿，家贫而介洁。势家慕其高节，多欲妻之，鸿并绝不许。同县孟氏有女，状肥丑而黑，力举石臼，择对不嫁，行年三十。父母问其故，女曰："欲得贤如梁伯鸾者。"鸿闻而聘之。女求作布衣、麻履，织作筐缉绩之具。及嫁，始以装饰，入门七日，而鸿不答。妻乃跪床下请曰："窃闻夫子高义，简斥[1]数妇，妾亦偃蹇[2]数夫矣。今而见择，敢不请罪？"鸿曰："吾欲裘褐之人，可与俱隐深山者尔。今乃衣绮缟，傅粉墨，岂鸿所愿哉！"妻曰："以观夫子之志尔。妾自有隐居之服。"乃更椎髻，着布衣，操作具而前。鸿大喜，曰："此真梁鸿之妻也！能奉我矣！"字之曰"德曜"。遂与偕隐。是皆能正其初者也。夫妇之际，以敬为美。

【注释】

[1] 简斥：挑选斥退。　[2] 偃蹇：拒绝。

晋臼季使[1]，过冀，见冀缺耨[2]，其妻馌[3]之，敬，相待如宾。与之归，言诸文公曰："敬，德之聚也，能敬必有德，德以治民，君请用之。"文公从之，卒为晋名卿。

【注释】

[1] 使：出使。　[2] 耨（nòu）：耕种。　[3] 馌（yè）：给在田间耕作的人送饭。

汉梁鸿避地于吴，依[1]大家皋伯通，居庑[2]下，为人赁舂[3]。每归，妻为具食，不敢于鸿前仰视，举案齐眉。伯通察而异之，曰："彼佣，能使其妻敬之如此，非凡人也。”方舍之于家。

【注释】

[1] 依：依附。 [2] 庑（wǔ）：屋外的走廊。 [3] 为人赁舂：替人舂米换钱。

晋太宰何曾，闺门整肃，自少及长，无声乐嬖幸之好。年老之后，与妻相见，皆正衣冠，相待如宾，己南向，妻北面再拜，上酒，酬酢[1]既毕，便出。一岁如此者，不过再三焉。若此，可谓能敬矣！

【注释】

[1] 酬酢（zuò）：指彼此敬酒。

昔庄周妻死，鼓盆而歌。汉山阳太守薛勤，丧妻不哭，临殡曰：“幸不为夭，夫何恨！”太尉王龚妻亡，与诸子并杖行服，时人两讥之。晋太尉刘实丧妻，为庐杖之制，终丧不御[1]肉，轻薄笑之，实不以为意。彼庄、薛弃义，而王、刘循礼，其得失岂不殊哉？何讥笑焉！

【注释】

[1] 御：用。

《易》：“恒。六五，恒其德[1]。贞，妇人吉。夫子凶。象曰：妇人贞吉，从一而终也。夫子制义，从妇凶[2]也。”丈夫生而有四方之志，威令所施，大者天下，小者一官[3]，而近不行于室家，为一妇人所制，不亦可羞哉！昔晋惠帝为贾后所制，废武悼杨太后于金墉，绝膳而终。囚愍怀太子于许昌，寻杀之。唐肃宗为张后所制，迁上皇于西内，以忧崩。建宁王倓以忠孝受诛。彼二君者，贵为天子，制于悍妻，上不能保其亲，下不能庇其子，况于臣民！自古及今，以悍妻而乖离六亲、败乱其家者，可胜数哉？然则悍妻之为害大也。故凡娶妻，不可不慎择也。既娶而防之以礼，不可不在其初也。其或骄纵悍戾，训厉禁约而终不从，不可以不弃也。夫妇以义合，义绝则离之。今士大夫有出妻者，众则非之，以为无行，故士大夫难之。按礼有七出，顾所以出之，用何事耳！若妻实犯礼而出之，乃义也。昔孔氏三世出其妻，其余贤士以义出妻者众矣，奚亏于行哉？苟室有悍妻而不出，则家道何日而宁乎？

【注释】

[1] 恒其德：恒常地保持德行。 [2] 夫子制义，从妇凶：丈夫、儿子是应该遵义而行的，反听从妇人就会凶险。 [3] 大者天下，小者一官：（男子）大的能做皇帝拥有天下，小的能做一个官吏。

妻上

太史公曰："夏之兴也以涂山[1]，而桀之放也以妺喜；殷之兴也以有娀[2]，纣之杀也嬖妲己；周之兴也以姜嫄及太任[3]，而幽王之擒也，淫于褒姒。故《易》基《乾》《坤》，《诗》始《关雎》。夫妇之际，人道之大伦也。礼之用，唯婚姻为兢兢。夫乐调而四时和，阴阳之变，万物之统也，可不慎欤？"为人妻者，其德有六：一曰柔顺，二曰清洁，三曰不妒，四曰俭约，五曰恭谨，六曰勤劳。夫天也，妻地也；夫日也，妻月也；夫阳也，妻阴也。天尊而处上，地卑而处下。日无盈亏，月有圆缺。阳唱而生物，阴和而成物。故妇人专以柔顺为德，不以强辩为美也。汉曹大家作《女诫》，其首章曰："古者生女三日，卧之床下，明其卑弱，主下人也。谦让恭敬，先人后己，有善莫名，有恶莫辞，忍辱含垢，常若畏惧。"

【注释】

[1] 涂山：指大禹的妻子涂山氏之女。　　[2] 有娀：指商人祖先契的母亲。

[3] 姜嫄及太任：指周人祖先后稷之母与文王之母。

又曰："阴阳殊性，男女异行[1]。阳以刚为德，阴以柔为用。男以强为贵，女以柔为美。故鄙谚有云：'生男如狼，犹恐其尪[2]；生女如鼠，犹恐其虎。'然则修身莫若敬，避强莫若顺。故曰：敬顺之道，妇人之大礼也。"又曰："妇人之得意于夫主[3]，由[4]舅姑之爱己也。舅姑之爱己，由叔妹之誉己也。"由此言之，我臧否誉毁，一由叔妹。叔妹之心，诚不可失也。皆知叔妹之不可失，而不能和之以求亲，其蔽也哉！自非圣人，鲜能无过，虽以贤女之行、聪哲之性，其能备乎！是故室人[5]和则谤掩，外内离则恶扬，此必然之势也。夫叔妹者，体敌而名尊[6]，恩疏而义亲[7]，若淑媛谦顺之人，则能依义以笃好，崇恩以结援，使徽美显章[8]，而瑕过隐塞，舅姑矜善，而夫主嘉美，声誉曜于邑邻，休[9]光延于父母。若夫蠢愚之人，于叔则托名以自高，于妹则因宠以骄盈。骄盈既施，何和之有？恩义既乖，何誉之臻[10]？是以美隐而过宣，姑忿而夫愠，毁訾布于中外，耻辱集于厥[11]身，进增父母之羞，退益君子之累，斯乃荣辱之本，而显否[12]之基也，可不慎哉！然则求叔妹之心，固莫尚于谦顺矣。谦则德之柄[13]，顺则妇之行；兼斯二者，足以和矣！若此，可谓能柔顺矣！妻者，齐也。一与之齐，终身不改。故忠臣不事二主，贞女不事二夫。《易》曰："柔顺利贞，君子攸行。"又曰："用六，利永贞。"晏子曰："妻柔而正。"言妇人虽主于柔，而不可失正也。故后妃逾[14]国，必乘安车辎軿；下堂，必从傅母保阿；进退则鸣玉环珮，内饰则结纫绸缪；野处则帷裳壅蔽[15]，所以正心一意，自敛制也。《诗》云："自伯之东，首如飞蓬。岂无膏沐，谁适为容。"故妇人，夫不在，不为容饰[16]，礼也。

【注释】

[1] 异行：指习性不同。 [2] 尪（wāng）：瘦弱。 [3] 得意于夫主：得到丈夫的宠爱。 [4] 由：来自。 [5] 室人：家人。 [6] 体敌而名尊：指身份相等而名分尊贵。 [7] 恩疏而义亲：指感情淡薄但道理上应该亲爱。 [8] 徽美显章：让善美显现出来。 [9] 休：善。 [10] 臻：至，到。 [11] 厥：其。 [12] 显否：指表扬和批评。 [13] 谦则德之柄：谦让是德行的把柄，指可把握的。 [14] 逾：出。 [15] 帷裳壅蔽：指用帷幕遮蔽。 [16] 不为容饰：指不化妆。

卫世子共伯早死，其妻姜氏守义。父母欲夺而嫁之，誓而不许，作《柏舟》之诗以见志。

宋共公夫人伯姬，鲁人也。寡居三十五年。至景公时，伯姬之宫夜失火，左右曰："夫人少[1]避火。"伯姬曰："妇人之义，保傅不具，夜不下堂。待保傅之来也。"保母至矣，傅母未至也。左右又曰："夫人少避火。"伯姬不从，遂逮于火而死。

【注释】

[1] 少：稍微。

楚昭王夫人贞姜，齐女也。王出游，留夫人渐台之上而去。王闻江水大至，使使者迎夫人，忘持其符。使者至，请夫人出。夫人曰："王与宫人[1]约令，召宫人必持符。今使者不持符，妾不敢从。"使曰："今水方大至，还而取符，则恐后矣！"夫人不从。于是使者反取符，未还，则水大至，台崩，夫人流[2]而死。

【注释】

[1] 宫人：夫人自称。 [2] 流：落水。

蔡人妻，宋人之女也。既嫁，而夫有恶疾，其母将再嫁之。女曰：“夫人之不幸也，奈何去之？适人之道，一与之醮，终身不改，不幸遇恶疾，彼无大故，又不遣[1]妾，何以得去？”终不听。

【注释】

[1] 遣：遣散，指休妻。

梁寡妇高行，荣于色而美于行[1]。早寡不嫁，梁贵人多争欲娶之者，不能得。梁王闻之，使相聘焉。高行曰：“妾夫不幸早死，妾守养其幼孤，贵人多求妾者，幸而得免。今王又重之。妾闻妇人之义，一往而不改，以全贞信之节。今慕贵而忘贱，弃义而从利，无以为人。”乃援[2]镜持刀以割其鼻，曰：“妾已刑矣，所以不死者，不忍幼弱之重孤也。王之求妾，以其色也，今刑余之人，殆可释矣！”于是相以报王。王大其义而高其行，乃复其身，尊其号曰：“高行。”

【注释】

[1] 荣于色而美于行：指容貌漂亮而且行为高尚。　[2] 援：拿。

汉陈孝妇，年十六而嫁，未有子。其夫当行戍[1]，夫且行时，属孝妇曰：“我生死未可知，幸有老母，无他兄弟备养，吾不还，汝肯养吾母乎？”妇应曰：“诺。”夫果死不还。妇乃养姑不衰，慈爱愈固，纺绩织纴以为家业，终无嫁意。居丧三年，父母哀其年少无子而早寡也，将取而嫁之。孝妇曰：“夫行时属妾以其老母，妾既许诺之，夫养人老母而不能卒，许人以诺而不能信，将何以立于世？”欲自杀。其父母惧而不敢嫁也，遂使养其姑二十八年。姑八十余，以天年终，尽卖其田宅财物以葬之，终奉祭祀。淮阳太守以闻，孝文皇帝使使者赐黄金四十斤，复之终身，无所与，号曰“孝妇”。

【注释】

[1] 行戍：服役守边。

吴许升妻吕荣，郡遭寇贼，荣逾垣走。贼持刀追之。贼曰："从我则生，不从我则死。"荣曰："义不以身受辱寇虏也。"遂杀之。是日疾风暴雨，雷电晦冥，贼惶恐，叩头谢罪，乃殡葬之。

沛刘长卿妻，五更桓荣之孙也。生男五岁而长卿卒。妻防远嫌疑，不肯归宁[1]。儿年十五，晚又夭殁。妻虑不免[2]，乃豫刑其耳以自誓。宗妇[3]相与愍之，共谓曰："若家[4]殊无他意，假令有之，犹可因[5]姑姊妹以表其诚，何贵义轻身之甚哉！"对曰："昔我先君五更，学为儒宗，尊为帝师。五更以来，历代不替。男以忠孝显，女以贞顺称。《诗》云：'无忝尔祖，聿修厥德。'是以豫自刑剪，以明我情。"沛相王吉上奏高行，显其门闾，号曰"行义桓嫠[6]"。县邑有祀必膰焉。

【注释】

[1] 归宁：回娘家。 [2] 不免：不能避免（改嫁）。 [3] 宗妇：指丈夫家族其他人的妻子。 [4] 若家：你家。 [5] 因：借由。 [6] 嫠（lí）：寡妇。

度辽将军皇甫规卒时，妻年犹盛而容色美。后董卓为相国，闻其名，聘以軿辎百乘，马四十匹，奴婢钱帛充路。妻乃轻服[1]诣卓门，跪自陈请，辞甚酸怆[2]。卓使传奴侍者，悉拔刀围之，而谓曰："孤之威教，欲令四海风靡[3]，何有不行于一妇人乎？"妻知不免，乃立骂卓曰："君羌胡之种，毒害天下犹未足邪！妾之先人，清德奕世。皇甫氏文武上才，为汉忠臣，君亲[4]非其趣使走吏乎！敢欲行非礼于尔君夫人耶？"卓乃引车庭中，以其头悬轭，鞭扑交下。妻谓持杖者曰："何不重乎？速尽[5]为惠！"遂死车下。后人图画[6]，号曰"礼宗"云。

【注释】

[1] 轻服：轻装。 [2] 酸怆：哀伤。 [3] 风靡：指让天下人都像草一样，迎风倒伏。 [4] 亲：父亲。 [5] 速尽：速死。 [6] 图画：画像。

魏大将军曹爽从弟文叔妻，谯郡夏侯文宁之女，名令女。文叔早死，服阕[1]，自以年少无子，恐家必嫁己，乃断发以为信。其后家果欲嫁之。令女闻，即复以刀截两耳。居止尝依爽。及爽被诛，曹氏尽死，令女叔父上书，与曹氏绝婚，强迎令女归。时文宁为梁相，怜其少执义，又曹氏无遗类，冀其意沮[2]，乃微使人讽[3]之。令女叹且泣曰："吾亦悔之，许之是也。"家以为信，防之少懈。令女于是窃入寝室，以刀断鼻，蒙被而卧。其母呼与语，不应。发被视之，流血满床席。举家惊惶，奔往视之，莫不酸鼻。或谓之曰："人生世间，如轻尘栖弱草耳，何至辛苦乃尔！且夫家夷灭已尽，守此欲谁为哉？"令女曰："闻仁者不以盛衰改节，义者不以存亡易心。曹氏前盛之时，尚欲保终，况今衰亡，何忍弃之？禽兽之行，吾岂为乎？"司马宣王闻而嘉之，听使乞子[4]，养为曹氏后。

【注释】

[1] 服阕：守丧期满除服。 [2] 冀其意沮：希望她回心转意。 [3] 讽：劝。[4] 听使乞子：听任她寻找养子。

后魏钜鹿魏溥妻房氏者，慕容垂贵乡太守常山房湛女也。幼有烈操，年十六，而溥遇疾且卒，顾谓之曰："死不足恨，但痛母老家贫，赤子蒙眇[1]，抱怨于黄垆[2]耳。"房垂泣而对曰："幸承先人余训，出事君子，义在偕老。有志不从，盖其命也。今夫人在堂，弱子襁褓，顾当以身少相卫，永释长往之恨。"俄而溥卒。及将大敛，房氏操刀割左耳，投之棺中，仍曰："鬼神有知，相期泉壤。"流血滂然，丧者哀惧。姑刘氏辍哭而谓曰："新妇何至于此？"对曰："新妇少年，不幸早寡，实虑父母未量至情[3]，觊持此自誓耳。"闻知者莫不感怆。时子缉生未十旬，鞠育于后房之内，未曾出门。遂终身不听丝竹，不预坐席。缉年十二，房父母仍存，于是归宁。父兄尚有异议，缉窃闻之，以启其母。房命驾，给云他行，因而遂归，其家弗知之也。行数十里方觉，兄弟来追，房哀叹而不反。其执意如此。

【注释】

[1] 蒙眇：幼小不懂事。　[2] 黄垆：意同黄泉。　[3] 未量至情：不考虑我至诚之情。

荥阳张洪祁妻刘氏者，年十七夫亡。遗腹生一子，二岁又没。其舅姑年老，朝夕养奉，率礼无违。兄矜[1]其少寡，欲夺嫁之。刘自誓不许，以终其身。

【注释】

[1] 矜：怜惜。

陈留董景起妻张氏者，景起早亡，张时年十六，痛夫少丧，哀伤过礼，蔬食长斋。又无儿息，独守贞操，期以阖棺[1]。乡曲高之，终见标异。

【注释】

[1] 期以阖棺：直至去世下葬。

隋大理卿郑善果母崔氏，周末[1]，善果父诚讨尉迟迥，力战死于阵。母年二十而寡，父彦睦欲夺其志。母抱善果曰："妇人无再适男子之义。

且郑君虽死，幸有此儿。弃儿为不慈，背夫为无礼，宁当割耳剪发，以明素心。违礼灭慈，非敢闻命。”遂不嫁，教养善果，至于成名。自初寡，便不御脂粉，常服大练，性又节俭，非祭祀宾客之事，酒肉不妄陈其前。静室端居，未尝辄出门间。内外姻戚有吉凶事，但厚加赠遗[2]，皆不诣其家。

【注释】

[1] 周末：北周末年。　[2] 赠遗：指礼物。

韩觊妻于氏，父实，周大左辅。于氏年十四适于觊，虽生长膏腴[1]，家门鼎贵，而动遵礼度，躬自俭约，宗党敬之。年十八，觊从军没，于氏哀毁骨立，恸感动路。每朝夕奠祭，皆手自捧持。及免丧，其父以其幼少无子，欲嫁之，誓不许。遂以夫孽子世隆为嗣，身自抚育，爱同己生，训导有方，卒能成立。自孀居以后，唯时或归宁。至于亲族之家，绝不往来。有尊亲[2]就省谒者，送迎皆不出户庭。蔬食布衣，不听声乐，以此终身。隋文帝闻而嘉叹，下诏褒美，表其门闾，长安中号为“节妇闾”。

【注释】

[1] 膏腴：指富贵人家。　[2] 尊亲：尊者和亲者。

周虢州司户王凝妻李氏，家青齐之间。凝卒于官，家素贫，一子尚幼。李氏携其子，负其遗骸以归。东过开封，止旅舍，主人见其妇人独携一子而疑之，不许其宿[1]。李氏顾天已暮，不肯去。主人牵其臂而出之。李氏仰天恸曰：“我为妇人，不能守节，而此手为人执耶！不可以一手并污吾身。”即引斧自断其臂。路人见者，环聚而嗟之，或为之泣下。开封尹闻之，白其事于朝官，为赐药封疮，恤李氏而笞其主人。若此，可谓能清洁矣。

【注释】

[1] 宿：住宿。

妻下

《礼》，自天子至于命士，媵妾[1]皆有数，惟庶人无之，谓之匹夫匹妇。是故《关雎》美后妃，乐得淑女以配君子，慕窈窕，思贤才，而无伤淫之心。至于《樛木》《螽斯》《桃夭》《芣苢》《小星》，皆美其无妒忌之行。文[2]母十子，众妾百斯男，此周之所以兴也。诗人美之。然则妇人之美，无如不妒矣。

【注释】

[1] 媵妾：泛指妻妾。　　[2] 文：周文王。

晋赵衰从晋文公在狄，取[1]狄女叔隗，生盾。文公返国，以女赵姬妻衰，生原同、屏括、楼婴。赵姬请逆盾与其母。衰辞而不敢。姬曰："不可。得宠而忘旧，不义；好新而慢故，无恩；与人勤于隘阨，富贵而不顾，无礼。弃此三者，何以使人？必逆叔隗！"及盾来，姬以盾为才，固请于公，以为嫡子，而使其三子下之；以叔隗为内子[2]，而己下之。

【注释】

[1] 取：通"娶"。　　[2] 内子：指正室。

楚庄王夫人樊姬曰："妾幸得备扫除，十有一年矣，未尝不捐衣食，遣人之郑卫求美人而进之于王也。妾所进者九人，今贤于妾者二人，与妾同列者七人。妾知妨妾之爱、夺妾之贵[1]也。妾岂不欲擅王之爱、夺王之宠哉？不敢以私蔽公也！"

【注释】

[1] 妨妾之爱、夺妾之贵：阻碍别的嫔妃受宠、争夺别的嫔妃的富贵。

宋女宗者，鲍苏之妻也。既入，养姑甚谨。鲍苏去而仕于卫，三年而娶外妻焉。女宗之养姑愈谨，因往来者请问鲍苏不辍，赂遗外妻甚厚。女宗之姒[1]谓女宗曰："可以去矣。"女宗曰："何故？"姒曰："夫人既有所好，子何留乎？"女宗曰："妇人以专一为贞，以善从为顺。贞顺者，妇人之所宝，岂以专夫室之爱为善哉？若抗夫室之好，苟以自荣，则吾未知其善也。夫《礼》，天子妻妾十二，诸侯九，大夫三，士二。今吾夫固士也，其有二，不亦宜乎！且妇人有七去，七去之道，妒正为首。姒不教吾以居室之礼，而反使吾为见弃之行，将安用此？"遂不听，事姑愈谨。宋公闻而美之，表其闾，号曰"女宗"。

【注释】

[1] 姒（sì）：姐姐。

汉明德马皇后，伏波将军援之女也。年十三选入太子宫，接待同列，先人后己，由此见宠。及帝即位，常以皇嗣[1]未广，每怀忧叹，荐达左右，若恐不及。后宫有进见者，每加慰纳。若数所宠引，辄增隆遇，未几立为皇后。是知妇人不妒，则益为君子所贤。欲专宠自私，则愈疏矣！由其识虑有远近故也。

【注释】

[1] 皇嗣：皇家子嗣。

后唐太祖正室刘氏，代北人也。其次妃曹氏，太原人也。太祖封晋王，刘氏封秦国夫人，无子，性贤，不妒忌，常为太祖言："曹氏相[1]，当生贵子，宜善待之。”而曹氏亦自谦退，因相得甚欢。曹氏封晋国夫人，后生子，是谓庄宗。太祖奇之。及庄宗即位，册尊曹氏为皇太后，而以嫡母刘氏为皇太妃。太妃往谢太后，太后有惭色。太妃曰：“愿吾儿享国无穷，使吾曹获没[2]于地，以从先君，幸矣！他复何言？”庄宗灭梁入洛，使人迎太后归洛，居长寿宫。太妃恋陵庙，独留晋阳。太妃与太后甚相爱，其送太后往洛，涕泣而别，归而相思慕，遂成疾。太后闻之，欲驰至晋阳视疾；及其卒也，又欲自往葬之。庄宗泣谏，群臣交章请留，乃止。而太后自太妃卒，悲哀不饮食，逾月亦崩。庄宗以妾母加于嫡母，刘后犹不愠，况以妾事女君如礼者乎！若此，可谓能不妒矣。

【注释】

[1] 曹氏相：从曹氏的面相看。　[2] 获没：指去世。

《葛覃》美后妃恭俭节用，服浣濯之衣。然则妇人固以俭约为美，不以侈丽为美也。

汉明德马皇后，常衣大练，裙不加缘。朔望，诸姬主朝请，望见后袍衣疏粗，反以为绮縠，就视[1]，乃笑。后辞曰：“此缯特宜染色，故用之耳。”六宫莫不叹息。性不喜出入游观，未尝临御窗牖，又不好音乐。上时幸苑囿离宫，希尝从行。彼天子之后犹如是，况臣民之妻乎？

【注释】

[1] 就视：走近看。

汉鲍宣妻桓氏，归侍御服饰，着短布裳，挽鹿车。

梁鸿妻屏[1]绮缟，着布衣、麻履，操缉绩之具。

【注释】

[1] 屏：摒弃。

唐岐阳公主适殿中少监杜悰，谋曰："上所赐奴婢，卒不肯穷屈[1]。"奏请纳之。上嘉叹，许可。因锡[2]其直，悉自市寒贱可制指者。自是闭门，落然不闻人声。悰为澧州刺史，主[3]后悰行。郡县闻主且至，杀牛羊犬马，数百人供具。主至，从者不过二十人、六七婢，乘驴阘茸，约[4]所至不得肉食。驿吏立门外，舁[5]饭食以返。不数日间，闻于京师，众哗，说以为异事。悰在澧州三年，主自始入后三年间，不识刺史厅屏。彼天子之女犹如是，况寒族乎？若此，可谓能节俭矣。

【注释】

[1] 上所赐奴婢，卒不肯穷屈：皇上赐予的奴婢，我也一定不会让其受委屈。[2] 锡：通"赐"。 [3] 主：指公主。 [4] 约：约束，规定。 [5] 舁（yú）：抬。

古之贤妇未有不恭其夫者也，曹大家《女诫》曰："得意一人，是谓永毕[1]；失意一人，是谓永讫[2]。"由斯言之，夫不可不求其心。然所求者，亦非谓佞媚苟亲也。固莫若专心正色，礼义贞洁耳。耳无途听[3]，目无邪视，出无冶容，入无废饰，无聚群辈，无看视门户，此则谓专心正色矣。若夫动静轻脱，视听陕输[4]，入则乱发坏形，出则窈窕作态，说所不当道，观所不当视，此谓不能专心正色矣。是以冀缺之妻馌其夫，相待如宾；梁鸿之妻馈其夫，举案齐眉。若此，可谓能恭谨矣。

【注释】

[1] 毕：完全，完美。 [2] 讫：完结。 [3] 途听：道听途说，闲言闲语。[4] 陕输：不安定的样子。

《易》:“家人,六二,无攸遂,在中馈。”《诗·葛覃》美后妃,在父母家,志在女功,为絺绤,服劳辱之事。《采苹》《采蘩》,美夫人能奉祭祀。彼后夫人犹如是,况臣民之妻,可以端居[1]终日,自安逸乎?

【注释】

[1] 端居:指闲居,无所事事。

鲁大夫公父文伯退朝,朝其母。其母方绩,文伯曰:“以歜[1]之家而主犹绩乎?惧干季孙之怒也,其以歜为不能事主[2]乎!”母叹曰:“鲁其亡乎!使僮子备官[3]而未之闻耶?王后亲织玄紞,公侯之夫人加之以纮綖。卿之内子为大带,命妇成祭服,列士之妻加之以朝衣,自庶士以下皆衣其夫。社而赋事,烝而献功,男女效绩,愆则有辟,古之制也。今我寡也,尔又在下位,朝夕处事,犹恐忘先人之业,况有怠惰,其何以避辟!吾冀而朝夕修我曰:‘必无废先人。’尔今曰:‘胡不自安?’以是承君之官,余惧穆伯之绝嗣也。”

【注释】

[1] 歜(chù):公父文伯的名字。 [2] 事主:指侍奉母亲。 [3] 僮子备官:让(你这样的)童子(指不懂事)当官。

汉明德马皇后,自为衣袿,手皆瘃裂[1]。皇后犹尔,况他人乎?曹大家《女诫》曰:“晚寝早作,勿惮夙夜,执务私事,不辞剧易[2]。所作必成,手迹整理,是谓勤也。”若此,可谓能勤劳矣。

【注释】

[1] 瘃(zhú)裂:皮肤因寒冷而裂开。 [2] 剧易:困难与容易。

为人妻者，非徒备此六德而已。又当辅佐君子，成其令名。是以《卷耳》求贤审官，《殷其雷》劝以义，《汝坟》勉之以正，《鸡鸣》警戒相成，此皆内助之功也，自涂山至于太姒，其徽[1]风著于经典，无以尚之。周宣王姜后，齐女也。宣王尝晏[2]起，后脱簪珥，待罪永巷，使其傅母通言于王曰："妾之淫心见矣，至使君王失礼而晏朝，以见君王乐色而忘德也，敢请婢子之罪。"王曰："寡人不德，实自生过，非后之罪也。"遂复姜后而勤于政事，早朝晏退，卒成中兴之名。故《鸡鸣》乐击鼓以告旦，后夫人必鸣珮而去君所，礼也。

【注释】

[1] 徽：善。　　[2] 晏：晚。

齐桓公好淫乐，卫姬为之不听。

楚庄王初即位，狩猎毕弋[1]，樊姬谏，不止，乃不食鸟兽之肉。三年，王勤于政事不倦。

【注释】

[1] 毕弋：毕，捕兽网；弋，用带绳子的箭射鸟。

晋文公避骊姬之难，适齐。齐桓公妻之，有马二十乘，公子安之。从者以为不可，将行，谋于桑下，蚕妾[1]在其上，以告姜氏。姜氏杀之，而谓公子曰："子有四方之志？其闻之者，吾杀之矣！"公子曰："无之。"姜曰："行也，怀与安[2]，实败名。公子不可。"姜与子犯谋，醉而遣之，卒成霸功。

【注释】

[1] 蚕妾：采桑养蚕的侍女。　　[2] 怀与安：眷念妻室、贪图安逸。

陶大夫答子治陶，名誉不兴[1]，家富三倍。妻数谏之，答子不用。居五年，从车百乘归休，宗人击牛而贺之，其妻独抱儿而泣。姑怒而数之曰："吾子治陶五年，从车百乘归休，宗人击牛而贺之。妇独抱儿而泣，何其不祥也！"妇曰："夫人能薄而官大，是谓婴害；无功而家昌，是谓积殃。昔令尹子文之治国也，家贫而国富，君敬之，民戴之，故福结于子孙，名垂于后世。今夫子则不然，贪富务大，不顾后害，逢祸必矣！愿与少子俱脱[2]。"姑怒，遂弃之。处期年，答子之家果以盗诛[3]，唯其母以老免，妇乃与少子归，养姑终卒天年。

【注释】

[1] 兴：盛，显扬。 [2] 脱：离开。 [3] 以盗诛：因贪污被诛杀。

楚王闻於陵子终贤，欲以为相。使使者持金百镒，往聘迎之。於陵子终入谓其妻曰："楚王欲以我为相，我今日为相，明日结驷连骑，食方丈[1]于前，子意可乎？"妻曰："夫子织屦以为食，业本辱而无忧者，何也？非与物无治乎，左琴右书，乐在其中矣！夫结驷连骑，所安不过容膝；食方丈于前，所饱不过一肉。以容膝之安、一肉之味而怀楚国之忧，其可乎？乱世多害，吾恐先生之不保命也。"于是子终出谢使者而不许也。遂相与逃而为人灌园[2]。

【注释】

[1] 方丈：指饮食铺摆一丈见方，形容丰盛。 [2] 灌园：灌溉园圃。

汉明德马皇后，数规谏明帝，辞意款备。时楚狱[1]连年不断，囚相证引[2]，坐系者甚众。后虑其多滥，乘间言及，帝恻然感悟，夜起彷徨，为思所纳，卒多有降宥[3]。时诸将奏事及公卿较议难平者，帝数以试后，后辄分解趣理，各得其情。每于侍执之际，辄言及政事，多所毗补，而未尝以家私干。

【注释】

[1] 狱：案件。　[2] 证引：攀扯牵连。　[3] 降宥：宽赦。

河南乐羊子尝行路，得遗金一饼，还，以与妻。妻曰："妾闻志士不饮盗泉之水，廉者不受嗟来之食，况拾遗求利，不污其行乎？"羊子大惭，乃捐[1]金于野，而远寻师学。一年来归，妻跪问其故。羊子曰："久行怀思，无它异也。"妻乃引刀趋机而言曰："此织生自蚕茧，成于机杼，一丝而累，以至于寸，累寸不已，遂成丈匹。今若断斯织也，则捐失成功，稽废时月。夫子积学，当日知其所亡，以就懿德。若中道而归，何异断斯织乎？"羊子感其言，复还终业，遂七年不反。妻常躬勤养姑，又远馈羊子。

【注释】

[1] 捐：弃。

吴许升少为博徒[1]，不治操行。妻吕荣尝躬勤家业，以奉养其姑。数劝升修学，每有不善，辄流涕进规。荣父积忿疾升，乃呼荣，欲改嫁之。荣叹曰："命之所遭，义无离二。"终不肯归。升感激自励，乃寻师远学，遂以成名。

【注释】

[1] 博徒：赌徒。

唐文德长孙皇后崩，太宗谓近臣曰："后在宫中，每能规谏，今不复闻善言，内失一良佐，以此令人哀耳！"此皆以道辅佐君子者也。

汉长安大昌里人妻，其夫有仇人，欲报其夫而无道径。闻其妻之孝有义，乃劫其妻之父，使要其女为中谲[1]，父呼其女告之。女计念[2]：不听之，则杀父，不孝；听之，则杀夫，不义；不孝不义，虽生不可以行于世。欲以身当[3]之，乃且许诺曰："旦日在楼新沐，东首卧则是矣！妾请开牖户[4]待之。"还其家，乃谲其夫，使卧他所。因自沐，居楼上东首，开牖户而卧。夜半，仇家果至，断头持去，明而视之，乃其妻首也。仇人哀痛之，以为有义，遂释，不杀其夫。

【注释】

[1] 中谲：内应。 [2] 计念：考虑。 [3] 当：承担。 [4] 牖户：窗户。

光启中，杨行密围秦彦、毕师铎，扬州城中食尽，人相食，军士掠人而卖其肉。有洪州商人周迪，夫妇同在城中，迪馁且死，其妻曰："今饥穷势不两全，君有老母，不可以不归，愿鬻妾于屠肆[1]，以济君行道之资。"遂诣屠肆自鬻，得白金[2]十两以授迪，号泣而别。迪至城门，以其半赂守者，求去。守者诘之，迪以实对。守者不之信，与共诣屠肆验之，见其首已在案上。众聚观，莫不叹息，竞以金帛遗之。迪收其余骸，负之而归。古之节妇，有以死徇其夫者，况敢庸奴[3]其夫乎？

【注释】

[1] 屠肆：屠宰市场。 [2] 白金：白银。 [3] 庸奴：指把丈夫当作仆人使唤。

舅甥、舅姑、妇妾、乳母

秦康公之母，晋献公之女。文公遭骊姬之难，未反而秦姬卒。穆公纳[1]文公。康公时为太子，赠送文公于渭之阳，念母之不见也，曰："我见舅氏，如母存焉！"故作《渭阳》之诗。

【注释】

[1] 纳：接纳，收留。

汉魏郡霍谞，有人诬谞舅宋光于大将军梁商者，以为妄刊文章，坐系洛阳诏狱，掠考[1]困极。谞时年十五，奏记于商，为光讼冤，辞理明切。商高谞才志，即为奏，原光罪，由是显名。

【注释】

[1] 掠考：刑讯拷打。

晋司空郗鉴，颊边贮饭[1]以活外甥周翼。鉴薨[2]，翼为剡令，解职而归，席苫心丧三年。此皆舅甥之有恩者也。

【注释】

[1] 颊边贮饭：在两颊藏着饭。 [2] 薨：死。

晏子称："姑慈而从，妇听而婉，礼之善物也。"

《礼》："子妇有勤劳之事，虽甚爱之，姑[1]纵之而宁数休之。子妇未孝未敬，勿庸疾怨，姑教之。若不可教，而后怒之；不可怒，子放妇出而不表礼焉。"

【注释】

[1] 姑：婆婆。

季康子问于公父文伯之母曰："主亦有以语肥也？"对曰："吾闻之先姑曰：'君子能劳，后世有继。'"子夏闻之，曰："'善哉！'商闻之曰：'古之嫁者，不及[1]舅姑，谓之不幸。'夫妇学于舅姑者，礼也。"

【注释】

[1] 不及：指没收到公婆的教导。

唐礼部尚书王珪子敬直，尚南平公主。礼有妇见舅姑之仪，自近代，公主出降，此礼皆废。珪曰："今主上钦明，动循法制，吾受公主谒见，岂为身荣，所以成国家之美耳！"遂与其妻就席而坐，令公主亲执笲[1]，行盥馈之道，礼成而退。是后，公主下降，有舅姑者，皆备妇礼，自珪始也。

【注释】

[1] 笲（fán）：一种圆形竹器。新妇拜见公婆时常用以盛干果等。

《内则》：妇事舅姑，与子事父母略同。

舅没则姑老[1]，冢妇[2]所祭祀宾客，每事必请于姑，介妇[3]请于冢妇。舅姑使冢妇，毋怠、不友、无礼于介妇。舅姑若使介妇，无敢敌耦[4]于冢妇，不敢并行，不敢并命，不敢并坐。

【注释】

[1] 舅没则姑老：公公过世，那么婆婆就是家长。　[2] 冢妇：嫡长子的正妻。[3] 介妇：非嫡长子之妻。　[4] 敌耦：相匹敌。

凡妇不命适[1]私室，不敢退。妇将有事，大小必请于舅姑。子妇无私货，无私蓄，无私器，不敢私假，不敢私与。妇或赐之饮食、衣服、布帛、佩帨、茝兰，则受而献诸舅姑。舅姑受之则喜，如新受赐[2]。若反赐之，则辞。不得命，如更受赐，藏以待乏。妇若有私亲兄弟，将与之，则必复请[3]其故，赐而后与之。

【注释】

[1] 适：去。　[2] 如新受赐：就像自己刚接受赠赐的时候一样。　[3] 复请：重新请求。

曹大家《女诫》曰：舅姑之意岂可失哉？固莫尚于曲[1]从矣！姑云不尔而是[2]，固宜从命；姑云尔而非[3]，犹宜顺命。勿得违戾是非，争分曲直，此则所谓曲从矣。故《女宪》曰："妇如影响，焉不可赏？"

【注释】

[1] 曲：指克制自己。　[2] 姑云不尔而是：婆婆说不要这样而且（这么做）是对的。　[3] 尔而非：要这样而且（这么做）是错的。

汉广汉姜诗妻，同郡庞盛之女也。诗事母至孝，妻奉顺尤笃。母好饮江水，去舍六七里，妻常泝[1]流而汲。后值风，不时得还，母渴，诗责而遣之。妻乃寄止邻舍，昼夜纺绩，市珍羞，使邻母以意自遗其姑[2]。如是者久之。姑怪问邻母，邻母具对。姑感惭呼还，恩养愈谨。其子后因远汲溺死，妻恐姑哀伤，不敢言，而托以行学不在。

【注释】

[1] 泝：通"溯"。　[2] 使邻母以意自遗其姑：让邻居老妇人以自己的名义送给她的婆婆。

河南乐羊子，从学七年不反，妻常躬勤养姑。尝有它舍鸡谬入园中，姑盗杀[1]而食之。妻对鸡不餐而泣。姑怪，问其故。妻曰："自伤居贫，使食它肉。"姑竟弃之。然则舅姑有过，妇亦可几谏也。

【注释】

[1] 盗杀：偷偷杀掉。

后魏乐部郎胡长命妻张氏，事姑王氏甚谨。太安中，京师禁酒，张以姑老且患[1]，私为酝之，为有司所纠[2]。王氏诣曹，自首由己私酿。张氏曰："姑老抱患，张主家事，姑不知酿。"主司不知所处。平原王陆丽以状奏，文成义而赦之。

【注释】

[1] 患：患病。　[2] 纠：拘捕。

唐郑义宗妻卢氏，略涉书史，事舅姑甚得妇道。尝夜有强盗数十人，持杖鼓噪，逾垣而入。家人悉奔窜，唯有姑独在堂。卢冒[1]白刃，往至姑侧，为贼捶击，几至于死。贼去后，家人问，何独不惧？卢氏曰："人所以异禽兽者，以其有仁义也。邻里有急，尚相赴救，况在于姑而可委弃？若万一危祸，岂宜独生！"其姑每云："古人称，岁寒然后知松柏之后凋也，吾今乃知卢新妇之心矣！"若卢氏者，可谓能知义矣。

【注释】

[1] 冒：冒着危险。

《诗·何彼秾矣》，美王姬[1]也。虽则王姬，亦下嫁于诸侯，车服不系其夫，下王后一等，犹执妇道，以成肃雍之德。

【注释】

[1] 王姬：指周天子的女儿。

舜妻，尧之二女。行妇道于虞氏。

唐岐阳公主，宪宗之嫡女，穆宗之母妹，母懿安郭皇后，尚父子仪之孙也。适工部尚书杜悰，逮事舅姑。杜氏大族，其他宜为妇礼者，不翅[1]数千人。主卑委怡顺，奉上抚下，终日惕惕，屏息拜起，一同家人礼度。二十余年，人未尝以丝发间[2]指为贵骄。承奉大族，时岁献馈，吉凶赙助[3]，必亲经手。姑凉国太夫人寝疾，比丧及葬，主奉养，蚤[4]夜不解带，亲自尝药，粥饭不经心手，一不以进。既而哭泣哀号，感动他人。彼天子之女，犹不敢失妇道，奈何臣民之女，乃敢恃其贵富以骄其舅姑？为妇若此，为夫者宜弃之，为有司者治其罪可也。

【注释】

[1] 翅：通“啻”。　[2] 丝发间：有一丝头发那么大的空间。　[3] 赙（fù）助：财务辅助。　[4] 蚤：通“早”。

《内则》：“虽婢妾，衣服饮食必后长者。”

妾事女君[1]，犹臣事君也。尊卑殊绝，礼节宜明。是以“绿衣黄裳”，诗人所刺；慎夫人与窦后同席，袁盎引而却[2]之；董宏请尊丁傅，师丹劾奏其罪。皆所以防微杜渐，抑祸乱之原也。或者主母屈己以下之，犹当贬抑退避，谨守其分，况敢挟其主父与子之势，陵慢[3]其女君乎？

【注释】

[1] 女君：女主人。　[2] 却：退。　[3] 陵慢：欺凌轻慢。

卫宗二顺者，卫宗室灵王之夫人及其傅妾也。秦灭卫君，乃封灵王世家，使奉其祀。灵王死，夫人无子而守寡，傅妾有子代后。傅妾事夫人，八年不衰，供养愈谨。夫人谓傅妾曰：“孺子养我甚谨，子奉祀而妾事我，我不愿也。且吾闻，主君之母不妾事人，今我无子，于礼斥绌[1]之人也，而得留以尽节，是我幸也。今又烦孺子不改故节，我甚内惭！吾愿出居外，以时相见，我甚便之。”傅妾泣而对曰：“夫人欲使灵氏受三不祥耶？公不幸早终，是一不祥也；夫人无子而婢妾有子，是二不祥也；夫人欲居外，使婢妾居内，是三不祥也。妾闻忠臣事君，无时懈倦；孝子养亲，患无日也。妾岂敢以少贵之故，变妾之节哉？供养，固妾之职也，夫人又何勤乎？”夫人曰：“无子之人，而辱主君之母，虽子欲尔，众人谓我不知礼也。吾终愿居外而已。”傅妾退而谓其子曰：“吾闻君子处顺，奉上下之仪，修先古之礼，此顺道也。今夫人难我，将欲居外，使我处内，逆也。处逆而生，岂若守顺而死哉？”遂欲自杀。其子泣而守之，不听。夫人闻之，惧，遂许傅妾留，终年供养不衰。

【注释】

[1] 斥绌：弃逐。

后唐庄宗不知礼，尊其所生为太后，而以嫡母为太妃。太妃不以愠，太后不敢自尊，二人相好，终始不衰，是亦近世所难。

《内则》：“异[1]为孺子室于宫中，择于诸母与可者，必求其宽裕、慈惠、温良、恭敬、慎而寡言者，使为子师，其次为慈母，其次为保母。皆居于室，他人无事不往。”

【注释】

[1] 异：另外。

鲁孝公义保臧氏。初，孝公父武公与其二子——长子括、中子戏，朝周宣王。宣王立戏为鲁太子。武公薨，戏立，是为懿公。孝公时号公子称[1]，最少。义保与其子俱入宫养公子称。括之子曰伯御，与鲁人作乱，攻杀懿公而自立，求公子称于宫中，入杀之。义保闻伯御将杀称，衣[2]其子以称之衣，卧于称之处，伯御杀之。义保遂抱称以出，遇称之舅鲁大夫于外。舅问："称死乎？"义保曰："不死，在此。"舅曰："何以得免？"义保曰："以吾子代之。"义保遂抱以逃。十一年，鲁大夫皆知称之在保，于是请周天子杀伯御，立称，为孝公。

【注释】

[1] 孝公时号公子称：孝公当时叫公子称。　　[2] 衣：穿衣服。

秦攻魏，破之，杀魏王，诛诸公子，而一公子不得。令魏国曰："得公子者，赐金千镒；匿之者，罪至夷。"公子乳母与公子俱逃。魏之故臣见乳母，识之，曰："乳母固无恙乎？"乳母曰："嗟乎！吾奈公子何[1]。"故臣曰："今公子安在？吾闻秦令曰，有能得公子者，赐金千镒；匿之者，罪至夷！乳母傥知其处乎？而言之，则可以得千金；知而不言，则昆弟无类[2]矣！"乳母曰："吁！我不知公子之处。"故臣曰："我闻公子与乳母俱逃。"曰："吾虽知之，亦终不可以言。"故臣曰："今魏国已破亡，族已灭矣！子匿之，尚谁为乎？"母曰："吁！夫见利而反上者逆，畏死而弃义者，乱也。今持逆乱而以求利，吾不为也。且夫凡为人养子者，务生之，非为杀之也，岂可以利赏畏诛之故，废正义而行逆节哉？妾不能生而令公子禽矣！"乳母遂抱公子逃于深泽之中。故臣以告秦军，追见，争射之。乳母以身为公子蔽矢，矢着身者数十，与公子俱死。秦君闻之，贵其能守忠死义，乃以卿礼葬之，祠以太牢，宠其兄为五大夫，赐金百镒。

【注释】

[1] 吾奈公子何：我们公子怎么办。　　[2] 昆弟无类：指灭族。

唐初，王世充之臣独孤武都谋叛归唐，事觉[1]诛死。子师仁始三岁，世充怜其幼，不杀，命禁掌之。其乳母王兰英求自髡钳[2]，入保养师仁，世充许之。兰英鞠育备至。时丧乱凶饥，人多饿死，兰英乞丐捃拾，每有所得，辄归哺师仁，自惟啖土饮水而已。久之，诈为捃拾，窃抱师仁奔长安。高祖嘉其义，下诏曰："师仁乳母王氏，慈惠有闻，抚育无倦，提携遗幼，背逆归朝，宜有褒隆，以锡其号，可封寿永郡君。"

【注释】

[1] 觉：被发觉。　　[2] 髡（kūn）钳：谓剃去头发，用铁圈束颈。

五代汉凤翔节度使侯益入朝，右卫大将军王景崇叛于凤翔，有怨于益，尽杀其家属七十余人。益孙延广尚襁褓，乳母刘氏以己子易之，拖[1]延广而逃，乞食于路，以达大梁，归于益家。呜呼！人无贵贱，顾其为善何如耳！观此乳保，忘身殉义，字[2]人之孤，名流后世，虽古烈士，何以过哉！

【注释】

[1] 拖：带着。　　[2] 字：养育。

黄庭坚：家诫

黄庭坚（1045—1105），字鲁直，号山谷道人。北宋文学家、书法家。黄庭坚精于佛老之学，但其事亲颇为孝顺。此家诫为黄庭坚告诫其子所作。在文中，他论述了富盛之家由于治家不当而最终家贫人散的现象，希望儿子可以吸取前人治家的经验教训，进而使得家业繁盛不息。他反复告诫儿子要孝悌忠信，和睦亲族，不可因为私利而伤手足亲戚之情，言辞恳切，发人省思。本文采用四川大学出版社2001年出版的《黄庭坚全集》作为选文底本。

庭坚自丱角[1]读书，及有知识，迄今四十年，时态历观，谛[2]见润屋[3]封君，巨姓豪右[4]，衣冠世族，金珠满堂。不数年间复过之，特见废田不耕，空囷不给。又数年，复见之，有缧绁[5]于公庭者，有荷担[6]而倦行于路者。问之曰："君家曩时，蕃衍盛大，何贫贱如是之速耶？"有应于予曰："嗟乎！吾高祖起自忧勤，噍类[7]数口，叔兄慈惠，弟侄恭顺。为人子者，告其母曰：'无以小财为争，无以小事为仇'，使我兄叔之和也；为人夫者，告其妻曰：'无以猜忌为心，无以有无为怀'，使我弟侄之和也。于是共卮[8]而食、共堂而燕、共库而泉、共廪而粟，寒而衣，其币[9]同也，出而游，其车同也。下奉以义，上谦以仁。众母如一母，众儿如一儿，无尔我之辨，无多寡之嫌，无私贪之欲，无横费之财，仓箱共目而敛之，金帛共力而收之。故官私皆治，富贵两崇。逮其子孙蕃息，妯娌[10]众多，内言多忌，人我意殊，礼义消衰，诗书罕闻，人面狼心，星分瓜剖。处私室则包羞[11]自食，遇识者则强曰同宗；父无争子[12]而陷于不义，夫无贤妇而陷于不仁，所志者小而所失者大。至于危坐孤立，患害不相维持。此其所以速于苦也！”某闻而泣之。家之不齐，遂至如是之甚，可志此以为吾族之鉴。因为常语[13]以劝焉，吾子其听否？

【注释】

[1] 丱（guàn）角：头发束成两角形。指童年或少年时期。　[2] 谛：仔细。　[3] 润屋：居室华丽，指富有。　[4] 豪右：豪门大族。　[5] 缧绁（léi xiè）：捆绑犯人的绳索。引申为牢狱。　[6] 荷担：用肩负物，挑担。指贫困。　[7] 噍（jiào）类：要吃饭的人。　[8] 卮：古同“卮”，古代酒器，器皿。　[9] 币：通“帛”。　[10] 妯娌：兄弟之妻的合称。　[11] 包羞：庖馐，指厨房内精美的食品。　[12] 争子：出自《孝经·谏争》：“父有争子，则身不陷于不义。”指能直言规劝父母的儿子。争，通“诤”。　[13] 常语：寻常话，俗话。

昔先猷[1]以子弟喻芝兰玉干生于阶庭者，欲其质之美也；又谓之龙驹鸿鹄[2]者，欲其才之俊也。质既美矣，光耀我族；才既俊矣，荣显我家，岂有偷取自安而忘家族之庇乎？汉有兄弟焉，将别也，庭木为之枯；将合也，庭木为之荣。则人心之所叶者，神灵之所佑也。晋有叔侄焉，无间者为南阮之富，好异者为北阮之贫[3]。则人意之所和者，阴阳之所赞也。大唐之间，义族尤盛，张氏九世同居，至天子访焉，赐帛以为庆。高氏七世不分，朝廷嘉之，以族闾为表。李氏子孙百余众，服食器用，童仆无所异。黄巢、禄山[4]，大盗横行天下，残灭人家，独不劫李氏，云：“不犯义门也。”此见孝慈之盛，外侮所不能欺。

【注释】

[1] 先猷：先世圣人的大道。　[2] 龙驹鸿鹄：龙驹，指骏马，喻英俊少年。

鸿鹄，即天鹅。因飞得很高，所以常用来比喻志向远大的人。 [3]“晋有叔侄焉”句：晋阮籍与其侄阮咸同负盛名，共居道南，合称“南阮”。出自南朝宋刘义庆《世说新语·任诞》：“阮仲容、步兵居道南，诸阮居道北。北阮皆富，南阮贫。” [4]黄巢、禄山：指唐代的黄巢和安禄山，分别在唐中期和后期拥兵而起。

虽然，皆古人陈迹[1]而已，吾子不可谓今世无其人。德安王兵部义聚百年，至五世，诸母新寡，弟侄谋析财[2]而与之，俾营别居，诸母曰：“吾之子幼，未有知识，吾所倚赖，犹子伯伯叔叔也，不愿他业。待吾子得训经意，知礼数足矣！”其后，侄子官至兵部侍郎，诸母授金冠章帔[3]，人皆曰：“诸母岂先知乎，有助耶！”鄂之咸宁有陈子高者，有腴田[4]五千，其兄田止一千，子高爱其兄之贤，愿合户而同之。人曰：“以五千膏腴就贫兄，不亦卑乎？”子高曰：“我一身尔，何用五千？人生饱暖之外，骨肉交欢而已。”其后，兄子登第[5]，仕至大中大夫，举家受荫，人始曰：“子高心地吉，乃预知兄弟之荣也。”然此亦人之所易为也，吾子欲知其难者，愿悉以告。

【注释】

[1]陈迹：过去的事迹，过去的事情。 [2]析财：分割财产。 [3]帔：古代披在肩背上的服饰。 [4]腴田：肥沃的田地。 [5]登第：犹登科。第，指科举考试录取列榜的甲乙次第。

昔邓攸[1]遭危厄之时，负其子侄而逃之，度不两全，则托子于人，而宁抱其侄也。李充[2]在贫困之际，昆季[3]无资，其妻求异，遂弃其妻曰：“无伤我同胞之恩。”人之遭贫遇害，尚能为此，况处富盛乎？然此予闻见之远者，恐未可以言人，又当告以耳目之尤近者。吾族居双井四世矣，未闻公家之追负，私用之不给，泉粟盈储，金朱继荣，大抵礼义之所积，无分异之费也。其后妇言是听，人心不坚，无胜己之交，信小人之党，骨肉不顾，酒胾[4]是从，乃至苟营自私，偷取目前之逸，恣纵口体[5]而忘远大之计。居湖坊者，不二世而绝；居东阳者，不二世而贫。其或天欤，亦人之不幸欤！

【注释】

[1] 邓攸：字伯道，晋代人，有德行。　[2] 李充：字弘度，东晋人，文学家。　[3] 昆季：兄弟。长为昆，幼为季。　[4] 酒胾（zì）：酒肉。[5] 口体：口和身体。

吾子力道问学，执书册以见古人之遗训，观时利害，无待老夫之言矣。于古人气概风味，岂特仿佛耶？愿以吾言敷而告之，吾族敦睦当自吾子起，若夫子孙荣昌、世继无穷之美，则吾言岂小补[1]哉！志之曰《家诫》。时绍圣元年[2]八月日书。

【注释】

[1] 小补：微小的益处。　[2] 绍圣元年：宋哲宗赵煦的第二个年号。此为1094年。

胡安国：与子寅书

胡安国（1074—1138），字康侯，号青山，学者称武夷先生，后世称胡文定公。北宋时期的著名儒者，理学家，宋代湖湘学派的创始人之一。《与子寅书》为胡安国为其子胡寅所作。在文中，他反复告诫儿子为人之道和做官之法。为人以诚实为本，做官以廉洁为要，不可以私事荒废公事。正是在胡安国的教育之下，其子胡寅日后亦成为一代大儒。本文言简意赅，行文流畅，言辞恳切，义理深刻。

本文采用台湾商务印书馆《影印文渊阁四库全书》中由宋代刘清之所编集的《戒子通录》作为选文底本。

密进人才，所补者大，契旧[1]之间，固无彼此，然必事事尽诚告之，使善出于彼，吾无与焉，则为善矣。

诚实无私曲，说得来自别听者，亦须感动。

出身事主[2]，不以家事辞王事[3]，为人臣，无以有己。吾说如此，更以大义裁断之。

臣之事君，犹子之事父，以忠信为本。

【注释】

[1] 契旧：志趣相同的旧交。　[2] 事主：为国效力。　[3] 不以家事辞王事：不可以以私废公。

公事私事，一切苦参，着意[1]经理。须以诚意说与属官，须要知此着意经营。

公使库待宾[2]，并以五盏为率，自足展尽情意。

禁奸吏[3]，必止其邪心，不徒革面。为政必以风化德礼为先，风化必以至诚为本。民讼既简，每日可着一时工夫，详与理会，因训道[4]之，使趋于善。且以风动左右，不无益也。

【注释】

[1] 着意：精心，仔细。 [2] 待宾：接待宾客。 [3] 奸吏：奸邪的官吏。 [4] 训道：训导。

立志以明道希文自期待。立心以忠信不欺为主本。行己[1]以端庄清慎见操执[2]。临事以明敏果断辨是非。又谨三尺[3]，考求立法之意而操纵之，斯可为政不在人后矣。汝勉之哉！治心修身，以饮食男女[4]为切要，从古圣贤，自这里做工夫，其可忽乎？

【注释】

[1] 行己：谓立身行事。 [2] 操执：操守。 [3] 三尺：指法律。古时把法律条文写在三尺长的竹筒上，故称法律为“三尺法”，简称“三尺”。 [4] 饮食男女：指对吃喝和性的需要。

君实[1]见趣本不甚高，为他广读书史，苦学笃信，清俭之事而谨守之，人十己百，至老不倦，故得志而行，亦做七分已上人。若李文靖[2]淡然无欲、王沂公[3]俨然不动，资禀既如此，又济之以学，故是八九分地位也。后人皆不能及，并可师法。

汝在郡，当一日勤如一日，深求所以牧民[4]共理之意，勉思其未至，不可忽也。若不事事，别有觊望[5]，声绩一埸了更整顿不得，宜深自警省，思远大之业。

【注释】

[1] 君实：指北宋名臣司马光。司马光（1019—1086），字君实。 [2] 李文靖：李沆（947—1004），字太初。北宋初年名臣。 [3] 王沂公：王曾（978—1038），字孝先。北宋初年名士。 [4] 牧民：治民。 [5] 觊望：希图，企望。

陆游：放翁家训（节选）

陆游（1125—1210），字务观，号放翁，越州山阴（今浙江绍兴）人，南宋爱国诗人。陆游一生以抗击金兵、恢复中原为志。在家训中，陆游回顾了其家族历代的家风家教。陆家自唐代起世代入仕为官，经历五代战乱，其间家族曾沦为平民，宋兴以后又起而为官宦世家，虽然世道沉浮，但家族依然能保守其廉洁忠义的家风。在家训中，陆游告诫子孙后辈，要严守忠信道义，谨慎借鉴持家，不可以丢弃家族孝悌忠信的治家之道。本文言辞恳切，义理正大，为宋代家训中的名篇。本书采用《丛书集成初编》中收录的《放翁家训》作为底本。

昔唐之亡也，天下分裂，钱氏崛起吴越之间[1]，徒隶乘时，冠屦易位。吾家在唐为辅相者六人，廉直忠孝，世载令闻。念后世不可事伪国[2]，苟富贵，以辱先人，始弃官不仕，东徙渡江，夷于编氓[3]。孝悌行于家，忠信著于乡，家法凛然，久而弗改。宋兴，海内一统，祥符[4]中，天子东封泰山，于是陆氏乃与时俱兴，百余年间文儒继出，有公有卿，子孙宦学相承，复为宋世家[5]，亦可谓盛矣。然游于此切有惧焉。天下之事，常成于困约[6]而败于奢靡。游童子时，先君谆谆为言，太傅出入朝廷四十余年，终身未尝为越产，家人有少变其旧者辄不怿[7]。其夫人棺才漆，四会婚姻，不求大家显人，晚归鲁墟[8]，旧庐一椽不可加也。楚公年少时尤苦贫，革带敝，以绳续绝处。秦国夫人尝作新襦[9]，积钱累月乃能就，一日覆羹污之，至泣涕不能食。太尉与边夫人方寓宦舟，见妇至喜甚，辄置酒，银器色黑如铁，果醢数种，酒三行而已。姑嫁石氏，归宁，食有笼饼，亟起辞谢曰："昏耄不省是谁生日也。"左右或匿笑，楚公叹曰："吾家故时数日乃啜羹，岁时或生日乃食笼饼，若曹岂知耶？"是时楚公见贵显，顾以啜羹食饼为泰，愀然叹息如此。游生晚，所闻已略，然少于游者又将不闻，而旧俗方以大坏，厌藜藿[10]，慕膏粱[11]，往往更以上世之事为讳。使不闻此风，放而不还，且有陷于危辱之地，沦于市井降于皂隶[12]者矣。复思如往时，父子兄弟相从居于鲁墟，葬于九里，安乐耕桑之业，终身无愧悔，可得耶？呜呼！仕而至公卿，命也；退而为农，亦命也！若夫挠节以求贵，市道以营利，吾家之所深耻，子孙戒之，尚无坠厥初。

乾道四年[13]五月十三日，太中大夫宝谟阁待制游谨书

【注释】

[1] 钱氏崛起吴越之间：指五代十国中的吴越国（893—978），由钱镠所建，都城为杭州。 [2] 伪国：僭伪之国。 [3] 夷于编氓：地位变为平民。 [4] 祥符：大中祥符，北宋真宗第三个年号，1008—1016年。 [5] 世家：世禄之家。 [6] 困约：困顿贫乏。 [7] 不怿：不高兴的样子。 [8] 鲁墟：在今山东省。 [9] 襦：短衣，短袄。 [10] 藜藿（lí huò）：粗劣的饭菜。指贫苦。 [11] 膏粱：肥肉和细粮。指富贵。 [12] 皂隶：衙门里的差役。贱役。 [13] 乾道四年：1168年。一说《放翁家训》成书于嘉泰四年（1204）。

朱熹：朱子家礼（节选）

朱熹(1130—1200)，字元晦，号晦庵，徽州婺源(今属江西)人。宋代理学集大成者，教育家、思想家。在哲学上发展了二程(指北宋大儒程颢、程颐)关于天理学说，建立了一个完整的理学体系，后世称程朱理学，影响极其深远。

《家礼》是他很有影响的礼学著作之一。《家礼》内容分为通礼、冠、昏、丧、祭五部分，是他根据当时民间社会习惯并参考古代仪礼撰写而成。在家礼中，朱熹既对古代涉及冠、婚、丧、祭等礼仪做了细致的规定，同时也对各个礼所蕴含的义理基础做了透彻分析。

《家礼》成书之后，影响深远，宋元以来一直被用作民间或宗族家庭的礼仪规范。明太祖洪武元年曾下令："凡民间嫁娶，并依朱文公《家礼》行。"编者尽量保存了朱子《家礼》原貌，以便读者可以更好地感受古代人家庭礼节的具体运行方式，从而体悟古人在日常生活中施行家礼过程中所体现的思想精神。

本文采用上海古籍出版社和安徽教育出版社2002年整理的《朱子全书》为底本。

序

凡礼有本有文[1]。自其施于家者[2]言之，则名分之守[3]、爱敬之实[4]者，其本也；冠婚丧祭[5]，仪章度数者[6]，其文也。其本者，有家日用之常礼，固不可以一日而不修；其文，又皆所以纪纲[7]人道之始终，虽其行之有时，施之有所，然非讲之素明，习之素熟，则其临事之际，亦无以合宜[8]而应节，是亦不可以一日而不讲且习焉者也。

三代之际[9]，《礼经》备矣。然其存于今者，宫庐器服之制，出入起居之节，皆已不宜于世。世之君子，虽或酌以古今之变，更为一时之法，然亦或详或略，无所折衷[10]，至或遗其本而务其末，缓于实而急于文。自有志好礼之士，犹或不能举其要；而用于贫窭[11]者，尤患其终不能有以及于礼也。

熹之愚[12]，盖两病焉。是以尝独究观古今之籍，因其大体之不可变者，而少加损益于其间，以为一家之书。大抵谨名分、崇敬爱，以为之本。至其施行之际，则又略浮文、务本实，以窃自附于孔子“从先进[13]”之遗意。诚愿得与同志之士熟讲而勉行之。庶几古人所以修身齐家之道，谨[14]终追远之心，犹可以复见；而于国家所以崇化导民[15]之意，亦或有小补云。

【注释】

[1] 凡礼有本有文：礼有其根本精神、有其具体形式。 [2] 施于家者：在家庭中所施用的礼。 [3] 名分之守：名位与身份的维系。 [4] 爱敬之实：其根本在于亲族之间的相亲、相敬。 [5] 冠婚丧祭：指冠礼、婚礼、丧礼和祭礼。 [6] 仪章度数：指礼的具体形式。 [7] 纪纲：指规范、维系和统和。 [8] 合宜：礼者，宜也；礼贵在适宜。 [9] 三代之际：指夏、商、周时代。 [10] 折衷：取正，调节，使之适中。 [11] 贫窭（jù）：贫乏，贫穷。 [12] 熹之愚：谦辞，我是愚钝的。“之”用于取消句子独立性。 [13] 先进：出自《论语·先进》：“先进于礼乐，野人也；后进于礼乐，君子也。”朱子集注：“先进后进，犹言前辈后辈。” [14] 谨：原文是慎终追远，避孝宗赵昚讳而改为谨。 [15] 崇化导民：施行教化、规导民众为善。

卷一·通礼[1]（节选）

（此篇所著，皆所谓有家日用之常礼，不可一日而不修者。）

祠堂[2]

（此章本合在祭礼篇，今以报本反始之心[3]，尊祖敬宗之意，实有家名分之首，所以开业传世之本也。故特著此，冠于篇端，使览者知所以先立乎其大者，而凡后篇所以周旋升降、出入向背之曲折，亦有所据以考焉。然古之庙制不见于经，且今士庶人之贱，亦有所不得为者，故特以祠堂名之，而其制度亦多用俗礼[4]云）

【注释】

[1] 通礼：指家庭、族内日常所用之礼。必须经常熟习。 [2] 祠堂：指中国古代家族之内供奉祖先灵位、行祭祀等礼仪的场所。 [3] 报本反始之心：指追思先人、不忘本根的敬畏、虔诚之心。 [4] 俗礼：寻常百姓人家之礼，与古代王室、贵族的庙堂之礼相区别。

君子将营宫室，先立祠堂于正寝[1]之东。（正寝谓前堂也。地狭，则于厅事之东亦可。凡祠堂所在之宅，宗子世守之，不得分析[2]。）为四龛，以奉先世神主[3]。旁亲之无后者以其班祔[4]。置祭田。（初立祠堂，则计见田[5]。每龛取其二十之一以为祭田，亲尽则以为墓田。后凡正位、祔者皆放此。宗子主之，以给祭用。上世初未置田，则合墓下子孙之田，计数而割之，皆立约闻官[6]，不得典卖。）具祭器。（床席倚卓盥盆火炉酒食之器，随其合用之数，皆具贮于库中，而封锁之，不得它用。无库则贮于柜中。不可贮者，列于外门之内。）主人晨谒于大门之内。（主人，谓宗子，主此堂之祭者。晨谒，深衣[7]，焚香再拜[8]。）出入[9]必告。正至、朔望则参。（正至、朔望[10]前一日，洒扫齐宿。）俗节则献以时食。（节如清明、寒食、重午、中元、重阳之类。）有事则告。或有水火盗贼[11]，则先救祠堂，迁神主、遗书，次及祭器，然后及家财。易世[12]，则改题主而递迁之。（大宗之家，始祖亲尽则藏其主于墓所。而大宗犹主其墓田，以奉其墓祭，岁率宗人一祭之，百世不改。其第二世以下祖亲尽，及小宗之家高祖亲尽，则迁其主而埋之，其墓田则诸位迭掌，而岁率其子孙一祭之，亦百世不改也。）

【注释】

[1] 正寝：即路寝，古代帝王诸侯治事的宫室。在此泛指房屋的正厅或正屋。[2] 宗子：古代宗法制度称大宗的嫡长子；分析：分拆。 [3] 龛（kān）：供奉佛像、神位等的小阁子；先世神主：家族祖先的灵位；四龛：指高祖、曾祖、祖和父之位。 [4] 班祔：依长幼次序列于旁边。 [5] 计见田：祠堂的开销由田地之产出提供，则此田地称为祭田。 [6] 立约闻官：在官府订立契约。 [7] 深衣：古代上衣、下裳相连缀的一种服装。为古代诸侯、大夫、士家居常穿的衣服，也是庶人的常礼服。 [8] 再拜：拜了又拜，拜两次。 [9] 出入：指远行办理事务。 [10] 朔望：朔日和望日，旧历每月初一日和十五日。 [11] 水火盗贼：洪水、火灾或盗窃等事。[12] 易世：指家族世代的轮替。

卷二 · 冠礼

冠

男子年十五至二十皆可冠。（司马公曰：古者二十而冠，所以责[1]成人之礼。盖将责为人子、为人弟、为人臣、为人少者之行于其人，故其礼不可以不重也。近世以来，人情轻薄，过十岁而总角[2]者少矣。彼责以四者之行，岂知之哉？往往自幼至长，愚騃[3]若一，由不知成人之道故也！今虽未能遽革，且自十五以上，俟[4]其能通《孝经》《论语》，粗

知礼义，然后冠之，其亦可也）必父母无期以上丧，始可行之。（大功[5]未葬，亦不可行）

前期三日，主人告于祠堂。（古礼筮日[6]，今不能然，但正月内择一日可也。主人，谓冠者之祖父，自为继高祖之宗子者。若非宗子，则必继高祖之宗子主之。有故，则命其次宗子。若其父自主之，告礼见《祠堂》章、祝版前同，但云："某之子某，若某之某亲之子，某年渐长成，将以某月某日加冠于其首，谨以。"后同。若族人以宗子之命自冠其子，其祝版亦以宗子为主，曰："使介子某。"若宗子已孤[7]而自冠，则亦自为主人，祝版前同，但云："某将以某月某日加冠于首，谨以。"后同）。

【注释】

[1]责：责任、要求。　[2]总角：古代未成年的人把头发扎成髻。　[3]愚骙（ái）：愚笨痴呆。　[4]俟：等到。　[5]大功：丧服五服之一，服期九月。　[6]筮日：用蓍草占卦择选日期。　[7]孤：幼年死去父亲或父母双亡。

戒宾。（古礼筮宾，今不能然，但择朋友贤而有礼者一人可也。是日，主人深衣诣[1]其门，所戒者出见如常仪，啜茶毕，戒者起，言曰："某有子某，若某之某亲有子某，将加冠于其首，愿吾子之教之也。"对曰："某不敏[2]，恐不能供其事以病吾子，敢辞。"戒者曰："愿吾子之终教之也。"对曰："吾子重有命，某敢不从。"地远，则书初请之辞为书，遣子弟[3]致之。所戒者辞，使者固请，乃许，而复书曰："吾子有命，某敢不从。"若宗子自冠，则戒辞但曰："某将加冠于首。"后同）

【注释】

[1]诣：拜访。　[2]不敏：谦词，犹不才。　[3]子弟：子与弟，亦泛指子侄辈，年轻的后辈。

前一日，宿宾。（遣子弟以书致辞曰："来日，某将加冠于子某，若某亲某子某之首，吾子将涖之，敢宿。某上某人。"答书曰："某敢不夙兴？某上某人。"若宗子自冠，则辞之，所改如其戒宾。）

陈设。（设盥帨[1]于厅事，如祠堂之仪，以帟幕[2]为房于厅事东北，或厅事无两阶，则以垩画而分之，后放此。）

厥明夙兴，陈冠服。（有官者公服[3]、带、靴、笏[4]，无官者襕[5]衫、带、靴，通用皂衫[6]、深衣、大带、履、栉[7]、纚、掠，皆以卓子陈于房中，东领北上。酒注、盏盘亦以卓子陈于服北。幞头[8]、帽子、冠并巾，各以一盘盛之，蒙以帕，以卓子陈于西阶下。执事者[9]一人守之，长子则布席于阼阶[10]上之东少北，西向；众子则少西，南向。宗子自冠则如长子之席，少南）主人以下序立。（主人以下，盛服就位。主人阼阶下，少东，西向。子弟亲戚童仆在其后，重行西向北上。择子弟亲戚习礼者一人为傧[11]，立于门外，西向，将冠者双紒[12]，四䙆衫、勒帛[13]、采履，在房中南向。若非宗子之子，则其父立于主人之右，尊则少进，卑则少退。宗子自冠则服如将冠者，而就主人之位。）

【注释】

[1] 盥帨：盥，浇水洗手；帨（shuì）：用巾擦手。　[2] 帟幕：小帐幕，亦指幄中座上的帐子。　[3] 公服：官服。　[4] 笏（hù）：古代大臣上朝拿着的手板，用玉、象牙或竹片制成，上面可记事。　[5] 襕（lán）：古代一种上下衣相连的服装。　[6] 皂衫：黑色短袖单衣。　[7] 栉（zhì）：梳子和篦子的总称。　[8] 幞头：包扎，指头巾。　[9] 执事者：指主持冠礼的人。　[10] 阼阶：东阶。　[11] 傧：接引宾客。　[12] 紒（jì））：束发为髻。　[13] 勒帛：丝织腰带。

宾至，主人迎入，升堂。（宾自择其子弟亲戚习礼者为赞[1]。冠者俱盛服至门外，东面立。赞者在右，少退。傧者入告主人，主人出门左，西向再拜，宾答拜。主人揖[2]赞者，赞者报揖。主人遂揖而行，宾赞从之。入门，分庭而行，揖让而至阶，又揖让而升。主人由阼阶，先升，少东西向。宾由西阶继升，少西东向。赞者盥帨，由西阶升，立于房中，西向。摈者筵[3]于东序，少北西面。将冠者出房，南面。若非宗子之子，则其父从出。迎宾入，从主人，后宾而升，立于主人之右，如前）宾揖。将冠者就席，为加冠巾。冠者适房，服深衣纳履出。（宾揖。将冠者出房，立于席右，向席。赞者取栉、纚、掠，置于席左，兴[4]，立于将冠者之左。宾揖。将冠者即席西向跪。赞者即席如其向跪，进为之栉，合紒，施掠[5]。宾乃降，主人亦降，宾盥毕，主人揖，升复位。执事者以冠巾盘进，宾降一等受冠笄，执之正容，徐诣将冠者前，向之祝曰："吉月令日，始加元服，弃尔幼志，顺尔成德，寿考维祺[6]，以介景福。"乃跪加之。赞者以巾跪进，宾受，加之，兴，复位，揖。冠者适房，释四褛衫，服深衣，加大带，纳履出房，正容南向，立良久。若宗子自冠，则宾揖之，就席，宾降盥毕，主人不降，余并同。）

【注释】

[1] 赞：帮助，辅佐。　[2] 揖：古代的拱手礼。　[3] 筵：酒席。

[4] 兴：起来、行礼毕。　[5] 掠：发篦。　[6] 祺：吉祥，安祥。

再加帽子，服皂衫、革带、系鞋。（宾揖。冠者即席，跪。执事者以帽子盘进，宾降二等受之，执以诣冠者前，祝之曰："吉月令辰，乃申尔服，谨尔威仪，淑顺尔德，眉寿永年，享受胡福。"乃跪加之，兴，复位，揖。冠者适房，释[1]深衣，服皂衫、革带、系鞋，出房立。）三加幞头，公服，革带，纳靴执笏。若襕衫，纳靴。（礼如再加，惟执事者以幞头盘进，宾降没阶受之，祝辞曰："以岁之正，以月之令，咸加尔服，兄弟具在，以成厥德，黄耇[2]无疆，受天之庆。"赞者彻帽，宾乃加幞头。执事者受帽彻栉，入于房，余并同。）乃醮[3]。（长子，则宾者改席于堂中间少西，南向。众子则仍故席。赞者酌酒于房中，出房立于冠者之左。宾揖，冠者就席右，南向。乃取酒诣席前北向祝之曰："旨酒既清，嘉荐令芳，拜受祭之，以定尔祥，承天之休，寿考不忘。"冠者再拜，升席，南向，受盏。宾复位，东向答拜。冠者进席前，跪祭酒，兴，就席末，跪，啐[4]酒，兴，降席，受赞者盏，南向再拜。宾东向答拜。冠者遂拜赞者。赞者宾左，东向少退答拜。）宾字冠者。（宾降阶东向。主人降阶西向。冠者降自西阶，少东南向。宾字之曰："礼仪既备，令月吉日，昭告尔字，爰字孔嘉，髦士攸宜，宜之于嘏[5]，永受保之，曰伯某父。"仲、叔、季唯所当。冠者对曰："某虽不敏，敢不夙夜[6]祗奉。"宾或别作辞，命以字之之意亦可。）

【注释】

[1] 释：指脱去。 [2] 耇（gǒu）：高寿。 [3] 醮（jiào）：古代婚娶时用酒祭神的礼。 [4] 啐（cuì）：小饮。 [5] 嘏（gǔ）：福。 [6] 夙夜：朝夕，日夜；时时。

出就次[1]。（宾请退。主人请礼宾，宾出就次）主人以冠者见于祠堂。（如《祠堂》章内生子而见之仪，但改告辞曰："某之子某，若某亲某之子某，今日冠毕，敢见。"冠者进立于两阶间，再拜，余并同。若宗子自冠，则改辞曰："某今日冠，敢见。"遂再拜，降复位，余并同。若冠者私室有曾祖、祖以下祠堂，则各因其宗子而见；自为继曾祖以下之宗则自见。）冠者见于尊长。（父母堂中南面坐，诸叔父兄在东序，诸叔父南向，诸兄西向，诸妇女在西序，诸叔母姑南向，诸姊嫂东向。冠者北向拜父母，父母为之起。同居有尊长[2]，则父母以冠者诣其室拜之，尊长为之起。还就东西序，每列再拜，应答拜者答拜[3]。若非宗子之子，则先见宗子及诸尊于父者于堂，乃就私室见于父母及余亲。若宗子自冠，有母则见于母如仪，族人宗之者皆来见于堂上，宗子西向拜其尊长，每列再拜，受卑幼者拜。）乃礼宾。（主人以酒馔延宾及宾赞者。酬[4]之以币而拜谢之。币多少随宜，宾赞有差）冠者遂出见于乡先生及父之执友。（冠者拜，先生执友皆答拜。若有诲之，则对如对宾之辞，且拜之，先生执友不答拜。）

【注释】

[1] 就次：就座、安坐。 [2] 同居有尊长：指在一起居住的外家长辈。 [3] 答拜：回拜。 [4] 酬（chóu）：用财物报答。

笄[1]

女子许嫁，笄。（年十五，虽未许嫁，亦笄）母为主。（宗子主妇，则其中堂。非宗子而与宗子同居，则于私室。与宗子不同居，则如上仪。）

前期三日戒宾，一日宿宾。（宾亦择亲姻[2]妇女之贤而有礼者为之。以笺纸书其辞，使人致之。辞如《冠礼》，但“子”作“女”，“冠”作“笄”，“吾子”作“某亲”或“某封”。凡妇人自称于己之尊长，则曰“儿”，卑幼则以属于夫党。尊长则曰新妇，卑幼则曰老妇，非亲戚而往来者各以其党为称，后放此。）陈设。（如《冠礼》，但于中堂布席如众子之位。）

厥明陈服。（如《冠礼》，但用背子冠笄。）序立。（主妇如主人之位，将笄者双紒衫子，房中南面。）宾至，主妇迎入升堂。（如《冠礼》，但不用赞者，主妇升自阼阶。）宾为将笄者加冠笄，适房服背子。（略如《冠礼》，但祝用始加之辞，不能则者）乃醮。（如《冠礼》，辞亦同）乃字。（如冠礼，但改祝辞“髦士[3]”为“女士”。）乃礼宾，皆如冠仪。

【注释】

[1] 笄（jī）：一种簪子，用来插住挽起的头发。在此指女子十五岁可以盘发

插笄的年龄，即成年。　[2] 亲姻：由婚姻关系结成的亲属。　[3] 髦士：英俊之士。

卷三 · 昏礼

议昏

男子年十六至三十，女子年十四至二十。（司马公曰：古者，男三十而娶，女二十而嫁。今令文，男年十五，女年十三以上，并听昏嫁。今为此说，所以参古今之道[1]，酌礼令之中，顺天地之理，合人情之宜也。）身及主昏者，无期以上丧，乃可成昏。（大功未葬，亦不可主昏[2]。凡主昏，如《冠礼》主人之法，但宗子自昏则以族人之长为主。）必先使媒氏[3]往来通信，俟女氏许之，然后纳采[4]。（司马公曰：凡议昏姻，当先察其婿与妇之性行，及家法何如，勿苟慕其富贵。婿苟贤矣，今虽贫贱，安知异时不富贵乎？苟为不肖，今虽富盛，安知异时不贫贱乎？妇者，家之所由盛衰也，苟慕其一时之富贵而娶之，彼挟其富贵，鲜有不轻其夫而傲其舅姑[5]，养成骄妬[6]之性，异日为患，庸有极乎？借使因妇财以致富，依妇势以取贵，苟有丈夫之志气者，能无愧乎？又世俗好于襁褓童幼之时轻许为昏[7]，亦有指腹为昏者，及其既长，或不肖无赖，或身有恶疾，或家贫冻馁，或丧服相仍，或从宦远方，遂至弃信负约，速狱至讼者多多。是以[8]先祖太尉尝曰：吾家男女必俟既长，然后议昏，既通书，不数月必成昏。故终身无此悔，乃子孙所当法也。）

【注释】

[1] 参古今之道：参照、调试古今道理的常与变。此篇中，“昏”同“婚”。
[2] 本句是有丧事在身、丧期未满的人不可以成婚，亦不可以为别人主持婚礼。
[3] 媒氏：媒人。　[4] 纳采：古婚礼六礼之一。男方向女方送求婚礼物。
[5] 舅姑：称夫之父母。俗称公婆。　[6] 骄妬：傲慢无礼。　[7] 此句

指夫妻双方家庭在其年幼之时即订立婚约。　[8] 是以：因此。

纳采

（纳其采择之礼，即今世俗所谓言定也。）

主人具书[1]。（主人即主昏者，书用笺纸[2]，如世俗之礼。若族人之子，则其父具书告于宗子。）夙兴[3]，奉以告于祠堂。（如告冠仪。其祝版前同，但云："某之子某，若某之某亲之子某，年已长成，未有伉俪[4]，已议娶某官某郡姓名之女，今日纳采，不胜感怆，谨以。"后同。若宗子自昏则自告。）乃使子弟为使者如女氏[5]，女氏主人出见使者。（使者盛服如女氏。女氏亦宗子为主人，盛服出见使者。非宗子之女，则其父位于主人之右，尊则稍进，卑则稍退。啜茶毕[6]，使者起致辞曰："吾子有惠，祝室某也，某之某亲某官，有先人之礼，使某请纳采。"从者以书进，使者以书授主人。主人对曰：某之子若姊、侄、孙，蠢愚又弗能教。吾子命之，某不敢辞。北向再拜。使者避不答拜。使者请退，俟命，出就次。若许嫁者于主人为姑、姊，则不云"蠢愚又弗能教"，余辞并同。）遂奉书以告于祠堂。（如婿家之仪，祝版前同，但云："某之第几女，若某亲某之第几女，年渐长成，许嫁某官某郡姓名之子若某亲某，今日纳采不胜感怆，谨以。"后同。）出，以复书授使者，遂礼之。（主人出，延使者升堂[7]，授以复书。使者受之，请退。主人请礼宾，乃以酒馔[8]礼使者。使者至是始与主人交拜如常日宾客之礼，其从者亦礼之别室，皆酬以币[9]。）使者复命婿氏，主人复告于祠堂。（不用祝）

【注释】

[1] 具书：准备文书。　[2] 笺纸：小幅华贵的纸张，古时用以题咏或写书信。　[3] 夙兴：早起。　[4] 伉俪：妻子，配偶。　[5] 如女氏：拜访女方家。　[6] 啜茶毕：喝过茶之后。　[7] 延使者升堂：邀请夫家的使者到正堂。　[8] 酒馔：酒食。　[9] 皆酬以币：赠予钱物。

纳币

（古礼有问名、纳吉，今不能尽用，止用纳采、纳币，以从简便。）

纳币[1]（币用色缯，贫富随宜，少不过两，多不逾十。今人更用钗钏[2]、羊酒、果实之属，亦可。）具书，遣使如女氏。女氏受书，复书，礼宾。使者复命。并同《纳采》之仪。（礼如《纳采》，但不告庙。使者致辞改“采”为“币”，从者以书、币进使者。以书授主人，主人对曰：吾子顺先典，贶[3]某重礼，某不敢辞，敢不承命？乃受书，执事者受币。主人再拜，使者避之，复进请命。主人授以复书。余并同。）

【注释】

[1] 纳币：古代婚礼六礼之一。纳吉之后，择日具书，送聘礼至女家，女家受物复书，婚姻乃定。亦称文定，俗称过定。　[2] 钗钏：钗簪与臂镯。泛指妇人的饰物。　[3] 贶（kuàng）：赠、赐。

亲迎

前期一日，女氏使人张陈[1]其婿之室。（世俗谓之铺房，然所张陈者，但氈褥帐幔帷幙应用之物，其衣服锁之箧笥[2]，不必陈也。司马公曰：文中子[3]曰，昏娶而论财，夷虏之道也。夫昏姻者所以合二姓之好，上以事宗庙，下以继后世也。今世俗之贪鄙者，将娶妇，先问资装之厚薄；将嫁女，先问聘财之多少。至于立契约云某物若干，某物若干，以求售其女者。亦有既嫁而复欺绐[4]负约者，是乃狙侩[5]卖婢鬻奴之法，岂得谓之士大夫昏姻哉？其舅姑既被欺绐，则残虐其妇，以摅[6]其忿。由是爱其女者，务厚其资装以悦其舅姑者，殊不知彼贪鄙之人不可盈厌，资装既竭，则安用汝女哉？于是质其女以责货于女氏，货有尽而责无穷，故昏姻之家往往终为仇雠[7]矣。是以世俗生男则喜，生女则戚，至有不举其女者，用此故也。然则，议昏姻有及于财者，皆勿与为昏姻可也。）

厥明[8]，婿家设位于室中。（设倚、卓于两位，东西相向，蔬果盘盏、匕筯如宾客之礼，酒壶在东位之後，又以卓子置合卺[9]一于其南。有南北设二盥盆勺于室东隅，右设酒壶、盏注于室外或别室，以饮从者。卺音谨，以小瓠一判而两之。）

【注释】

[1] 张陈：整理、铺排。 [2] 箧笥（qiè sì）：藏物的竹器。 [3] 文中子：王通，字仲淹，号文中子，隋代大儒。 [4] 欺绐：欺骗。 [5] 狙侩（jū kuài）：以拉拢买卖从中获利。 [6] 摅（shū）：发。 [7] 仇雠：仇敌。 [8] 厥明：第二日早晨。 [9] 卺（jǐn）：古代结婚时用作酒器的一种瓢；合卺：旧时夫妻结婚的一种仪式，把一个匏瓜剖成两个瓢，新郎新娘各拿一个饮酒。相当于今天新婚夫妇饮交杯酒。

女家设次于外。初昏，婿盛服。（世俗谓新婿带花胜以拥蔽其面，殊失丈夫之容貌，勿用可也。）主人告于祠堂。（如《纳采》仪，祝版前同。但云："某之子某，若某亲之子某，将以今日亲迎于某官某郡某氏，不胜感怆，谨以。"后同。若宗子自昏则自告。）遂醮其子而命之迎。（先以卓[1]子设酒注盏盘于堂上。主人盛服坐于堂之东序，西向。设婿席于其西北南向。婿升自西阶，立于席西，南向。赞者取盏斟酒，执之诣婿席前。婿再拜升席，南向受盏，跪祭酒，兴，就席末啐酒，兴，降席，授赞者盏，又再拜，进诣父坐前，东向跪。父命之曰："往迎尔相，承我宗事，勉率以敬，若则有常。"婿曰："诺，唯恐不堪，不敢忘命。"俛[2]伏，兴，出。非宗子之子，则宗子告于祠堂，而其父醮于私室如仪，但改宗事为家事。若宗子已孤而自昏者，则不用此礼。）婿出，乘马。（以二烛前导）至女家，俟于次。（婿下马，于大门外俟于次。）

【注释】

[1] 卓：同"桌"，指桌子。 [2] 俛（fǔ）：同"俯"。

女家主人告于祠堂。（如纳采仪，祝版前同，但云："某之第几女若某亲某之第几女，将以今日归于某官某郡姓名，不胜感怆，谨以。"以后同。）遂醮其女而命之。（女盛饰，姆[1]相之，立于室外南向。父坐东序，西向。母坐西序，东向。设女席于母之东北，南向。赞者醮以酒如婿礼。姆导女出于母左。父起命之曰："敬之戒之，夙夜无违尔舅姑之命。"母送至西阶上，为之整冠敛帔[2]，命之曰："勉之敬之，夙夜无违尔闺门之礼。"诸母、姑、嫂、姊送至于中门之内，为之整裙衫，申之以父母之命曰："谨听尔父母之言，夙夜无愆[3]。非宗子之女则宗子告于祠堂，而其父醮于私室如仪。）主人出迎，婿入奠雁[4]。（主人迎婿于门外，揖让以入，婿执雁以从，至于听事。主人升自阼阶[5]，立，西向。婿升自西阶，北向跪，置雁于地。主人侍者受之。婿俛伏，兴，再拜。主人不答拜。若族人之女，则其父从主人出迎，立于其右，尊则稍进，卑则稍退。凡贽用生雁，左首以生色缯交络之，无则刻木为之，取其顺阴阳往来之义。程子曰：取其不再偶也。）姆奉女出，登车。（姆奉女出中门，婿揖之，降自西阶，主人不降。婿遂出，女从之。婿举轿帘以俟。姆辞曰："未教，不足与为礼也。"女乃登车。）婿乘马先妇车。（妇车亦以二烛前导。）

【注释】

[1] 姆（mǔ）：犹如今日之受雇为人照管儿童或料理家务的妇女。　[2] 帔（pèi）：古代披在肩背上的服饰。　[3] 愆（qiān）：罪过，过失。　[4] 雁：大雁，冬向南而回，来往有信，故作为婚姻的象征。　[5] 阼阶：东阶。

至其家，导妇以入。（婿至家，立于厅事，俟妇下车，揖之，导以入。）婿妇交拜。（妇从者布婿席于东方，须从者布妇席于西方。婿盥于南，妇从者沃之，进帨[1]。妇盥于北，婿从者沃之，进帨。婿揖妇，就席，妇拜，婿答拜。）就坐饮食毕，婿出。（婿揖妇，就坐，婿东妇西。

从者斟酒设馔。妇祭酒，举肴[2]，又斟酒。婿揖妇，举饮不祭，无肴，又取卺分置，将妇之前，斟酒，婿揖妇，举饮不祭，无肴。婿出就他室，姆与妇留室中，撤馔置室外，设席。婿从者馂[3]妇之余，妇从者馂婿之余。）复入，脱服，烛出。（婿脱服，妇从者受之。妇脱服，婿从者受之。司马公曰：古诗云，结发为夫妇，言自少年束发即为夫妇。犹李广言结发与匈奴战也。今世俗昏姻乃有结发之礼，谬误可笑，勿用可也。）主人礼兵。（男兵于外厅女宾于中堂。）

【注释】

[1] 帨（shuì）：用巾擦手。　[2] 肴：做熟的鱼肉等。　[3] 馂：吃剩下的食物；分发祭品。

妇见舅姑

明日夙兴，妇见于舅姑。（妇夙兴，盛服俟见。舅姑坐于堂上，东西相向，各置卓子于前。家人男女少于舅姑者，立于两序，如冠礼之叙。妇进于阼阶下，背面拜舅，升，奠贽币[1]于卓上。舅抚之，侍者以入。妇降，又拜毕，诣西阶下，背面拜姑，升，奠贽币，姑举以授侍者，妇降又拜。若非宗子之子而与宗子同居，则先行此礼于舅姑之私室，不同居则如上仪。）舅姑礼之。（如父母醮女之仪。）妇见于诸尊长。（妇既受礼，降自西阶。同居右尊于舅姑者，则舅姑以妇见于其室，如见舅姑之礼，还拜诸尊长于两序，如冠礼，无贽。小郎小姑皆相拜。非宗子之子而与宗子同居则既受礼，诣其堂上拜之，如舅姑礼，而还见于两序。其宗子及尊长不同居，则庙见而后往。）若冢妇，则馈于舅姑。（是日食时，妇家具盛馔酒壶，妇从者设蔬果卓子于堂上舅姑之前，设盥盘于阼阶东南，帨架在东。舅姑既坐，妇盥升自西阶，洗盏斟酒置舅卓子上，降，俟舅饮毕，又拜，遂献姑，进酒，姑受饮毕，妇降拜，遂执馔升，荐于舅姑之前，侍立姑后，以俟卒食，撤饭。侍者撤余馔，分置别室。

妇就餕姑之余，妇从者餕舅之余。婿从者又餕妇之余。非宗子之子则于私室如仪。）舅姑飨[2]之。（如礼妇之仪，礼毕，舅姑先降自西阶，妇降自阼阶。）

庙见[3]

三日，主人以妇见于祠堂。（古者三月而庙见，今以其太远，改用三日，如子冠而见之仪，但告辞曰："子某之妇某氏敢见"余并同。）

婿见妇之父母

明日，婿往见妇之父母。（妇父迎送揖让如客礼。拜，既跪而扶之，入见妇母，妇母阖门左扉，立于门内，婿拜于门外，皆有币。妇父非宗子，即先见宗子夫妇，不用币，如上仪，然后见妇之父母。）次见妇党诸亲。（不用币，妇女相见如上仪。）妇家礼婿如常仪。（亲迎之夕，不当见妇母及诸亲，及设酒馔，以妇未见舅姑故也。）

【注释】

[1] 贽币：泛指各种礼品。　[2] 飨（xiǎng）：用酒食招待客人，在此泛指请人受用。　[3] 庙见：指新婚夫妇到夫家的祠堂祭告祖先。

卷五·祭礼

四祭礼

时祭用仲月[1]，前旬卜日。[孟春[2]下旬之首，择仲月三旬各一日，或丁或亥。主人盛服立于祠堂中门外，西向。兄弟立于主人之南，少退，北上。子孙立于主人之后，重行，西向，北上。置卓子于主人之前，设香炉、香合、环珓（占卜器具）及盘于其上。主人搢[3]笏，焚香薰珓[4]，而命以上旬之日，曰："某将以来月某日，诹[5]此岁事，适其祖考，尚餐。”即以珓掷于盘，以一俯一仰为吉。不吉，更卜中旬之日，又不吉，则不复卜而直用下旬之日。既得日，祝开中门，主人以下北向立，如朔望之位，皆再拜。主人升，焚香再拜。祝执辞，跪于主人之左，读曰：“孝孙某将以来月某日，祇荐岁事于祖考，卜既得吉，敢告。”用下旬日则不言卜。既得吉，主人再拜降复位，与在位者皆再拜。祝闭门，主人以下复西向位。执事者立于门西，皆东面，北上。祝立于主人之右，命执事者曰：“孝孙某将以来月某日，祇荐岁事于祖考。”有司具修执事者应曰：“诺”，乃退。]

【注释】

[1] 仲月：每个季度的第二个月。　[2] 孟春：春季的第一个月。　[3] 搢：摇动。　[4] 薰珓：熏占卜用的器具。　[5] 诹（zōu）：询问，商量。

前期三日斋戒。（前期三日，主人帅众丈夫致斋于外。主妇帅众妇女致斋于内。沐浴更衣，饮酒不得至乱，食肉不得茹荤[1]。不吊丧，不听乐，凡凶秽之事皆不得预。）前一日设位陈器。（主人帅众丈夫深衣，及执事洒扫正寝，洗拭倚卓，务令蠲[2]洁。设高祖考妣位于堂西，北壁下，南向，考西妣东，各用一倚一卓而合之。曾祖考妣，祖考妣考妣以次而东，皆如高祖之位。世各为位，不属祔[3]位，皆于东序西向北上或两序相向，其尊者居西，妻以下则于阶下。设香案于堂中，置香炉、香合于其上。束茅聚沙于香案前及逐位前地上。设酒架于东阶上，别置卓子于其东，设酒注一，酹酒盏一，盘一，受胙[4]盘一，匕一，巾一，茶合、茶筅、茶盏、托、盐碟、醋瓶于其上。火炉、汤瓶、香匙、火筯于西阶上，别置卓子于其西，设祝版于其上。设盥盆、帨巾各二于阼阶下之东西，其西者有台架，又设陈馔大床于其东。）省牲涤器、具馔。（主人帅众丈夫深衣省牲涖[5]杀。主妇帅众妇女背子涤濯祭器，洁釜鼎，具祭馔。每位果六品，菜蔬及脯醢[6]各三品，肉鱼馒头糕各一盘，羹饭各一椀，肝各一串，肉各二串，务令精洁。未祭之前勿令人先食及为猫犬虫鼠所污。）

【注释】

[1] 茹荤：吃荤腥的食物。 [2] 蠲：除去，免除；清洁。 [3] 祔：奉新死者的木主于祖庙与祖先的木主一起祭祀。 [4] 胙：古代祭祀时供的肉。 [5] 涖：同“莅”。 [6] 醢（hǎi）：用肉、鱼等制成的酱。

厥明夙兴，设蔬果酒馔。（主人以下深衣，及执事者俱诣祭所，盥手，设果楪于逐位卓子南端，蔬菜脯醢相间次之，设盏盘、醋楪于北端，盏西，楪东，匙筯居中，设玄酒[1]及酒各一瓶于架上。玄酒，其日取井花水充，在酒之西，炽炭于炉，实水于瓶。主妇背子炊煖祭馔，皆令极热，以合盛出，置东阶下大床上。）质明奉主就位。（主人以下各盛服，盥手，帨手，诣祠堂前，众丈夫叙立如告日之仪。主妇西阶下，北向立。主人有母，则特位于主妇之前，诸伯叔母诸姑继之，嫂及弟妇姊妹在主妇之左，其长于主母主妇者皆少进，子孙妇女内执事者在主妇之后，重行，皆北向东上。立定，主人升自阼阶，搢笏，焚香，出笏，告曰：“孝孙某，今以仲春之月，有事于皇高祖考某官府君，皇高祖妣某封某氏，皇曾祖考某官府君，皇曾祖妣某封某氏，皇祖考某官府君，皇祖妣某封某氏，皇考某官府君，皇妣某封某氏，以某亲某官府君，某亲某封某氏祔食。敢请神主出就正寝，恭伸奠献。”告讫，搢笏，敛椟，正位祔位各置一笥[2]，各以执事者一人捧之。主人出笏前导，主妇从后，卑幼在后。至正寝，置于西阶卓子上。主人搢笏，启椟，奉诸考神主出就位。主妇盥帨，升，奉诸妣神主亦如之。其祔位则子弟一人奉之。既毕，主人以下皆降复位。）

【注释】

[1] 玄酒：古代祭礼中当酒用的清水。 [2] 笥（sì）：盛饭或衣物的方形竹器。

参神。（主人以下，叙立如祠堂之仪，立定，再拜。若尊长老疾者，休于它所。）降神。（主人升，搢笏，焚香，出笏，少退立。执事者一人开酒取巾，拭瓶口，实酒于注，一人取东阶卓上盘盏，立于主人之左，一人执注，立于主人之右。主人搢笏，跪奉盘盏者亦跪，进盘盏，主人受之，执注者亦跪，斟酒于盏，主人左手执盘，右手执盏，灌于茅上，以盘盏授执事者，出笏，俛伏，兴，再拜，降复位。）进馔。（主人升，主妇从之，执事者一人以盘奉鱼肉，一人以盘奉米麪食，一人以盘奉羹饭从，升，至高祖位前。主人搢笏，奉肉，奠于盘盏之南。主妇奉麪[1]食，奠于肉西。主人奉鱼，奠于醋碟之南。主妇奉米食，奠于鱼东。主人奉羹，奠于醋碟之东。主妇奉饭，奠于盘盏之西。主人出笏，以次设诸正位，使诸子弟妇女各设祔位。皆毕，主人以下皆降复位。）

【注释】

[1] 麪（miàn）：同“麵”，面食。

初献。（主人升，诣高祖位前。执事者[1]一人执酒注，立于其右。主人搢笏，奉高祖考盘盏，位前东向立。执事者西向斟酒于盏，主人奉之，奠于故处。次奉高祖妣盘盏，亦如之。出笏位前，北向立。执事者二人，奉高祖考妣盘盏立于主人之左右。主人搢笏，跪。执事者亦跪。主人受高祖考盘盏，右手取盏，祭之茅上，以盘盏授执事者，反之故处，受高祖妣盘盏亦如之，出笏，俛伏，兴，少退，立。执事者炙[2]肝于炉，以碟盛之。兄弟之长一人奉之，奠于高祖考妣前匙筯之南。祝取版立于主人之左，跪读曰：“维年岁月朔日，子孝元孙某官某敢昭告于皇高祖考某官府君、皇高祖妣某封某氏：气序流易，时维仲春，追感岁时，不胜永慕，敢以洁牲柔毛，粢盛醴齐[3]，祇荐岁事，以某亲某官府君、某亲某封某氏，祔食，尚飨[4]。”毕，兴，主人再拜，退，诣诸位，献祝如初。每逐位读祝毕，即兄弟众男之不为亚终献者，以次分诣本位所祔之位，酌献如仪，但不读祝。献毕，皆降复位。执事者以它器彻酒及肝，置盏故处。）

【注释】

[1] 执事者：主持四时祭礼的人。 [2] 炙：烤。 [3] 粢：谷物。醴：甜酒。 [4] 飨：享用；祭祀。

亚献。（主妇为之，诸妇女奉炙肉及分献如初献仪，但不读祝。）终献。（兄弟之长或长男或亲宾为之。众子弟奉炙肉及分献如亚献仪。）侑[1]食。（主人升，搢笏，执注，就斟[2]诸位之酒皆满，立于香案之东南。主妇升，扱[3]匙饭中，西柄，正筯，立于香案之西南。皆北向，再拜降复位。）阖门。（主人以下皆出。祝阖门，无门处即降帘可也。主人立于门东西向，众丈夫在其后。主妇立于门西东向，众妇女在其后。如有尊长，则少休于他所。此所谓厌也。）启门。（祝声三噫歆[4]，乃启门。主人以下皆入。其尊长先休于它所者亦入，就位。主人主妇奉茶，分进于考妣之前，祔位使诸子弟妇女进之。）

【注释】

[1] 侑：相助；在筵席旁助兴，劝人吃喝。 [2] 斟：往杯盏里倒饮料。[3] 扱：同“插”。 [4] 歆：飨，祭祀时神灵享受祭品、香火。

受胙。（执事者设席于香案前。主人就席，北面。祝诣高祖考前，举酒盘盏，诣主人之右。主人跪，祝亦跪，主人搢笏受盘盏，祭酒，啐酒。祝取匙并盘，抄取诸位之饭各少许，奉以诣主人之左，嘏于主人曰："祖考命工祝，承致多福于汝孝孙，使汝受禄于天，宜稼于田，眉寿永年，勿替引之。"主人置酒于席前，出笏，俛伏，兴，再拜，搢笏，跪，受饭尝之，实于左袂[1]，挂袂于季指。取酒卒饮。执事者受盏，自右置注旁，受饮，自左亦如之。主人执笏，俛伏，兴，立于东阶上，西向。祝立于西阶上，东向，告利成，降复位，与在位者皆再拜。主人不拜，降复位。）辞神。（主人以下皆再拜。）纳主。（主人主妇皆升，各奉主纳于椟。主人以笥敛椟，奉归祠堂如来仪。）彻[2]。（主妇还监，彻酒之在盏注它器中者，皆入于瓶，缄[3]封之，所谓福酒。果蔬肉食并传于燕器，主妇监涤祭器而藏之。）

【注释】

[1] 袂：衣袖，袖口。 [2] 彻：祭祀结束。 [3] 缄（jiān）：封，闭。

馂[1]。（是日，主人监分祭胙品，取少许置于合，并酒皆封之，遣仆执书归胙于亲友。遂设席，男女异处，尊行自为一列，南面。自堂中东西分首，若止一人，则当中而坐，其余以次相对，分东西向。尊者一人先就坐，众男叙立，世为一行，以东为上，皆再拜。子弟之长者一人少进立，执事者一人执注立于其右，一人执盘盏立于其左。献者搢笏，跪，起，受注斟酒，反注受盏，祝曰："祀事既成，祖考嘉飨，伏愿某亲，备膺[2]五福，保族宜家。"授执盏者，置于尊者之前。长者出笏，尊者举酒毕。长者俛伏，兴，退复位，与众男皆再拜。尊者命取注及长者之盏置于前，自斟之，祝曰："祀事既成，五福之庆，与汝曹共之。"命执事者以次就位，斟酒皆徧[3]。长者进跪受饮毕，俛伏，兴，退立。众男进揖，退立，饮。长者与众男皆再拜。诸妇女献女尊长于内如众男之仪，但不跪。既毕，乃就坐，荐[4]肉食。诸妇女诣堂前献男尊长寿。男尊长酢之如仪。众男诣中堂献女尊长寿，女尊长酢[5]之如仪。乃就坐，荐麪食。内外执事者各献内外尊长寿，如仪而不酢，遂就斟，在坐者徧馂，皆举，乃再拜退。遂荐米食，然后泛行酒，间以祭馔，酒馔不足则以它酒它馔益之。将罢，主人颁胙于外仆。主妇颁胙于内执事者。徧及微贱，其日皆尽，受者皆再拜，乃彻席。）

【注释】

[1] 馂：吃剩下的食物；分发祭祀用的食物。 [2] 膺：接受，承当。[3] 徧：通“遍”。 [4] 荐：进献，祭献。 [5] 酢：客人用酒回敬主人。

凡祭，主于尽爱敬之诚而已。贫则称家之有无，疾[1]则量筋力而行之。财力可及者自当如仪。

初祖。（惟继始祖之宗得祭。）冬至祭始祖。（程子曰：“此厥初生民之祖也。冬至一阳之始，故象其类而祭之。”）前期三日斋戒。（如时祭之仪）前期一日设位。（主人众丈夫深衣，帅执事者洒扫祠堂，涤濯器具，设神位于堂中间北壁下，设屏风于其后，食床于其前。）陈器。（设火炉于堂中，设炊烹之具于东阶下盥东，炙具在其南，束茅以下并同时祭。主妇众妇女背子，帅执事者涤濯祭器，洁釜[2]鼎，具果楪六，盘三，杅[3]六，小盘三，盏盘匙筯各二，脂盘一，酒注、酹酒盘盏一，受胙盘匙一。）

【注释】

[1] 疾：有疾病在身。 [2] 釜：古代的一种锅。鼎：古代烹煮用的器物，一般是三足两耳。 [3] 杅（yú）：盛浆汤等的器皿。

具馔。（晡时杀牲，主人亲割，毛血为一盘，首、心、肝、肺为一盘，脂杂以蒿为一盘，皆腥之，左胖不用，右胖前足为三段，脊为三段，胁为三条，后足为三段，去近窍一节不用，凡十一体。饭米一杅，置于一盘。蔬果各六品。切肝一小盘。切肉一小盘。）厥明，夙兴，设蔬果酒馔。（主人深衣，帅执事者设玄酒瓶及酒瓶于架上，酒注、酹酒盘盏、受胙盘匙各一于东阶卓子上。祝版、反脂盘于西阶卓子上，匙筯各一于食床北端之东西，相去二尺五寸，盘盏各一于筯西，果子在食床南端，蔬在其北。毛血腥盘切肝肉皆陈于阶下馔床上。米实阶下炊具中。十一体实烹具中，以火爨而熟之[1]。盘一，杅，置馔床上。）

【注释】

[1] 爨（cuàn）：烧火做饭。

质明，盛服就位。（如时祭仪。）降神，参神。（主人盥，升，奉脂盘诣堂中炉前，跪告曰："孝孙某今以冬至，有事于皇始祖考，皇始祖妣，敢请尊灵降居神位，恭伸奠献。"遂燎脂于炉炭上[1]，俛伏，兴，少退，立，再拜。执事者开酒，主人跪，酹如时祭之仪。）进馔。（主人升，诣神位前。执事者奉毛血腥肉以进。主人受，设之于蔬北，西上。执事者出熟肉，置于盘，奉以进。主人受，设之腥盘之东。执事者以杅二盛饭，杅二盛肉，湇不和者[2]，又以杅二盛肉湇以菜者，奉以进。主人受，设之，饭在盏西，大羹在盏东，铏羹[3]在大羹东。皆降，复位。）

【注释】

[1] 燎：挨近火而烧焦。　[2] 湇（qì）：肉汤。　[3] 铏羹，指肉菜羹。

初献。（如时祭之仪，但主人既俛伏，兴，兄弟炙肝加盐，实于小盘，以从祝，辞曰："维年岁月朔日，子孝孙姓名，敢昭告于皇初祖考，皇初祖妣，今以中冬阳至之始，追惟报本，礼不敢忘，谨以洁牲柔毛，粢盛醴齐，祗荐岁事。"）亚献。（如时祭之仪，但众妇炙肉加盐以从。）终献。侑食，阖门，启门，受胙，辞神，彻，馂。（如时祭及上仪。并如时祭之仪。）先祖。（继始祖高祖之宗得祭。继始祖之宗则自初祖而下，继高祖之宗则自先祖而下。）立春祭先祖。（程子曰："初祖以下，高祖以上之祖也。立春生物之始，故象其类而祭之。”）前三日斋戒。（如祭初祖之仪。）前一日设位陈器。（如祭初祖之仪，但设祖考神位于堂中之西，祖妣神位于堂中之东。蔬果碟各十二，大盘六，小盘六，余并同。）具馔。（如祭初祖之仪，但毛血为一盘，首心为一盘，肝肺为一盘，脂膏为一盘，切肝两小盘，切肉四小盘，余并同。）厥明夙兴，设蔬果酒馔。（如祭初祖之仪，但每位匙筯各一盘，盏各二，置阶下馔床上，余并同。）质明盛服就位，降神参神。（如祭初祖之仪，但告辞改始为“先”，余并同。）进馔。（如祭初祖之仪，但先诣祖考位，奉毛血、首、心、前足上二节、脊三节、后足上一节，次诣祖妣位奉肝肺、前足一节、胁三节、后足下一节，余并同。）初献。（如祭初祖之仪，但献两位，各俛伏、兴，当中少立。兄弟炙肝两小盘以从。祝词改“初”为“先”，“中冬阳至”为“立春生物”，余并同。）亚献，终献。（如祭初祖之仪，但从炙肉各二小盘。）侑食，阖门，启门，受胙，辞神，彻，馂。（并如祭初祖仪。）

祢[1]。（继祢之宗以上皆得祭，惟支子不祭[2]。）季秋祭祢。（程子曰：“季秋成物之始，亦象其类而祭之。”）

【注释】

[1] 祢：古代对已在宗庙中立牌位的亡父的称谓。　[2] 支子：宗法制度下称嫡长子以外的儿子。　[3] 季秋：秋季的第三个月。

前一月下旬卜日。（如时祭之仪，惟告辞改“孝孙”为“孝子”，又改“祖考妣”为“考妣”。若母在，则止云“皇考告于本龛之前”，余并同。）前三日斋戒前一日设位陈器。（如时祭之仪，但止于正寝，合设两位于堂中西上，香案以下并同。）具馔。（如时祭之仪二分。）厥明，夙兴，设蔬果酒馔。（如时祭之仪。）质明，盛服，诣祠堂奉神主出就正寝。（如时祭于正寝之仪，但告辞云：“孝子某，今以季秋成物之始，有事于皇考某官府君，皇妣某封某氏。”）参神，降神，进馔，初献。（并如时祭之仪，但祝辞曰：“今以季秋成物之始，感时追慕，昊天罔极。”余并同[1]。）亚献，终献，侑食，阖门，启门，受胙，辞神，纳主，彻，馂。（并如时祭之仪。）

【注释】

[1] 昊天：苍天。昊，元气博大貌。

忌日

前一日斋戒。（如祭祢之仪。）设位。（如祭祢之仪，但止设一位。）陈器。（如祭祢之仪。）具馔。（如祭祢之仪一分。）厥明，夙兴，设蔬果酒馔。（如祭祢之仪。）质明主人以下变服。（祢则主人兄弟黪[1]纱幞头，黪布衫，布裹，角带。祖以上则黪纱衫。旁亲则皂纱衫。主妇特髻去饰，白大衣，淡黄帔[2]。余人皆去华盛之服。）诣祠堂，奉神主出就正寝。（如祭祢之仪，但告辞云：“今以某亲某官府君远讳之辰，敢请神主出就正寝，恭伸追慕”，余并同。）参神，降神，进馔，初献。（如祭祢之仪，但祝辞云：“岁序流易，讳日复临[3]，追远感时，不胜永慕……”，考妣改“不胜永慕”为“昊天罔极”。旁亲云：“讳日复临，不胜感怆……”，若考妣，则祝兴，主人以下哭尽哀，余并同。）亚献，终献，侑食，阖门，启门。（并如祭祢之仪，但不受胙。）辞神，纳主，彻。（并如祭祢之仪，但不馂。）是日不饮酒，不食肉，不听乐，黪布、素服、素带以居，夕寝于外。

【注释】

[1] 黪：灰黑色。　[2] 帔：古代披在肩背上的服饰。　[3] 讳：指忌日。

墓祭

三日上旬择日，前一日斋戒。（如家祭之仪。）

具馔。（墓上每分如时祭之品，更设鱼肉米麪食各一大盘以祀后土[1]。）厥明洒扫。（主人深衣，帅执事者诣墓所，再拜，奉行茔域内外[2]，环绕哀省三周。其有草棘，即用刀斧鉏斩芟夷[3]。洒扫讫，复位再拜。又除地于墓左，以祭后土。）布席陈馔。（用新洁席陈于墓前，设馔，如家祭之仪。）参神，降神，初献。（如家祭之仪，但祝辞云："某亲某官府君之墓，气序流易，雨露既濡[4]，瞻扫封茔，不胜感慕……"余并同。）亚献，终献。（并以子弟亲宾为之。）辞神，乃彻，遂祭后土，布席，陈馔。（四盘于席南端，设盘盏匙箸于其北，余并同上。）降神，参神，三献。（同上，但祝辞云："某官姓名，敢昭告于后土氏之神，某恭修岁事于某亲某官府君之墓，惟时保佑，实赖神休，敢以酒馔，敬伸奠献，尚飨。"）辞神，乃彻而退。

【注释】

[1] 后土：古代称大地，土地神。 [2] 茔：坟墓，坟地。 [3] 芟（shān）：割草。 [4] 濡：沾湿，润泽。

吕祖谦：宗法条目

吕祖谦（1137—1181），字伯恭，浙江金华人，南宋大儒，理学家、历史学家，后世称“东莱先生”。吕祖谦一生以治学和教书为主，撰有《东莱书说》《大事记讲义》《古周易》《东莱家塾读诗记》《左氏博议》等大量学术著述。其从政多以史集编纂官、科举主持者以及州郡讲学者为主，吕祖谦曾担任太学博士、国史院编修、实录院检讨、著作郎、严州教授等官职。此篇为吕祖谦与朱熹论学时所作。宗子法是指古代围绕宗法制度中的大宗嫡长子为中心的宗族规范。吕祖谦作宗法条目是为其宗族所拟定的家族事务框架。该文用简略概括的语言，论及了包括婚丧、家塾、祭祀、财物收支等族中事务的诸多方面。在此我们可以看到南宋时期人们治理家族事业的基本方面，同时也可以看出宋代人和睦亲族的构思和努力。该文言简意赅，行文流畅，为家训家规中的经典之作。本文采用浙江古籍出版社2008年整理出版的《吕祖谦全集》作为底本。

序

按：《与朱晦庵[1]书》云：“《宗法》，春夏间尝令诸弟读《大传》[2]，颇欲略见之行事。其《条目》未堪传家。闲与叔位同居，向来先人以先叔[2]久病之故，尽推祖业畀[4]之。后来看得两位藐然[5]，却无系属。今年商量，两位随力多少，桩办一项钱，共[6]祭祀宾客等用，令子弟一人主之。今方行得数月。俟[7]数年行得有次序，《条目》始可定也。”此乃辛丑年所定《条目》。

【注释】

[1] 朱晦庵：朱熹（1130—1200），字元晦，号晦庵，晚称晦翁，南宋理学集大成者，后世尊称朱子。他与吕祖谦为学问同道。[2]《大传》：指《礼记》中的《大传》篇。[3] 先叔：指吕本中。[4] 畀（bì）：给与。[5] 藐然：指不是很重视此事。[6] 共：同“供”。[7] 俟：等待。

祭祀

日

晨，先诣[1]家庙烧香，然后于尊长处问安。

【注释】

[1] 诣：到，特指到尊长那里去。

朔望[1]

长、少晨诣家庙瞻拜，设酒三杯、茶三盏、隔夜别研茶。时果三品。遇新麦出，则设汤饼三分。新米出，设饭三分。侑[2]以时味。唯正月朔，荐茧及汤饼。

【注释】

[1] 朔望：农历每月的初一和十五，即朔日和望日。[2] 侑（yòu）：相助。

荐新[1]及节物

荐新以朔、望。

节物：正月立春日，荐春饼。元宵，荐圆子、盐豉汤、焦䭔。二月社，荐社饭[2]。秋社同。三月寒食、荐稠饧[3]、冷粥、蒸菜。以百四日。五月端午，荐团粽。七月七夕，荐果食。九月重阳，荐萸菊糕。

【注释】

[1] 荐新：以时鲜的食品祭献。 [2] 社饭：古代祭祀土地神时所用的食物。 [3] 饧（táng）：同“糖”。

时祭

祭用春分、夏至、秋分、冬至。

前期五日，修补屋宇，检视祭料、祭具。

前期一日，洒扫祭所，涤濯[1]陈设祭具。具祭馔果六品，醢酱蔬共六品，面食、米食、鱼、肉、羹、饭共六品。丰俭以家之有无、岁之丰歉为之节[2]。今岁每祭以陆贯足为率。是日，与祭者并沐浴至斋[3]，男子会于书室。

祭日，质明行礼。礼具祭仪。

【注释】

[1] 涤濯：清洁。 [2] 为之节：作为它的限度。 [3] 斋：祭祀前或举行典礼前清心洁身。

忌日[1]

曾祖以下，设位于堂。祭食从家之旧俗，用素馔[2]。前期一日，治食料，洒扫铺设。子弟已娶者，并出书院致斋。忌日，早张影貌[3]，事具而祭。祭料称[4]家之有无、物之贵贱。

高祖以上，遇忌日，张影貌于堂，设茶酒瞻拜。

【注释】

[1] 忌日：古代指父母及其他亲属逝世的日子。 [2] 素馔：不带荤腥的饮食。 [3] 影貌：祖先的像。 [4] 称：与……相称。

省坟[1]

用寒食。十月旦，检校墙围享亭，如有损阙，随事修整。

【注释】

[1] 省坟：探视祖先的坟园。

婚嫁

嫁，一百贯[1]文省。

婚，五拾贯文省。

其余随本位之有无；遇宅计[2]不足，则取之诸位。

生子

每生子，给羊酒之费。男九贯省，女六贯省。

租赋

每遇夏秋税起催日，先期输纳[3]。请到朱抄，排年分架阁。

【注释】

[1] 贯：古代穿钱的绳索（把方孔钱穿在绳子上，每一千个为一贯）。

[2] 宅计：家里的用度。　[3] 输纳：缴纳田租赋税。

家塾

居处

屋宇损漏，户牖[1]破缺，如门无关或窗纸破之类。与凡日用之未备者，谓面盆、浴汤及洒扫之类。在塾诸生，告于掌事者[2]，以时修整。掌事者亦时一检校。

饮食

尊长月一具食延塾之师[3]。在塾诸生佐掌事者检校。每日二膳[4]。冷暖失节，在塾诸生告于掌事者，随轻重行遣。掌事者亦时一检校。药物准此。师疾，诸生侍粥药[5]。

衣服

以家之有无、诸生之众寡为之节。

束脩[6]

以家之有无、诸生之众寡为之节。

【注释】

[1] 户牖：门窗。　[2] 掌事者：管理家塾事务之人。　[3] 具食延塾之师：准备酒食招待家塾老师。　[4] 膳：用餐、用饭。　[5] 诸生侍粥药：家塾的学生在老师生病之时护理老师。　[6] 束脩：送给老师的报酬。

合族

四仲[1]时祭后饮福。

宗族内外姻[2]远至，具酒三行。

两位旦望会饭谋家事。

庆吊

令逐旋桩科。

送终

以家之有无、丧之大小为节。

诸项钱，除祭祀所桩外，皆许移用。

【注释】

[1] 四仲：农历四季中每季的第二个月的合称。即仲春（二月）、仲夏（五月）、仲秋（八月）、仲冬（十一月）。　[2] 姻：由婚姻关系而结成的亲属。

会计

内之收支不留底[1]。

谓两位关到钱物，及拨钱物付两位，并不用干照文字。

外之收支并留底。

谓买物成项目者，并要客人领钱文字。零碎食料[2]，并要市买支破单子。就铺买物，并要铺单子。以上并依日月排号，粘成案底。

岁终，宅计具收支都账，及科拨来岁钱物。

岁终，两位用度之余，以十之一归宅计。

岁终，簿书案底排年月号，别柜架阁。

【注释】

[1] 留底：备案、备档。　[2] 零碎食料：购买细琐的家中食材。

规矩

子弟不奉家庙，未冠执事很慢，已冠颓废先业，并行榎楚[1]。

执事很慢，谓祭祀时醉酒、高声喧笑[2]、斗争、久待不至之类。

颓废先业，谓不孝、不忠、不廉、不洁之类。凡可以破坏门户者，皆为不孝。凡出仕[3]，不问官职大小，蠹国[4]害民者，皆为不忠。凡法合所载赃罪，皆为不廉。凡法令所载滥罪，皆为不洁[5]。

【注释】

[1] 榎（jiǎ）楚：指体罚。榎，古同“槚”，即楸树。楚，荆条。二者是制作鞭笞工具的材料。　[2] 喧笑：喧闹。　[3] 出仕：担任官职。　[4] 蠹（dù）国：损害公家利益。　[5] 不洁：此处指违法乱纪。

中庭小牌约束

晨兴，长幼诣家庙瞻敬。十岁以下免。

果、脯、鲊[1]、酱，先储以共时祭。

子弟出入，婢仆增减，并禀尊长。

非院子小童，不许入中门。小童用十三以下者，事须众力者，子弟监视。

进退婢仆约束

凡进退婢仆，并先书于籍，进者，书乡贯、姓名、年月及牙保。退者，年满或遣去，各书其由。禀尊长，请书押[2]。如未经书押而擅行者，子弟榎楚，婢仆改正。成契者毁抹，已去者复归。

【注释】

[1] 鲊（zhǎ）：一种用盐和红曲腌的鱼。　[2] 书押：签名或画押。